秦岭生物学野外综合实习基地指导丛书

植物学野外实习指导

（第二版）

张小卉　肖娅萍　主编

国家基础科学人才培养基金（J1103511，J0730640）资助出版

科 学 出 版 社

北 京

内 容 简 介

  植物学野外实习是植物学教学中一个不可替代的环节，在实习中，学生能通过实践运用所学知识去认识植物界，了解植物与环境之间的关系，学会采集和制作植物标本，培养野外工作的方法和能力，掌握鉴定植物的基本技能。秦岭分布的植物种类丰富多样，是植物学实习的绝佳地区之一。本书为秦岭生物学野外综合实习基地指导丛书之一，首先，介绍了秦岭实习地的概况、安全常识、标本的采集与制作、实习内容等；其次，详细介绍了被子植物、裸子植物、蕨类植物、苔藓植物等各大类群的特征、常见科的识别（包括部分常见科的分属、分种检索表）及代表植物；最后，附录部分为各类群分科检索表及实习地常见植物名录。书中共附有近600张图片，包括花的形态、花的解剖图，以及绘制的分类学特征图。

  本书可作为生物学、药用植物学、农学和林学等相关专业学生的植物学野外实习教材，也可供从事野外调查的专业人员参考。

图书在版编目（CIP）数据

植物学野外实习指导/张小卉，肖娅萍主编.—2版.—北京：科学出版社，2021.4

  （秦岭生物学野外综合实习基地指导丛书）

  ISBN 978-7-03-068414-1

  I.①植⋯ II.①张⋯ ②肖⋯ III.①植物学-教育实习-教学参考资料 IV.① Q94-45

  中国版本图书馆 CIP 数据核字（2021）第 047821 号

责任编辑：丛 楠 韩书云 / 责任校对：严 娜
责任印制：吴兆东 / 封面设计：迷底书装

斜 学 出 版 社 出版

北京东黄城根北街16号
邮政编码：100717
http://www.sciencep.com

北京中科印刷有限公司 印刷
科学出版社发行 各地新华书店经销

*

2017年12月第 一 版 开本：787×1092 1/16
2021年4月第 二 版 印张：16 1/4
2024年1月第四次印刷 字数：451 000

定价：79.00元

（如有印装质量问题，我社负责调换）

《植物学野外实习指导》编委会

主　编　张小卉　肖娅萍

副主编　康菊清　牛俊峰　张建强　李金钢　任鸿雁

编　者　（按姓氏汉语拼音排序）

杜喜春　康菊清　李金钢　马　骥　牛俊峰

任鸿雁　史美荣　田先华　肖娅萍　张建强

张小卉　张雨曲　赵　亮

序

——◇——

　　秦岭山脉横贯我国东西腹地，源远而绵延，是中华民族文明的父亲山。这样的历史地位，不仅与它重要的地理位置、对水土环境和气候状态重要的影响相关，还与它丰富的动植物资源和对我国农耕文明的贡献相关。秦岭一直是生物学工作者感兴趣的地方，因为这里有太多美丽的生命形式，太多有趣的生命现象，太多充满神奇色彩的传说；还有着久远、复杂的演化历史和丰富有趣的生物学谜题，等着我们去看、去听、去探究。

　　秦岭是陕西师范大学生命科学学院的科研和教学实习基地，该院的师生在这里展开了丰富多样的教学课程和科学研究项目。特别是近十年来，他们还接待国内外多所高校的师生在这里展开了丰富多样的联合实习项目，充分发挥了基地的辐射作用，带领更多的人深入地了解秦岭山脉和这里极具特色的生物资源，在国内外产生了很好的影响。

　　该书是陕西师范大学生命科学学院植物学教学团队在秦岭野外教学实习基础上的成果展示。该书首先从整体的角度介绍了秦岭及实习基地的基本概况和植物资源，便于实习者对当地的环境和资源有一个全面的了解；其次普及了野外实习的安全知识，介绍了野外实习需携带的必备装备，以及遇到具有代表性的险情时的逃生措施；最后还系统地介绍了各类植物标本的采集、制作方法和各项实习内容。该书的主体部分，按照大型高等真菌、地衣、苔藓植物、蕨类植物、裸子植物和被子植物的顺序，分别介绍了它们的生物学特征、分类依据、观察方法，以及在秦岭可能遇见的常见植物，并辅以代表性物种的精美照片；还在附录中提供了苔藓植物、蕨类植物、裸子植物和被子植物的检索表和名录。该书还有一个非常有用的特点，就是提供了种子植物的叶序和叶形，裸子植物的繁殖器官，被子植物的花部形态、花序、果实类型等形态术语的精美手绘图解，同时在各科植物的代表物种照片中添加了部分解剖后的实物图，与前文呼应，也更加充分地展示了各类植物的各种形态特点，使得该书不但有很强的学术性，也非常有艺术性，且增强了实用性。

　　总之，该书结构完整，内容全面，使用方便，从中可以看出编者对秦岭植物资源的深入探究，对教学工作的热爱和敬业。希望阅读或使用该书的读者也能和他们一样，被中国丰富的植物资源所吸引，关注或参与中国植物科学的探索进程。

北京大学生命科学学院

顾红雅

2017 年 7 月 18 日

前　言

秦岭位于我国中部，东起河南的伏牛山，西至甘肃的岷江，主体位于陕西，平均海拔2000 m，主峰太白山拔仙台海拔3771.2 m，海拔跨度达3000 m。秦岭北坡山势陡峭、降水量较少、气温较低，秦岭南坡山势平缓、雨水充沛、气温较高。秦岭独特的地理位置和多样的地形特征孕育了丰富的生物物种，是我国植物区系南北过渡、东西交汇区，是重要的生物基因库和世界生物多样性丰富的典型代表区域之一。

植物学野外实习是认识植物界的实践活动，也是植物学教学中一个不可替代的环节，实习的环节多而复杂，包括野外安全知识的掌握、标本的采集、物种的鉴定和识别等内容。在这项综合性实习中，学生能通过实践在以下几方面得到巩固和提升：①了解植物与环境之间的关系；②培养学生野外工作的方法和能力；③学会采集和制作植物标本；④掌握植物分类的一般原理，熟悉植物各大类群的形态特征；⑤掌握鉴定物种的基本技能；⑥巩固植物学的基础理论知识，掌握常见科、属的典型生物学特征，了解植物个体的形态结构、繁殖和生活史特征等。

秦岭是植物学野外实习的最佳地区之一，植物资源非常丰富，植被景观分界明显，是我国特有植物的重要分布中心，许多古老、孑遗和特有物种集中分布在此，表现出区域的特有性和代表性。约有种子植物164科1052属3839种，蕨类植物27科75属319种、苔藓植物79科202属581种（其中藓类44科136属311种，苔类和角苔类共35科66属270种）、地衣植物25科425种。

陕西师范大学的教学科研人员利用独特的地理优势，以秦岭宁陕县城关镇旬阳坝村为主要野外实习基地，对该地区的植物进行了长期的观察，积累了大量的植物图片信息。本书中的照片均为编者所拍摄，其中对部分植物的花进行解剖并拍照，为野外鉴定植物提供了详细的影像资料。本书为秦岭生物学野外综合实习基地指导丛书之一，是生物学、农学和林学等相关专业的学生进行植物学野外实习的必备书籍。

本书共10章，其中，第一章和第二章由康菊清、田先华、李金钢编写，第三章和第四章由张建强、牛俊峰和肖娅萍编写，第五至八章由肖娅萍、马骥、牛俊峰、任鸿雁和史美荣编写，第九章和第十章由张小卉、康菊清、赵亮、张建强、杜喜春、张雨曲编写，附录由张小卉、肖娅萍、康菊清、张建强、牛俊峰、任鸿雁编写。

为了使野外实习教材适应学生的学习要求，本版修订以植物形态解剖彩图为明显特色，同时为了提升图片的代表性，调整替换了78张图片。在本书的编写和修订过程中，北京大学生命科学学院的顾红雅教授在百忙之中热心修改内容并撰写书序，陕西师范大学生命科学学院任毅教授给予了专业的指导和建议。同时，本书的编写还得到了陕西师范大学师生的热心支持和帮助，王璐和吕鼎豪提供了部分植物照片，硕士研究生韩盟提供了实习路线示意图和标本制作图片，2014 级本科生孟凡玮、张甜甜、周珏仪等绘制了植物分类特征的形态结构插图，硕士研究生樊静静、刘男、孙巧玲、王颖、黄子璇、李文娟、庞薇、张文晶等人参与了书稿中检索表和植物学名的校对。

由于资料来源和编者水平有限，书中难免有疏漏之处，欢迎读者批评指正。

编　者

2021 年 3 月 2 日于西安

目 录

第一章
实习地的基本概况

第一节　秦岭山区的自然概况

　　我国的秦岭与欧洲的阿尔卑斯山、美洲的落基山齐名，是全球著名的生物多样性集中地，被誉为"中国人的中央国家公园"。秦岭有广义和狭义之分。狭义的秦岭，西起甘肃临洮，东至河南伏牛山，北至秦岭北坡坡脚线，南至汉江北岸，东西长约 800 km，南北宽约 200 km。广义的秦岭，西接昆仑山脉，一直向东延伸，其东北至河南伏牛山后逐渐向华北平原隐伏，其东南延绵至鄂豫皖及蚌埠附近的张公山，北至渭河以南，南至汉江以北，东西长 1600 km，南北宽约 300 km（沈茂才，2010）。秦岭海拔多在 1000 m 以上，并有不少 2500 m 以上甚至 3000 m 以上的山峰，其主峰太白山拔仙台海拔 3771.2 m（马酉寅等，2015），位于陕西省宝鸡市境内，是我国青藏高原以东的第一高峰（聂树人，1981）。在我国的神话传说中，秦岭被称为昆仑，包括了现在的昆仑山，并延伸至今天我国和巴基斯坦边境线上的乔戈里峰，长达 3500 km，后来因为其位于秦国都城之南，在《山海经》和《禹贡》里被称为南山或终南山。公元 1 世纪，司马迁在《史记》中写道："秦岭，天下之大阻也"，这是秦岭这个名称第一次正式的文字记载。从远古开始，中国人就把终南山视为天神和地祇的家，认为从昆仑山到终南山，是最接近日月神德和力量源泉的地方。例如，《诗经》云："如月之恒，如日之升；如南山之寿，不骞不崩；如松柏之茂，无不尔或承。"古代的堪舆家，视终南山为"君山龙脉"。千百年来，秦岭促成了我国"南稻北粟"的农业文明，缔造了关中的千年都城历史，也塑造了中国数千年的古代文化。

　　广义的秦岭是我国黄河（及其支流渭河）和长江（及其支流嘉陵江和汉江）两大水系的分水岭和地理上的南北分界线，是嘉陵江、汉江和丹江的源头区，也是国家重要的水源涵养区；同时，秦岭阻挡了冬、夏季风的南北流通，实属中国最大的"挡风墙"，也是我国南北气候的分界线，秦岭北坡为暖温带气候，南坡为北亚热带气候。

　　秦岭的动植物资源非常丰富，是我国重要的生物基因库和世界生物多样性丰富的典型代表区域之一，也是我国首批 12 个国家级生态功能保护区之一。这里是植物南北区系的交汇区，也是动物地理分布区古北界和东洋界的重要分界线，生活着大量的珍稀野生动植物。

　　秦岭植被景观分界明显，是中国-日本森林植物亚区和中国-喜马拉雅森林植物亚区的分界线，也是我国各地区植被的交汇处，并呈现出一定的过渡性（沈茂才，2010），是我国特有植物的重要分布中心和起源地（周灵国和陈旭，2009）。秦岭共分布有苔藓植物 79 科 202 属 581 种，其中藓类 44 科 136 属 311 种，苔类和角苔类共 35 科 66 属 270 种（中国科学院西北植物研究所，1978），约占全国苔藓植物的 27.6%；石松类和蕨类植物 27 科 75 属 319 种（郭晓思和徐养鹏，2013），分别约占全国石松类和蕨类植物总科数、总属数和总种数的 71.1%、45.7% 和 13.9%；种子植物 164 科 1052 属 3839 种（李思锋和黎斌，2013），约占全国种子植物的 13%。种子植物中，分布有秦岭特有植物 192 种，如华山新麦草（*Psathyrostachys huashanica*）、秦岭石蝴蝶（*Petrocosmea qinlingensis*）、秦岭花楸（*Sorbus tsinlingensis*）等，其数目占秦岭种子植物总种数的 5.6%；中国特有植物达到了 1428 种，隶属于 95 科，其数目占秦岭种子植物总种数的 41.56%。这里连绵的原始森林中还分布着大量的国家珍稀濒危保护植物，如国家 I 级保护植物红豆杉（*Taxus chinensis*）、华山新麦草和独叶草（*Kingdonia uniflora*）；国家 II 级保护植物太白红杉（*Larix chinensis*）、秦岭冷杉（*Abies chensiensis*）、狭叶瓶尔小草（*Ophioglossum thermale*）、杜仲（*Eucommia ulmoides*）、水青树（*Tetracentron sinense*）、独花兰（*Changnienia amoena*）等 50 多种（朱志红和李金钢，2014）。其中不乏保留了古老基因的"化石植物"。例如，领春木、连香树、水青树、独叶草等都是第三纪冰川的孑遗植物。

据不完全统计，秦岭分布有脊椎动物 822 种，其中兽类 7 目 27 科 117 种（沈茂才，2010），有国家 I 级保护动物大熊猫（*Ailuropoda melanoleuca*）、金丝猴（*Rhinopithecus roxellanae*）、羚牛（*Budorcas taxicolor*）、林麝（*Moschus berezovskii*）、金钱豹（*Panthera pardus*）、云豹（*Neofelis nebulosa*）等。秦岭作为我国特有的鸟类分布中心之一，分布有鸟类 18 目 55 科 473 种，包括国家 I 级保护物种朱鹮（*Nipponia nippon*）、金雕（*Aquila chrysaetos*）、白肩雕（*Aquila heliaca*）、玉带海雕（*Haliaeetus leucoryphus*）、白尾海雕（*Haliaeetus albicilla*）、大鸨（*Otis tarda*）、黑鹳（*Ciconia nigra*）、东方白鹳（*Ciconia boyciana*）、中华秋沙鸭（*Mergus squamatus*）共 9 种，以及特有鸟类近 32 种（于晓平和李金钢，2015）。我国特有的珍稀物种大熊猫、金丝猴、羚牛和朱鹮在这里均有分布，被并称为"秦岭四宝"。

1965 年，陕西省在秦岭建立了第一个自然保护区 —— 陕西太白山国家级自然保护区。在过去的 50 多年中，陕西省已经相继建立了 32 个国家级自然保护区（林业系统 23 个），其中 22 个位于秦岭深处。每个保护区都是一个独具特色的珍稀物种基因库，综合起来又构成了一个真实存在的秦岭自然生态系统实体。

第二节 秦岭山区植被类型及分布特点

秦岭山脉主脊偏北，北坡短而陡峭，河流深切，形成许多峡谷，统称秦岭七十二峪。南坡长而缓和，有许多条近于东西向的山林和山间盆地。气候上南坡低山丘陵区属北亚热带，气候温暖，雨量较多。秦岭山地长期以来被认为是中国重要的南北生态分界线，即亚热带与暖温带的分界线；也有学者因为秦岭的植物区系和植被具有明显的温带性特点，认为其应该是暖温带和温带植物的分界线（朱志红和李金钢，2014）。根据秦岭地区气候、植被参数、植物区系组成的变化及南北坡垂直带谱的比较分析，秦岭山地南北生态分界线的准确位置被认为应该在南坡海拔 1000 m 的等高线附近（康慕谊和朱源，2007）。秦岭南坡中高山地（海拔 1000 m 以上）为水源涵养用材经济林区，其东段和中、西段的气候、森林分布和林相都有明显的差异。秦岭林区属于暖温带落叶阔叶林地带和北亚热带常绿落叶阔叶混交林地带，占全省有林地总面积的 54%，是陕西省最主要的林区，绝大部分为次生林，原始林主要分布在人烟稀少、交通不便的高山区。秦岭南北坡的浅山区、东部的商洛地区森林破坏严重，林相残败，覆盖率低，绝大部分成为荒山秃岭或呈灌木林状态。

秦岭山体庞大，自然条件复杂，植物种类丰富，含有多个区系成分，群落类型多样，并具有非常明显的垂直分布带谱。南北坡之间，除了各自包含农耕植被带在内的基带具有明显的不同外，其余各带大多只有量上和高度上的微小差异（南坡各带海拔比北坡一般要升高 100~200 m）。以秦岭主峰太白山为例，任毅等（2006）依据《中国植被》对植被分类的原则和方法，参考《陕西植被》及前人对太白山植被的研究结果，结合实地考察，发现海拔 800~1000 m 的植被基带以上可分为 4 个垂直植被带，加上海拔 800~1000 m 及其以下的植被基带，一共 5 个植被带。

一、海拔 800～1000 m 及其以下的植被基带

1. 秦岭北坡山麓的侧柏林带　主要分布于海拔 800 m 以下地区，以侧柏（*Platycladus orientalis*）为主，生长缓慢，人为破坏严重，许多地方岩石裸露，植被多分布于阳坡上，呈片状分布，已不成带。多为纯林，郁闭度小（0.4～0.5 或更低）；也有混交林，混生物种有黄连木（*Pistacia chinensis*）、栓皮栎（*Quercus variabilis*）、栾树（*Koelreuteria paniculata*）、榉树（*Zelkova serrata*）等；灌木多为阳性耐旱种，种类较多，盖度较小；草本盖度较大，种类繁多，林下更新较好。

2. 秦岭南坡具有常绿阔叶的针阔叶混交林带　主要分布在海拔 1000 m 以下地区，主要成林树种为麻栎（*Quercus acutissima*）、马尾松（*Pinus massoniana*）、侧柏，呈块状分布，并有油桐（*Vernicia fordii*）、棕榈（*Trachycarpus fortunei*）、杉木（*Cunninghamia lanceolata*）、油茶（*Camellia oleifera*）、枇杷（*Eriobotrya japonica*）、木樨（*Osmanthus fragrans*，桂花）等，多为栽培的人工林。

二、落叶栎林带

本植被带在秦岭北坡分布于海拔 800～2300 m 地带，南坡分布于 1200～2200 m 地带，属暖温带－温带气候，它是所有带谱中面积最大的一个带。组成这个林带的主要群落有辽东栎林、锐齿栎林、栓皮栎林和华山松针阔叶混交林及一些落叶阔叶杂木组成的混交林，也可以进一步划分为栓皮栎林、锐齿栎林和辽东栎林 3 个亚带。

1. 栓皮栎林亚带　分布海拔较低，南坡在海拔 800～1300 m、北坡在 800～1000 m 均有分布，在这些海拔之上，则为零星分布。栓皮栎林在这里占绝对优势，多为萌生林，林相不整齐，只有在交通不便的地方才有实生林，林相较好。以茅栗（*Castanea seguinii*）、槲树（*Quercus dentata*）、化香树（*Platycarya strobilacea*）为优势种；其他树种主要为山杨（*Populus davidiana*）、锐齿槲栎（*Quercus aliena* var. *acuteserrata*）、枫杨（*Pterocarya stenoptera*）等。在南坡尚有青冈（*Cyclobalanopsis glauca*）、甜槠（*Castanopsis eyrei*，丝栗）、玉兰（*Magnolia denudata*）等。在农田附近有杉木、油桐等。

2. 锐齿栎林亚带　北坡分布于海拔 1000～1900 m，南坡分布于 1300～2200 m；所占面积最大，树木种类繁多，尤以南坡为甚。除锐齿栎外，主要树种为华山松（*Pinus armandii*）、油松（*Pinus tabuliformis*）、山杨、亮叶桦（*Betula luminifera*）、铁杉（*Tsuga chinensis*）、漆（*Toxicodendron vernicifluum*）、白皮松（*Pinus bungeana*）等 40 余种。华山松主要分布于南坡的西部，海拔在 1700～2200 m，与锐齿栎形成华山松林＋锐齿栎群系；大小蠹虫害严重。油松分布于海拔 1100～2000 m，集中分布在南坡，西部较少，向东逐渐增加，最后形成纯林，病虫害较少。山杨林分布于海拔 1100～2200 m，多呈块状分布，在上部多与华山松伴生，病腐较轻。

3. 辽东栎林亚带　仅在太白山北坡海拔 1900～2300 m 有分布；在东太白山南坡及西太白山仅有散生植株。该亚带上接红桦群系，下连锐齿栎群系，分布范围正好处于太白山的最大降水区，但热量有所下降，趋于凉润。辽东栎（*Quercus wutaishanica*）是秦岭栎类植物中抗逆性较强的一个种群，加上它具有较强的萌生更新能力，成为太白山北坡一个稳定的群系，包括辽东栎-秦岭箭竹-苔草群丛、辽东栎-华北绣线菊-索骨丹群丛和辽东栎-湖北山楂群丛。在海拔 2000～2400 m，辽东栎与华山松形成华山松＋辽东栎群系，与这一地带的落叶阔叶林镶嵌分布。乔木层中针叶树优势种以华山松为主，落叶阔叶树优势种以辽东栎、千金榆（*Carpinus cordata*）、太白杨（*Populus purdomii*，冬瓜杨）为主，其次为红桦（*Betula albosinensis*）和花楸（*Sorbus alnifolia*，水榆花楸）。

三、桦木林带

分布于海拔 2300～2800 m。属温带—寒温带气候，温凉湿润，湿度较大。主要由红桦、糙皮桦（*Betula utilis*，牛皮桦）和少量的华山松组成针阔叶混交林。桦木林带可以进一步划分为红桦林和糙皮桦林两个亚带：红桦林的优势种为红桦和华山松等其他落叶阔叶树种，分布于海拔 2300～2700 m，林相较为整齐；糙皮桦林的优势种为糙皮桦，在一些地段有华山松分布，分布于海拔 2700～2800 m，大面积的林分多分布于北坡，林相较差。

四、针叶林带

在北坡分布于海拔 2800～3400 m，在南坡分布于海拔 2650～3450 m。属寒温带气候，主要群落为太白红杉林和巴山冷杉林，下部有少量糙皮桦生长。针叶林带还可以进一步划分为冷杉林亚带和落叶松（太白红杉）林亚带。

1. 冷杉林亚带　分布于海拔 2400～3000 m，主要树种为巴山冷杉（*Abies fargesii*），分布面积大，范围广。一般都能形成林相整齐的林分，主要集中分布于秦岭北坡 2800～3000 m；南坡则分布于海拔 2650～3000 m 的地段。上缘伴生太白红杉，下缘混有糙皮桦，林下灌木 30 余种，草本 50 余种。

2. 落叶松（太白红杉）林亚带　分布于海拔 3000～3400 m，主要物种为秦岭高山特有的太白红杉，生长缓慢，树干弯曲、矮小。生长于山脊的太白红杉树冠旗形，林相不整齐。林下灌木 10 余种，草本 50 余种。

五、高山灌丛草甸带

高山灌丛草甸分布于海拔 3400 m 以上地区，这里海拔高，气候寒冷，多雾，风力强劲，砾石遍布。植物低矮，呈匍匐状或密丛状，分枝多，叶角质层厚。主要灌木有常绿革叶的头花杜鹃（*Rhododendron capitatum*）、落叶阔叶的杯腺柳（*Salix cupularis*）、蒙古绣线菊（*Spiraea mongolica*）、白毛银露梅（*Potentilla glabra* var. *mandshurica*）等，植株矮小，高多不过 50 cm。其中头花杜鹃群系海拔分布最高（3400～3700 m），杯腺柳群系一般在 3200～3600 m，蒙古绣线菊群系在 3200～3400 m。头花杜鹃群系中，苔藓植物丰富，可以在大石块上形成 2～4 cm 的苔藓层，头花杜鹃往往直接生长在苔藓层上。灌丛下草本植物以莎草科（Cyperaceae）、禾本科（Poaceae）、菊科（Asteraceae）、蓼科（Polygonaceae）、龙胆科（Gentianaceae）植物为主。

本区域草甸植被的群落类型比较复杂，种类组成丰富，属高寒草甸，分布于海拔 3500 m 以上的地区，常与灌丛组成高山灌丛草甸。以耐寒的多年生草本为优势种，生长季节短。种类组成以北极高山和喜马拉雅植物成分为主，多为斑块状，生于山顶或山脊平缓地。可分为圆穗蓼群系、禾叶嵩草群系和发草群系等不同的群系，主要物种有圆穗蓼（*Polygonum macrophyllum*）、湿生扁蕾（*Gentianopsis paludosa*）、紫苞风毛菊（*Saussurea purpurascens*）、禾叶嵩草（*Kobresia graminifolia*）、发草（*Deschampsia caespitosa*）、太白龙胆（*Gentiana apiata*，秦岭龙胆）、小丛红景天（*Rhodiola dumulosa*）、太白银莲花（*Anemone taipaiensis*）、陕西紫堇（*Corydalis shensiana*，秦岭弯花紫堇）和五脉绿绒蒿（*Meconopsis quintuplinervia* var. *quintuplinervia*）等。

第三节　实习地宁陕县旬阳坝的基本概况

一、旬阳坝概述

旬阳坝位于秦岭中段南麓，距西安市 138 km，处于月河梁和平河梁之间（月河梁以北为秦岭梁，是黄河与长江水系的分水岭）（图1-1）。其是1984年陕西省政府批准成立的，是安康市宁陕县第一个建制镇，也是宁东森林公园的行政中心（陕西省宁东林业局驻地）；全镇辖4个村7个村民小组，总人口3000余人，总面积176 km²。镇政府驻地旬阳坝村，距县城50 km，是全镇政治经济、文化教育、医疗卫生、商贸金融和交通、通信的中心，占地面积约1 km²，有常住人口2000余人。2012年，旬阳坝镇下各村并入城关镇，实习基地（实习地）位于旬阳坝村。

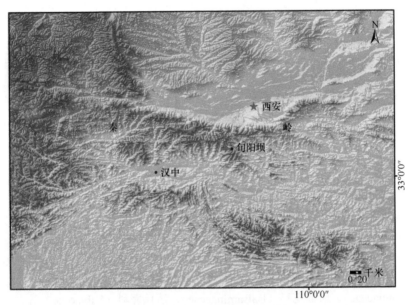

图1-1　宁陕县旬阳坝地理位置

旬阳坝地势南高北低，平均海拔1300 m，最高处为龙潭子，海拔2679 m。境内植被完好，资源丰富，森林覆盖率达97％以上，分布有国家Ⅰ级保护植物红豆杉，盛产天麻（*Gastrodia elata*）、党参（*Codonopsis pilosula*）、五味子（*Schisandra chinensis*）等中药材；林特产品有食用菌、生漆、松子、蜂蜜等。旬阳坝地区交通便利，通信便捷，距京昆高速公路25 km，210国道纵贯全镇，有3条四级公路分别连接太山庙乡、皇冠镇和镇安县月河乡。

二、自然特征

1. **气候情况**　旬阳坝地区由于海拔较高，属于山地中温带气候和山地北温带气候。雨量充沛，气候湿润，夏季不酷热，冬季寒冷且较长。年平均气温10.3℃，1月最冷，月均温为−1.4℃；7月最热，月均温为21.4℃。该区西南部的平河梁是大风的天然屏障，梁顶风比较大，大风多出现在冬春夏三季。

2. **基本地貌**　旬阳坝地区东临镇安县的鹰嘴石，西北连秦岭主脊，地貌特征表现为：东北和西南为中山或亚高山地区（主要特点是山坡陡峻，山顶突兀尖削，以海拔2679 m的龙潭子为最高），是旬河、子午河和池河的分水梁；东北侧是旬河支流月河的河源，西南侧是子午河支流长安河的发源地；西北侧的山脊呈明显的齿状，东南侧山势较缓。

3. **水文**　旬阳坝位于子午河和旬河的上游，据《陕西省宁陕县农业区划报告集》记载：区内水系呈树枝状分布，主要河流为发源于平河梁的旬河、子午河（长安河）、池河三条水系。地区水质较好，pH为7.94～8.1，属中性微偏碱，在规定的适度饮用范围（pH 6.8～8.5）

之内。

4. 土壤 根据《宁东林业局森林资源二类调查报告》，旬阳坝地区内土壤的地带性与垂直带谱比较明显，1400 m 以下为黄棕壤，1400～2300 m 为棕壤，2300 m 以上为暗棕壤。

三、植物资源

旬阳坝地区植物资源十分丰富，有种子植物 124 科 458 属 1235 种，其中国家重点保护植物 19 种，包括国家 I 级保护植物红豆杉，II 级保护植物大果青杄（*Picea neoveitchii*）、秦岭冷杉等 18 种，是一座物种丰富的天然植物园。陕西省宁东林业局宁东森林公园的行政中心位于此地，公园地处秦岭中段南坡，横跨汉江一级支流旬河和子午河（长安河）两大水系，占地面积 48 270 亩①，素有"绿色宝库""生物基因库"的美称，是秦岭国家中央公园规划的中心地带。

按照吴征镒先生于 1979 年对中国种子植物分布区类型的划分，旬阳坝地区属于泛北极植物区、中国-日本森林植物亚区、华中地区。单就种子植物而言，该地区的植物区系和植被分布具有下列特征。

1. 植物区系

（1）科的地理成分以世界分布类型为主，具有较为明显的热带、亚热带性质　在旬阳坝地区分布的种子植物中，包括以下几种类型的地理成分。

1）世界分布科：如菊科、禾本科、蔷薇科（Rosaceae）、十字花科（Cruciferae）、虎耳草科（Saxifragaceae）、大戟科（Euphorbiaceae）等。

2）热带分布科：包括桑科（Moraceae）、榆科（Ulmaceae）、芸香科（Rutaceae）、樟科（Lauraceae）、大风子科（Flacourtiaceae）、木兰科（Magnoliaceae）、省沽油科（Staphyleaceae）、八角枫科（Alangiaceae）、凤仙花科（Balsaminaceae）、清风藤科（Sabiaceae）等。

3）温带分布科：包括石竹科（Caryophyllaceae）、百合科（Liliaceae）、桔梗科（Campanulaceae）、槭树科（Aceraceae）、小檗科（Berberidaceae）、忍冬科（Caprifoliaceae）、透骨草科（Phrymaceae）、五味子科（Schisandraceae，《中国植物志》中归在木兰科）、三白草科（Saururaceae）、川续断科（Dipsacaceae）等。

4）东亚分布科和中国特有科：包括领春木科（Eupteleaceae）、三尖杉科（Cephalotaxaceae）、水青树科（Tetracentraceae）、星叶草科（Circaeasteraceae）、连香树科（Cercidiphyllaceae）等；中国特有科如杜仲科（Eucommiaceae）等。

（2）属的地理成分以北温带分布类型为主　在不同的分布区类型中，温带分布区类型所含的属最多，为该区植被的主要成分，如冷杉属（*Abies*）、落叶松属（*Larix*）、松属（*Pinus*）、柳属（*Salix*）、桦木属（*Betula*）、鹅耳枥属（*Carpinus*）、栗属（*Castanea*）、青冈属（*Cyclobalanopsis*）、栎属（*Quercus*）、绣线菊属（*Spiraea*）、槭属（*Acer*）等。

热带、亚热带分布区类型包括薯蓣属（*Dioscorea*）、菝葜属（*Smilax*）、蛇菰属（*Balanophora*）、木姜子属（*Litsea*）、山胡椒属（*Lindera*）、山矾属（*Symplocos*）、八角枫属（*Alangium*）等。

本地区种子植物区系中，东亚特有属有侧柏属（*Platycladus*）、三尖杉属（*Cephalotaxus*）、油点草属（*Tricyrtis*）、蕺菜属（*Houttuynia*）、枫杨属（*Pterocarya*）、领春木属（*Euptelea*）、连香树属（*Cercidiphyllum*）、人字果属（*Dichocarpum*）、铁破锣属（*Beesia*）、猫儿屎属（*Decaisnea*）、水青树属（*Tetracentron*）、绣线梅属（*Neillia*）、猕猴桃属（*Actinidia*）、旌节花属（*Stachyurus*）、

---

① 1 亩 ≈ 666.7 m²

四照花属（*Dendrobenthamia*）、青荚叶属（*Helwingia*）、双蝴蝶属（*Tripterospermum*）、萝藦属（*Metaplexis*）、动蕊花属（*Kinostemon*）、紫苏属（*Perilla*）、香茶菜属（*Rabdosia*）、败酱属（*Patrinia*）、党参属（*Codonopsis*）等。中国特有属有串果藤属（*Sinofranchetia*）、山白树属（*Sinowilsonia*）、杜仲属（*Eucommia*）、金钱槭属（*Dipteronia*）、箭竹属（*Fargesia*）等。

（3）种的地理成分复杂多样，是多种区系成分的汇集地

1）广布成分：如野大豆（*Glycine soja*）、天麻（*Gastrodia elata*）、大车前（*Plantago major*）、马齿苋（*Portulaca oleracea*）、稗（*Echinochloa crusgalli*）等。

2）华中成分：如铁杉、三尖杉（*Cephalotaxus fortunei*）、华榛（*Corylus chinensis*）、金钱槭（*Dipteronia sinensis*）、杜仲、连香树、水青树等。

3）华北和东北成分：如千金榆、白桦（*Betula platyphylla*）、华北绣线菊（*Spiraea fritschiana*）等。

4）西南成分：如鞭打绣球（*Hemiphragma heterophyllum*）等。

5）华东成分：如榉树、枫香树（*Liquidambar formosana*）等。

6）特有成分：特指秦岭、中国、东亚特有种，包括领春木、水青树、连香树、杜仲等。

（4）单种属较多，种子植物区系具有明显的古老性 在种子植物区系中，有杜仲、厚朴（*Magnolia officinalis*）、连香树、水青树、领春木、马蹄香（*Saruma henryi*）等第三纪孑遗成分；单种属有戟菜属、马蹄香属（*Saruma*）、连香树属、铁破锣属、串果藤属、水青树属、山白树属、杜仲属等。

2. 植被 该区的植被共分为以下 4 个垂直分布带。

（1）冷杉林带 海拔 2400～2679 m 的亚高山地带。冷杉占优势，一般与红桦混交，有时林内也有少量的青扦、铁杉等。

（2）桦木林带 分布于海拔 2100～2600 m。其上界混交有巴山冷杉、青扦、云杉，其下界混交有秦岭冷杉、山杨、华山松、铁杉、牛皮桦、柳等。

（3）松栎林带 即针阔混交林带，分布于 1300～2100 m 的山坡。以油松、锐齿栎、山杨、华山松、千金榆、胡桃（*Juglans regia*）、漆、枫杨、椴树（*Tilia tuan*）等为主，藤本植物多，如华中五味子（*Schisandra sphenanthera*）、中华猕猴桃（*Actinidia chinensis*）等。

（4）栓皮栎林带（落叶阔叶混交林带） 分布于 1000 m 以下的山坡。主要有栓皮栎、锐齿栎、槲栎、板栗、茅栗等，混交有油松、华山松、漆等，也可见到芭蕉（*Musa basjoo*）、棕榈（*Trachycarpus fortunei*）等亚热带植物。

四、自然景观

旬阳坝地区的自然景观以高、寒、奇、险、特为特色，该地区也是一处自然生态环境独特的自然综合体，其自然景点主要有以下几处。

1. 神仙洞 地处旬阳坝镇小茨沟内，洞内有一水潭，潭中常年水满，旱不少，涝不溢。

2. 溶洞 本地共有三处溶洞，分别位于旬阳坝七里沟沟口、腰竹沟、旬阳坝镇 4 km 处。

3. 悬崖峭壁 区内悬崖峭壁、瀑布、深潭较多，形状各异。

4. 龙潭子景区 位于旬阳坝东南部，海拔 2679 m。登上龙潭子峰顶瞭望，脚下群山起伏，林海汹涌，云雾缭绕，远近层次分明，悬崖如刀鞘，形成一幅雄伟壮观的山地景观。

5. 天福寨 位于旬阳坝小茨沟沟口山顶，登上天福寨，可俯视旬阳坝各条道路。

综上所述，旬阳坝地区具有复杂的生境条件、完整的山地森林生态系统、丰富的生物多样

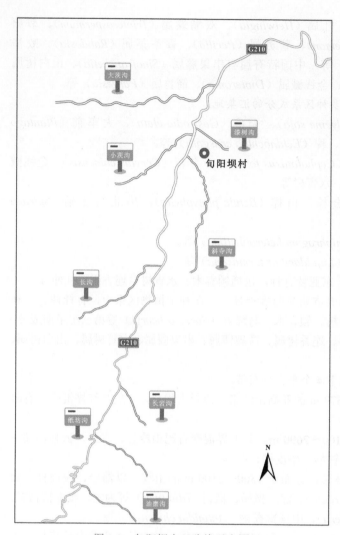

图 1-2　旬阳坝实习路线示意图

性，不仅是进行植物学野外实习教学的良好基地，也是进行相关学科研究不可多得的天然实验室。

五、实习地地理位置与实习路线

陕西师范大学秦岭生物学野外综合实习基地位于陕西省宁陕县旬阳坝。2007 年，在国家基础科学人才培养基金项目支持下，陕西师范大学生命科学学院与陕西省宁东林业局签订合作建设协议，以校企联合的方式在旬阳坝共同建设生物学野外综合实习基地。基地教学条件可以同时满足 600 余名师生的学习、实践和生活需要。2011 年，该基地再次获得国家自然科学基金人才培养项目资助。秦岭生物学野外实践教学基地于 2012 年获批成为教育部首批国家野外实践教育共享平台和陕西省大学生实践教育平台。寒来暑往，该基地的师生已经与当地企事业单位和村民建立起友好亲密的合作关系，师生的脚步遍布实习基地各个角落（图 1-2 为旬阳坝实习路线，中间东北向西南方向的主干道为 210 国道，沿国道各支路为各条实习路线）。

第二章
野外实习注意事项和安全知识

第一节　野外实习注意事项

一、野外实习应遵循的纪律

野外实习是一项教学实践活动，由于身处野外，时间短，人员分散，集体活动的组织管理难度大，因此要求参加实习的全体师生必须做到：

1）遵守纪律，服从统一安排，一切行动听指挥。

2）注意安全，包括交通、饮食卫生等方面的安全。

3）发扬尊师爱生、团结互助的精神。师生之间、同学之间要互相关心、互相帮助。

4）发扬艰苦朴素、吃苦耐劳的优良作风。勇于承担艰苦的工作任务，主动磨炼自己的意志。

5）尊重当地群众的风俗和生活习惯，处理好与实习基地周围群众的关系。

6）认真完成野外实习规定的学习内容。

二、带队教师的注意事项

野外实习前，带队教师需根据实习路线做好详细的行程安排（肖娅萍和田先华，2011），并注意以下事项。

1）带队教师人数：如线路难度大、学生人数多，最好有两个或两个以上教师带队。

2）野外行走速度：行进中要适当控制队伍的行进速度，保持节奏，以免首尾脱节。

3）学生安全：密切留意学生的体力情况，发觉有身体状态不佳者时，应派专人予以照顾，确保学生的安全，如遇到危险，应组织学生冷静应对。

4）天气因素：如遇恶劣天气，应审慎考虑缩短或取消当天的野外采集活动。

5）实习路线：不要随意更改既定路线或尝试走杂草丛生的捷径。

6）实习纪律：坚决制止个别学生的冒险行为。

三、学生的注意事项

对于每位学生而言，一定要遵守以下规则（肖娅萍和田先华，2011）：

1）在野外实习途中要绝对服从教师指挥。

2）实习中避免单独行动，坚决反对个人的冒险行为。

3）切勿采摘、食用不熟悉的野生果实或饮用河水。

4）严禁下河洗澡。

5）未经教师允许，切勿随意步入草丛或树林。

6）避免站立崖边或攀爬危险处拍照或观景。

第二节 常 规 药 品

野外实习需要准备适当的药品，以应对各种突发的疾病和身体不适，一般情况下，准备必要的药品如创可贴、感冒药、止泻药、晕车药、抗过敏药、蛇药、清凉油和风油精等，注意不要携带芳香味过浓的花露水和香水，芳香的味道会招引蜂类、蚊虫等。以下是常见药品名录。

1. 感冒类　泰诺、白加黑、感冒清、感冒通、新康泰克；解热镇痛类如泰诺林、阿司匹林、布洛芬等。

2. 腹泻类　感染性腹泻如黄连素、氟哌酸（诺氟沙星）、环丙沙星、氧氟沙星；激惹性腹泻如硝苯地平（处方药）；化学性刺激引起的腹泻可用的药物蒙脱石散等。

3. 外伤药　外用消毒类如乙醇、碘酒、过氧化氢（双氧水）、三寒堂丹草霜（蚊子叮咬、皮肤瘙痒、红疹、红疙瘩等）；外敷包扎类如纱布、绷带、创可贴；止血类如云南白药等。

4. 抗过敏类药物　息斯敏、扑尔敏等。特别要注意的是，每位教师和学生应该在出行前对自己的身体状况（如对特异过敏源的过敏史）有必要的了解，做针对性的准备，在咨询医生的前提下，设定自己的出行计划；有特殊情况的（如哮喘、花粉过敏等）必须提前做好必要的防范措施。

5. 其他　防止中暑和防蚊虫叮咬的藿香正气水、风油精、清凉油、十滴水、仁丹，防蛇虫的季德胜蛇药、雄黄、滴眼液（隐形眼镜佩戴者），三寒堂鼻易宁（鼻炎）等。同时，所有的药品请根据医嘱或者药品说明来使用，避免错用、滥用、乱用，以免造成不良后果。

第三节 野外意外伤害及处理方法

本部分内容仅供参考，如有任何意外发生，应尽快向专业部门求助。

一、自然灾害

（一）山火

在干燥的气候下，山火在山坡上向上蔓延速度极快，不可轻视（肖娅萍和田先华，2011）。安全指引及应变措施如下。

- 避免吸烟，烟蒂和火柴必须完全熄灭才可带走或埋入土中，任何时间都应小心火种。
- 如发现山火，应尽快远离火场。
- 山火蔓延速度极难估计，不应冒险尝试继续行程，以免被山火所困。
- 遇到山火时应保持镇静，切勿惊慌。
- 切勿随便试图扑灭山火，除非以下情形：①山火的范围很小。②你确实处于安全的地方。③你有可逃生的路径。
- 估计以下情况，以便迅速离开火场：①避免向山火蔓延的同一方向活动。②选择较易逃离的小径，切勿往山上走，避免消耗更多的体力、减少逃生机会。③选择植物较少的地方逃生，切勿走进矮小密林或草丛，因为山火在这些地方蔓延得更快，并且热力也较高。
- 若山火迫在眉睫又无路可逃，则应以湿衣物包掩外露皮肤，可减少身体受伤的机会。

（二）斜滑的山径

雨后湿滑的石面、泥路或布满沙粒的地段，容易滑倒受伤。安全指引如下。

- 在滑倒受伤时，检查是否有扭伤、擦伤或其他伤势，立即进行急救。
- 有时骨折不易察觉，若发现伤处红肿或痛楚，不要继续行走。
- 伤者不可以强行独自行走，以免加重伤势。
- 在扭伤或行动困难时，使用手机或派人求救，并将伤者移至阴凉而平坦的地面上，用衣物覆盖保温，等待救援人员到达。

（三）山洪暴发

山区小溪的流水危险性极高，往往由于上游降下大雨，雨水会集涌而下，小溪数分钟内即可演变为巨大山洪。如人恰在溪中，极易被洪水冲走，引致伤亡（肖娅萍和田先华，2011）。安全指引及应变措施如下。

- 除非是必须时，否则不要沿溪涧河道行走。
- 暴雨后切勿涉足溪涧。
- 不要在河道逗留休息，尤其在下游。
- 开始下雨时应迅速离开河道，往两岸高地走。
- 切勿尝试越过已被河水盖过的桥梁，应迅速离开河道。
- 流水湍急、混浊及夹杂泥沙时，是山洪暴发的先兆，发现这种情况时应迅速远离河道。
- 如果不幸掉进湍急的河水里，应抓紧岸边的石块、树干或藤蔓，设法爬回岸边或等候救援。

（四）山体塌方

经过暴雨或连日大雨，天然或人工斜坡经渗进大量雨水后，极易引起山泥倾泻，引发山体塌方（肖娅萍和田先华，2011）。安全指引如下。

- 斜坡底部或疏水孔有大量泥水透出时，显示斜坡内的水分已饱和，斜坡的中段或顶部有裂纹或有新形成的梯级状，露出新鲜的泥土，都是山泥倾泻的先兆，应尽快远离。
- 如遇山泥倾泻阻路，切勿尝试踏上浮泥前进，应立刻后退，另辟安全小径继续行程或中止行程。

（五）雷雨天气

夏季天气多变，雷雨天气常常会产生强烈的放电现象，容易造成伤亡。安全指引如下。

- 不要在大树下避雨，如万不得已，需与树干保持 3 m 以上的距离。
- 不要使用金属骨架的雨伞，不能把铁锹、高枝剪等物体扛在肩上。
- 远离孤立的电线杆、高塔、信号塔等。
- 不要使用手机，最好关掉手机电源。
- 不要在高处和宽阔地带停留，选择低洼地蹲下，双臂抱膝，胸口紧贴膝盖，尽量低下头，不要用手接触地面。
- 不要靠近水面。
- 如遇高压线遭雷击断裂时，尽量不要跑动，应双脚并拢，或单脚跳离现场。
- 如遇雷击后衣服着火，应马上躺下，使火焰不致烧伤面部，并往身上泼水或用厚衣物把伤者裹住，以扑灭火焰。

二、危险动植物

（一）蛇

多数蛇都非常怕人，除非它们认为受到威胁，否则一般不会主动攻击人类，只要给予机会，它们多数会逃走。建议实习期间随时携带蛇药，以备不测（肖娅萍和田先华，2011）。安全指引及应变措施如下。

- 在野外实习时应穿着长裤和有高帮的鞋，或者穿长筒袜子，将裤子绑入袜子中。
- 沿现成的小径行走，切勿自行闯路，走草丛和杂树林。
- 在灌丛、草比较深的山间行走，前面的师生可手持登山杖适当打草，但注意不要碰到蜂窝。
- 遇蛇时，保持镇定不动，让受惊的蛇尽快逃走。
- 如被蛇咬后，患者会出现出血、局部红肿和疼痛等症状，严重时几小时内就会死亡，应对时应注意的事项如下。

1）应急处理。在可能的情况下，用绷带、布条、手帕、领带等缚扎伤口以上的近心端部位，防止蛇毒扩散，尽快服用蛇药。

2）除非专业人士，否则不要割开伤口的皮吸吮或洗涤。让伤者躺下，停止伤处活动，但不要抬高伤处。不可喝酒，也不应做不必要的活动。

3）安慰伤者，尽快到医院救治。如有可能的话，辨别毒蛇的种类、颜色和斑纹，如咬人的蛇已被捕捉，应一并送往医院，以便医护人员辨认，使用适合的血清。

（二）蜂

在野外经常会发现蜜蜂、地蜂或马蜂出没，小心避免误触蜂巢，引致蜂群的攻击，从而受蜇伤（肖娅萍和田先华，2011）。安全指引及应变措施如下。

- 使用现成的小径，切勿自行闯路。
- 不要打扰蜂窝，切勿以树枝等拍打路边树丛。
- 最好穿戴浅色光滑的衣物，因为蜂类的视觉系统对深色物体在浅色背景下的移动非常敏感。穿长袖上衣和长裤，以减少皮肤暴露，在身体和衣服上喷涂防蚊液。
- 避免使用芬芳味的化妆品（或花露水、香水），否则可能吸引蜜蜂。
- 若遇蜂巢挡路，可绕路前进。
- 若遇一两只蜂在头上盘旋，可以不加理会，照常前进。
- 若遇群蜂追袭，千万不要试图反击，用外衣盖头、颈，以作为保护措施，反向逃跑或卷曲卧在地上，待蜂群散开后，再慢慢撤离。
- 若被蜂蜇，检查是否有螫针，如有可用针或镊子拔除，但不要挤压毒囊，以免剩余的毒素进入皮肤。
- 可用氨水、牛奶、苏打水甚至尿液涂抹被蜇处，中和毒性。然后用冷水湿透毛巾，轻敷在伤处，减轻肿痛。
- 严重蜇伤应尽快求医。

（三）牛虻

牛虻，俗称虻，其口器适合刺蜇及吸收，善飞翔。野外的池塘、水沟边常见，实习基地宿舍等生活区也有。飞行迅速，普遍为好血性；牛、马等厚皮动物易受其侵袭，为畜牧业害虫。一般成虫白天活动，以午时为活动高峰。牛虻叮人时皮肤很疼、出血，继而产生红斑丘疹和风团，又痒又痛。

在野外时，应该尽量穿长袖上衣和长裤，以减少皮肤裸露，避免穿深色衣服，黑色易吸引牛虻。准备适量的清凉油或风油精，或在水中滴几滴风油精搅匀，用小喷雾器喷在身上可驱赶牛虻。

被虻叮咬受伤后，可以在受伤局部皮肤上涂抹清凉止痒剂、皮质激素制剂，如皮炎平、无极膏、肤轻松等。痒痛剧烈者，可口服扑尔敏、盐酸西替利嗪等抗组织胺药物。出现糜烂渗液者，可做局部冷湿敷，并涂抹一些氧化锌油等，应尽快就医。

（四）蚂蟥

蚂蟥又名蛭，是一种高度特化的吸血环节动物，叮人吸血后容易引起感染。其头部有吸盘，并有麻醉作用，一旦吸附在皮肤上，不易被感觉到。当地常见的蚂蟥为旱蚂蟥，其"老巢"多在溪边杂草丛中，在堆积有腐败的枯枝烂叶和潮湿隐蔽的地方尤其多。安全指引及应变措施如下。

- 在野外时应穿长袖上衣和长裤，并且把袜子套于裤腿外，扎紧裤脚。
- 若被蚂蟥叮咬，或发现它正在吸血时，切勿惊慌，不可用手指强拉，以免将蚂蟥的颚片和口吸盘部分留在伤口内，造成不易愈合的溃疡。正确的方法是，用手掌连续拍击周围的皮肤，使其受震掉下。
- 可将盐水、乙醇、食醋滴在它的身上；或者用火柴烧，蚂蟥就会放松吸盘而自然脱落。
- 创口处涂上红汞或紫药水，防止感染，如出血不止，可用无菌敷料加压包扎（肖娅萍和田先华，2011）。

（五）其他昆虫叮咬

如遇其他昆虫如蜱虫叮咬，用烟头烫或把乙醇涂在身上，使蜱虫头部放松或死亡然后取出；如果取出困难，需要去医院手术取出。如让毒蚊叮咬后，用冰或凉水冷敷后，在伤口处涂抹氨水，中和毒性。

（六）危险植物

- 漆可导致部分人过敏。
- 有刺植物容易刺伤手脚，如蔷薇科、五加科的植物等；部分植物的刺毛在伤口处释放蚁酸等，导致烧痛、红肿，如荨麻科的蝎子草（*Girardinia suborbiculata*）等。
- 有些野菇和野果有毒，进食会致命。

安全指引如下。

- 严禁随便采摘野菇或野果食用。若误食野菇或野果，应立即求医诊治。
- 切勿用手接触漆。如果不小心接触到，引起皮肤敏感时，应立刻求医诊治。
- 用手抓植物时，留意是否有针刺，最好戴上手套。
- 避免走入生长茂密的丛林中。

三、意外与伤病

（一）迷路

天气不佳，如阴霾、有雾、雨雪或准备不足的情况下，容易迷途（肖娅萍和田先华，2011）。安全指引及应变措施如下。

- 谨记带好必需物品，如指南针、水、食物、雨具、哨子、手机、记事簿（或扑克牌）和笔等。
- 紧随教师，不要脱离队伍独自活动。
- 利用指南针确定方向。
- 进入不熟悉的树林或其他环境后，设法在曾经走过的途径做标记，如每走 100 m 左右在比较显眼的地方放一张扑克牌，至少可以放 5400 m。万一迷路，应尽量经原路返回；若不能依原路返回，应留在原地等候救援。

- 迷路后切勿再往前行，以免消耗体力及增加救援的困难。
- 若决定继续前行，应先使用指南针确定方向，寻路时在每一路口留下标记。
- 如未能辨认位置，应往高地走，居高临下较易辨认方向，也容易被救援人员发现。切忌走向山涧深谷，身处深谷不易辨认方向，向下走时虽容易，但下山危险性高，要再折回高地也困难，以致消耗大量体力。

（二）中暑

当环境温度高，而人体无法通过出汗调节体温时，便会中暑。因为过热可能引发热衰竭，通常是在炎热潮湿的环境中运动，又未能及时补充水分时发生。患者体力衰竭，感到热、头疼、晕眩及恶心，烦躁不安，脉搏加快且强而有力，呼吸加速有杂音，肌肉抽筋，面色苍白，皮肤湿冷，体温正常或可能升到 40℃ 以上，皮肤干燥而泛红，严重者会休克。安全指引及应变措施如下。

- 行程中应适当休息，不应过度疲劳，以免消耗体力。
- 避免长时间受到太阳直接照射。
- 多喝水。
- 一旦发现有人中暑，应尽快降低患者的体温及寻求医疗援助，并进行如下处理：①让患者躺在阴凉通风处，脱掉衣物，双足翘起。若患者清醒，可以给其喝水，保持四周空气流通。②如有必要，可加用湿毛巾、湿衣或扇风散热，迅速降低伤者体温。如出现神志不清、抽搐时，应立即送往医院。③如患者出现筋疲力尽、脸色苍白、皮肤湿冷、呼吸快而浅、脉搏快而弱、下肢和腹部肌肉抽搐、体温正常或下降时，则是热昏厥的症状，需要尽快将患者移至阴凉处躺下。如意识清醒，让其慢慢喝一些凉开水；如大量出汗、抽搐、腹泻，应在水中加盐饮用（每升一茶匙）；如已经失去意识，应使其仰姿躺下，充分休息至症状缓解。

（三）晒伤

野外的日照强烈，部分人对紫外线有过敏反应，所以要注意做好防晒，戴上帽子，准备防晒霜等。当皮肤被晒红并出现肿胀时，可用冷水毛巾敷在患处，直至痛感消失；如出现水疱，不要挑破，应请医生处理。

（四）外伤出血

如遇外伤出血，可先用净水冲洗，用干净纸巾等包住；轻微出血可采用压迫止血法，1 h 后每隔 10 min 左右要松开一下，保障血液循环。有条件时，应及时消毒、包扎。

（五）关节损伤

不可搓揉、转动受伤的关节，即刻用冷水毛巾或者垫上纱布等用冰冷敷 15~30 min，24 h后方可改用热敷。用绷带包扎固定后休息2~3天。疼痛、肿胀严重者，则应去医院检查和处理。

（六）骨折或脱臼

用夹板固定后再用冰冷敷。从大树或岩石上摔下来伤到脊椎时，将伤者放在平坦而坚固的担架上固定，不让其身子晃动，然后送往医院。

（七）水疱

在野外，脚上的水疱不是大伤，却影响实习。最好穿与脚"磨合"好了的鞋，尽量不要穿新鞋，穿着吸汗的棉袜。平时脚容易起水疱的同学，可事先在容易磨出水疱的地方贴一块创可贴。如果磨出了水疱，要将疱内的液体排出（用消毒过的缝衣针在水疱表面刺洞，挤出水疱内的液体），然后用碘酒、乙醇等消毒药水涂抹创口及其周围，最后用干净的纱布包扎。

（八）较大的意外伤害

遇到较大的意外伤害时，不要惊慌失措，要保持镇静。应变措施如下。

- 在周围环境不危及生命的情况下，一般不要随便搬动伤员。
- 根据伤情对伤病员分类抢救，处理原则为先重后轻、先急后缓、先近后远。
- 对呼吸困难、窒息和心跳停止的伤病员，快速置头于后仰位、托起下颚，使呼吸道畅通，同时实施人工呼吸、胸外心脏按压等复苏操作，原地抢救。
- 对伤情稳定、估计转运途中不会加重伤情的伤病员，迅速组织人力，利用各种交通工具分别转运到附近的医疗单位进行急救。
- 暂时不要给伤病员进食和喝饮料。
- 如发生意外、周围无人时，应向周围大声呼救，不要单独留下伤病员。
- 除急救外，严重的事故、灾害或者中毒，还应立即向有关部门报告位置、受伤人数、伤情、初步处理措施等。

第三章
标本的采集与制作方法

第一节　采　集　工　具

　　标本的采集工具是否完备直接影响标本的采集和后期制作，需要注意的是，采集不同植物类群标本所用的工具也不完全相同，因此，应根据实习的内容选择合适的采集工具。常用的采集工具包括标本夹、吸水纸、枝剪、高枝剪、小铁锹、采集袋等（图3-1）。

图 3-1　常用的野外实习工具

　　1）标本夹：标本夹主要由两块约 43 cm × 30 cm（长×宽）的木夹板组成。一般使用绳子捆绑固定；有的使用较薄而轻的木板、用扎带（或粘扣带）捆绑固定、钉上背带，方便野外携带。

　　2）吸水纸：易于吸水的纸，如草纸或报纸。

　　3）枝剪或高枝剪：剪取枝条和整理标本，高枝剪一般在采集高大乔木标本时使用。

　　4）采集刀：采集真菌、地衣和苔藓等。

　　5）锤子和钻子：采集贴在石壁上的地衣。

6）镊子或夹子：采集较矮小的植物，如苔藓植物。

7）采集箱：临时存放采集的新鲜植物标本，主要防止花、果实等器官丢失。

8）丁字小镐：挖掘草本植物的地下部分如根或根状茎等，保证获得完整的标本。

9）号签和野外记录本：号签用于编号并系在采集的标本上。可用较硬的台纸或较硬的纸片，剪成约 4 cm×2 cm 大小，穿孔并系上棉线做成。野外记录本记录植物的产地、生境和生物学特征，大小约为 7 cm×10 cm。注意同一个植物标本的编号和号签应一致。

10）铅笔和碳素笔：HB 铅笔和碳素笔，书写记录标签，遇水字迹仍然清晰。

11）放大镜：观察器官表面的细微特征，较易携带。室内观察则可用解剖镜。

12）海拔仪或 GPS：测定采集地的海拔、经纬度等具体数据。

13）罗盘：观测方向和坡向、坡度等信息。

14）采集袋：保存种子植物标本上落下来的花、果和叶，或者保存真菌、地衣和苔藓植物。可以用牛皮纸信封来代替。

15）小捞网：采集浮水的苔藓植物或水生植物。

16）曲别针或大头针：采集袋封口。

17）望远镜：观察高大乔木或远处的植物。

18）钢卷尺：测量草本植物植株的高度，或高大乔木的胸径数据。

19）照相机：可以对野外植株形态及器官特征进行拍照，具有拍照功能的手机也可以。

20）其他：如手套、塑料袋、小纸盒、塑料瓶、硅胶、地图、台纸、剪刀、棉线、针、固定液等。

手套：采集一些有刺植物时，起保护作用。

厚塑料袋（塑封袋）：同采集箱一样，防止植物标本水分的丧失。

小纸盒：采集苔藓或地衣时，以免植株散掉。

塑料瓶（或玻璃管）：用于存放容易压碎的菌类。

硅胶：常用的干燥剂，具有较强的吸水性，可将植物体内的水分逐渐吸出，并使其保持原有的色彩和形态。

第二节 固定液的配制

常用的固定植物组织材料的固定液及其配方如下。

一、FAA 固定液

可以固定植物组织，还可以用其制备浸渍标本。固定液中乙醇的浓度视标本含水量多少而定：幼嫩材料一般用 50% 乙醇，可防止材料收缩，其他材料常用 70% 乙醇。

甲醛	5 mL
冰醋酸	5 mL
50%～70% 乙醇	90 mL

二、FPA 固定液

用于固定一般的植物组织，通常固定 8～24 h，可长久保存。

甲醛	5 mL
丙酸	5 mL
70% 乙醇	90 mL

三、铬酸-乙酸固定液

根据固定对象的不同，可分为弱、中、强 3 种配方。

1）弱液配方：用于固定较柔软的材料，如藻类、苔藓和蕨类的原叶体等。固定时间较短，一般为数小时，最长可固定 12～24 h，但藻类和蕨类的原叶体可缩短到几分钟至 1 h。

10% 铬酸	2.5 mL
10% 乙酸	5 mL
蒸馏水	92.5 mL

2）中液配方：用于固定根尖、茎尖、未成熟子房和胚珠等。为了易于渗透，可在此液中加入 2% 的麦芽糖或尿素。固定时间为 12～24 h。

10% 铬酸	7 mL
10% 乙酸	10 mL
蒸馏水	83 mL

3）强液配方：用于固定木质根、茎、成熟子房等。为了易于渗透，可在此液中加入 2% 的麦芽糖或尿素，固定时间为 12～24 h 或更长。

10% 铬酸	10 mL
10% 乙酸	30 mL
蒸馏水	60 mL

第三节　植物标本的采集、保存和腊叶标本的制作

一、大型高等真菌

（一）标本的采集和整理

1. **采集用具**　除常规的采集工具（见本章第一节）外，还需要掘根器或小铲、硬纸盒、塑料桶或筐、白纸袋、白纸、黑纸等。

2. **采集方法**　土生的伞菌类和盘菌类，为了保证标本的完整性，可使用掘根器或小铲采集，勿用手直接采集；树干或朽木上的菌类，可用枝剪剪取带有菌类的一段树枝或剥下一块树皮。采集时注意做好记录，并拍摄照片。

3. **标本的包装**

1）肉质、胶质、蜡质和软骨质的标本需用漏斗形纸袋（由光滑的白纸做成）进行包装，保持子实体各部分完整，将号牌放入、包好后，菌柄向下，菌盖在上，放入塑料桶。

2）木质、木栓质、革质和膜质的标本，采集后用报纸包好，拴好标本号牌即可。

3）稀有、易压碎及速腐性的标本，可将其包好后放在硬纸盒中。应注意通风，可以在盒壁上多穿些孔洞。

4）小而易坏的标本，可装入玻璃管中保存，避免损坏或丢失。

4. **标本的整理**

1）整理肉质、含水量多、个体小、脆或者易腐烂的标本。先小心清除标本上的泥土和杂物，轻放在铺平的白纸上，注意菌褶或菌孔应朝上。

2）整理肉质、含水量较小，或者木质、木栓质、革质和膜质的标本，可置于通风处晾干。

5. **真菌孢子印的制作**　孢子印是将真菌子实层产生的担孢子接收在纸上后所形成的印迹

（图 3-2）。由于真菌的孢子是真菌鉴定的主要特征之一，而这些孢子在形态、大小、颜色等各方面都有很大差异，因此通常要制作孢子印，用于真菌的鉴定。

孢子印的制作方法有以下两种。

方法一：取新鲜的子实体，用刀片将菌柄与菌褶平齐切断，将菌盖的菌褶面向下置于白纸（有色孢子）或黑纸（白色孢子）上。若不清楚孢子的颜色时，白纸和黑纸各半张。用玻璃口杯（或碗）扣住约 4 h，担孢子散落在纸上形成与菌褶或菌管排列方式相同的孢子印，拍照记录特征。

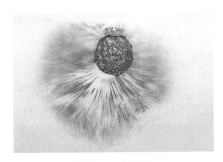

图 3-2　孢子印

方法二：将白纸（或黑纸）折起来，在中央剪出一个与菌柄大小相似的孔，把菌柄插入孔内，使菌褶紧贴于纸上。再将子实体和纸置于盛有半杯水的小杯口上，1～2 h 就可形成孢子印，拍照记录新鲜的孢子印特征。

孢子印制作成功后，及时记录新鲜孢子印的颜色，并将其编号（最好和标本同号）保存，以备鉴定时查用。需注意，不能摩擦孢子印，以免破坏其纹理。

（二）标本的制作和保存

1. 干标本的制作　用干燥法制备标本，适用于木质、栓质、革质、半肉质和不易腐烂的标本。可将标本放在通风处自然干燥，或放在日光下直接晒干，部分含水较多的标本也可采用烘干的方法。

干标本制作好以后，把标本与记录本、编号一起放入纸盒，在纸盒表面贴上标签（名称、产地和日期），并在盒内放置防虫药品和干燥剂。最后把纸盒放入标本柜中保存。

2. 浸渍标本的制作　将清理干净的标本直接浸入固定液中，用蜡将标本瓶口密封，贴上标签保存。

3. 切片标本的制作　取新鲜标本的子实体，用刀片纵切成 3 片，将菌片置于标本夹内的吸水纸或报纸上，吸干压平后直接保存。

二、地衣

（一）采集方法

除常规的采集工具（见本章第一节）外，还需凿子等。野外采集时应注意各种生境、基物上生长的种类等特征，根据不同情况采用不同的方法。

1. 壳状地衣的采集

1）生于岩石上的地衣，采集时用锤子和凿子尽可能敲下带有较完整地衣形态的石块，放进牛皮纸袋中保存。

2）生于树皮上的壳状地衣，用采集刀连树皮一起割下，或用枝剪剪下小段树枝，保持标本的完整性。

3）生于土壤表面的壳状地衣，应用采集刀连同一部分土壤铲起，放入小纸盒中以免散掉。

2. 叶状地衣的采集

1）石生或附生于树皮上的叶状地衣，直接用刀剥离。

2）在藓类或草丛中生长的叶状地衣可用刀连同苔藓或杂草一同采集后，去掉多余的杂草和苔藓。

3）叶状地衣采集后可直接放入标本夹压制，或放入适当大小的纸袋中保存。

3. **枝状地衣的采集**　　用采集刀将地衣与基物一起采下，装入牛皮纸袋中，个别易碎类型需要放入小纸盒。

（二）标本的整理和保存

1）采集的标本，先要除去泥土和多余的伴生植物，放在阴凉通风处晾干后，分别装入牛皮纸袋中保存；大型地衣标本（如枝状地衣）也可以压制并制作成腊叶标本。

2）较大的石块标本、树枝标本清理干净后可单独存放。

3）土壤标本，通常用纸盒保存。

三、苔藓植物

（一）采集方法

除了常规的采集工具外，还需要携带镊子和采集刀。采集时尽量选择生长发育较好的植物，用采集刀将植物体从土中、岩石上取下，注意保证标本完整，包括配子体及其上寄生的孢子体。详细记录其生活型、颜色、生境及群落；若是树生种类，应记录树木的名称等。

1）土生藓类：在松软的土壤上生长的苔藓，可直接用手采集；在略硬的土壤上生长的，使用采集刀将苔藓与土壤一起铲下，抖掉或洗掉泥土后装入采集袋（约 12 cm×10 cm）。

2）生长在岩石表面或树干表面的苔藓：用采集刀刮取或连同树皮一起采下；或采集一段枝条装入采集袋中。

3）生长于墙缝、石缝中的苔藓：用镊子或采集刀采集。

4）水生苔藓：可用镊子或夹子夹取，也可用手直接采集。采集后用纸包起来，装入采集袋或采集瓶中。

（二）标本的制作和保存

1）牛皮纸袋保存：苔藓植物体形较小，容易干燥，一般不易发霉腐烂，颜色也能保持较久。常用的方法是将标本放于通风处阴干，整理干净后再将标本装入用牛皮纸折叠成的纸袋中，袋上贴上标签，注明采集号、名称、产地、生境、采集时间、采集人等，即可长期保存。

2）腊叶标本保存：一般附生在树干上或水生种类的苔藓可以用标本夹压制腊叶标本，部分种类需要在标本上盖一层纱布，以防止这类标本粘在纸上。

3）浸液标本保存：将标本清洗干净后，放入饱和硫酸铜水溶液中浸泡一昼夜，用清水冲洗，置入加有 5% 甲醛水溶液的磨口标本瓶中即可长期保存。

四、蕨类植物

（一）采集方法

1）蕨类植物多生于较为湿润的生境中，采集前，首先观察并记录其生境和植株形态。有条件时先拍照记录，注明其株高、叶的大小，拍摄营养叶的背腹特征，孢子叶上孢子囊群的特征，以及叶柄上的毛被特征，然后再采集。

2）采集完整的植物。根状茎、叶、孢子叶（可育叶）、孢子囊等特征是蕨类植物分类的重要依据，采集标本时应注意尽量选择携带各部分完整信息的标本。可用小铁锹或掘根器挖出根状茎，如果根状茎长而大，则可挖出其中一段；对于具有二型叶的蕨类植物，要将营养叶和孢子叶都采下，保证标本的完整性，切忌只采一片叶子。

3）蕨类植物的根状茎和叶采集后，立即拴上标签，编号，然后装入采集袋中以防萎蔫。

4）标本不可放置时间过长，应及时置于标本夹中压平，用报纸吸干水分。

（二）标本的制作

蕨类植物的标本用标本夹压制成腊叶标本。

1）压制标本时，注意整理叶片，即舒展叶片，并尽可能保证正面和反面叶都有展示，以便可同时看到叶两面的附属物、孢子囊群等重要的分类特征。

2）较大的叶可以分段保存，将叶剪断按次序编号，压制在标本夹中。

3）为了防止标本发霉和虫蛀，可用 15% 的甲醛溶液浸泡。

4）标本要及时贴上标签，放入标本柜中存放。

五、种子植物

根据植物特征和不同的教学需要，标本可制作成两种类型，一种是腊叶标本，另一种是浸渍标本。种子植物是实习的重点内容，所以加以详细介绍。

（一）腊叶标本的制作和保存方法

1. 标本的采集及干燥

（1）采集的时间和地点　　植物萌芽、展叶、开花、结果的时间不同，不同季节的实习仅能获得其中某个阶段的标本。例如，对于落叶的木本植物，如果要采集到易于鉴定的标本，最好选择花、果期，采集带有花或果实的标本。如果是雌雄异株的植物，如大血藤 [*Sargentodoxa cuneata* (Oliv.) Rehd. et Wils.]，要尽可能分别采集雌株和雄株的标本，便于进一步的鉴定。在实习地有不同的实习路线，不同的小环境有着一些不同的植物，出发前可以根据拟采集的植物材料确定采集地点。

（2）采集方法

1）木本植物：采集时选择生长正常、无病虫害的植株，剪取的二年生小枝，如花枝或果枝（缺乏花或果实的枝条一般难以鉴定）。所采标本大小应合适（与标本夹大小相似，一般长 40 cm、宽 30 cm），这样便于压制标本，装订上台纸时修剪较少。用枝剪剪取枝条（忌用手折）。采集高大的乔木标本时，可使用高枝剪采集标本。

2）草本植物：采集全株，包括根、茎、叶、花、果实等器官。

3）水生植物：应尽量采取地下茎，便于观察花柄和叶柄着生的位置。将标本捞起放在采集箱里，带回室内放在水盆中，待植物恢复原来状态时，用较硬的纸板将其捞出水面，并放在干燥的报纸里压制，直至标本表面的水分被吸尽为止。

4）特殊植物的采集：有的植物叶子较大（如棕榈科植物），采集时只能取其一部分，因此，应记录叶形、大小（长宽）、裂片的数目、叶柄和叶鞘长度等信息，有条件时拍照，以后附在标本上。对于寄生植物，如菟丝子（*Cuscuta chinensis*）等，需要同时采集寄主部分，并详细注明寄主形态。

（3）野外记录　　野外记录是标本采集的重要环节，一般野外只能采集到整个植株的一部分，加之植物压制成标本后与生活状态的差别很大，如颜色、气味等。如果所采的标本没有详细记录，就会丢失部分信息，鉴定时也会发生困难。一份有价值的标本必须具有详尽的野外记录，包括采集日期、海拔、采集地点、采集人员、生境、植株生长习性、茎、叶、花序（花）、果实、有无香气和乳汁等特征。记录时还应注意观察同一株植物上是否有两种叶形，采集木本植物和高大的多年生草本植物时，只能采到其中的一部分，需要将它们的高度、胸径等记录下来。

采集标本时参考以下格式逐项填好采集记录（图 3-3），还应该保证记录本的编号和号签编号一致，以免造成混乱，并将号签挂在植物标本不易脱落的部位（如叶柄、节的位

植物标本野外采集记录

采集编号＿＿＿＿＿＿采集日期＿＿＿＿年＿＿＿＿月＿＿＿＿日
采集地（产地）＿＿＿＿＿＿＿＿＿＿＿＿＿＿＿＿＿＿＿＿＿＿
生境＿＿＿＿＿＿＿＿＿＿＿＿＿＿＿＿＿＿＿＿＿＿＿＿＿＿＿＿
海拔＿＿＿＿＿经度＿＿＿＿＿＿纬度＿＿＿＿＿＿＿＿
性状＿＿＿＿＿＿＿＿＿＿体高＿＿＿＿＿＿＿＿
树皮＿＿＿＿＿＿＿＿＿＿胸径＿＿＿＿＿＿＿＿
芽＿＿＿＿＿＿＿＿＿＿＿叶＿＿＿＿＿＿＿＿＿
茎＿＿＿＿＿＿＿＿＿＿＿根＿＿＿＿＿＿＿＿＿
花＿＿＿＿＿＿＿＿＿＿＿＿＿＿＿＿＿＿＿＿＿＿
果实及种子＿＿＿＿＿＿＿＿＿＿＿＿＿＿＿＿＿＿＿＿
用途＿＿＿＿＿＿＿＿＿＿＿＿＿＿＿＿＿＿＿＿＿＿＿＿
当地名＿＿＿＿＿＿＿＿＿科名＿＿＿＿＿＿＿＿＿＿
附记＿＿＿＿＿＿＿＿＿＿＿＿＿＿＿＿＿＿＿＿＿＿＿＿＿

采集人＿＿＿＿＿＿＿＿＿＿＿＿＿＿＿＿＿＿＿＿＿＿＿＿

图 3-3　植物标本野外采集记录

置）；号签可以用台纸来制作（图 3-4）。

随着照相机的不断普及，在采集之前，应当对植物生境、植株及各个器官进行拍照，供以后鉴定使用。

（4）采集标本的注意事项

1）完整的标本：一份植物标本是一个植物个体的缩影，采集标本时应尽量选择携带该物种全面生物学特征的标本，包括根（木本可以不采根）、茎、叶、花或果实，才能进一步准确鉴定。

2）健康的标本：是指没有病虫害或人为损坏的植株，保证标本完整并能够长期保存。

3）草本植物（全株）标本：有的植物具有二型叶，叶形不同，如基生叶和茎生叶，应采集所有叶形的部位。高大的草本为了方便压入标本夹内，可将植株折成"V"或"N"字形，或者将其不同部位（上、中、下）分别压在标本夹内，编同一个采集号，以便鉴定。

（5）标本压制、整理和干燥　采回的新鲜标本要及时压制，压制标本时需要做好下列工作。

1）整理标本：将标本上多余的枝叶剪掉，疏剪时注意保留标本的完整（茎、叶、花或果）。

2）编号：把采集的同种植物编同一个号，与野外采集记录号一致。

3）压制：首先，用一块夹板作底板，

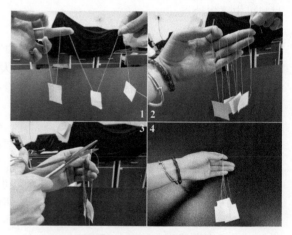

图 3-4　号签的制作方法

上铺几层报纸。其次，将整理好的标本平放，并将枝、叶展平，然后在上面再铺 2～3 张报纸。如果有些植物的花、果过大，压制时容易在近花、果的地方造成空隙，最好用叠厚的报纸将空填平。重复添加标本时，盖上报纸后，须将上下相邻标本的首尾调换位置，使木夹内标本受到同样的压力。最后，盖上另一个夹板，然后用绳子在木夹的两端缚紧（图 3-5）。

4）换纸干燥：每天至少换干燥的报纸 1 次，需要注意以下几点。

第一，将枝条、折叠的叶和花等小心张开，标本的枝叶过密，可以适当进行疏剪；标本上的叶片翻转，使标本上既有腹面朝上又有背面朝上的叶片，便于以后观察。

第二，换纸的过程中，如果发现叶、花、果等器官脱落，应放入小牛皮纸袋中，并写上与标本相同的编号，与标本压在一起以防丢失和错乱。

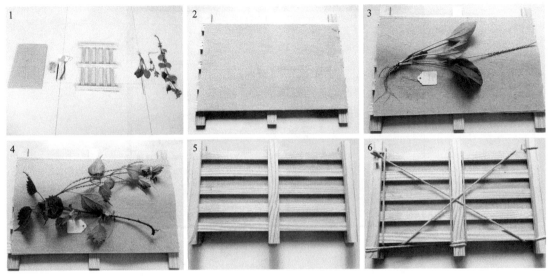

图 3-5 标本的压制方法

第三，压制的标本需连续 6～8 天持续换报纸才能达到干燥状态。

此外，景天科等植物的营养器官厚而多肉，不容易干燥。压制前应浸在沸水内煮 1 min 左右再进行压制。

2. **标本的制作和保存**

（1）**标本的制作** 干燥后的标本要经过以下环节处理（图 3-6）。

1）消毒处理：可以杀死虫卵或病原菌，使标本能够长期保存。由于接触有毒或腐蚀性药品，需要戴手套和口罩进行操作。常用的方法有以下三种。

A. 敌敌畏或四氯化碳、二硫化碳混合液消毒：把标本放进消毒室或消毒箱内，将混合液置于玻璃皿中，熏杀标本上的虫子或虫卵，需要消毒 3 天。

B. 氯化汞乙醇溶液（0.1%～3%）消毒：将干标本放在该溶液中浸泡约 30 min，取出后放置在标本夹中干燥，然后再上台纸。

C. 低温消毒：将标本放入低温冰箱中，将有害生物杀死。一般−50℃以下的冰箱需要放置 24 h，−30℃ 的冰箱需要放置 72 h。为了防止标本在冰箱中变潮，要将标本包装在不透气的塑料袋中。

2）上台纸：将约 39 cm×27 cm 大小的白色台纸（300 g 或 350 g 的白板纸）放在桌上，把消毒好的标本放置在台纸上，尽量使格局美观，在右下角和左上角位置留白，用于粘贴定名签和野外记录签。

3）固定：用小刀沿标本下台纸合适的位置切出数对小口，再使用小纸条（牛皮纸条）穿入，从背面拉紧并用胶水在背面粘贴固定。

4）粘贴记录签和定名签：标本贴好后，将野外记录签和定名签分别贴在左上角和右下角的相应位置。

5）粘贴保护的薄纸：在台纸上边（或左边）贴一张与台纸大小相同的薄纸（拷贝纸）以保护标本。

6）粘贴小纸袋：有些标本在采集或制作过程中叶、花或果脱落下来，可以用小纸袋装起来，贴在台纸适当的位置，鉴定时使用。

（2）**标本的保存** 经过上述流程，经鉴定后的标本应放进标本柜中保存。腊叶标本在存

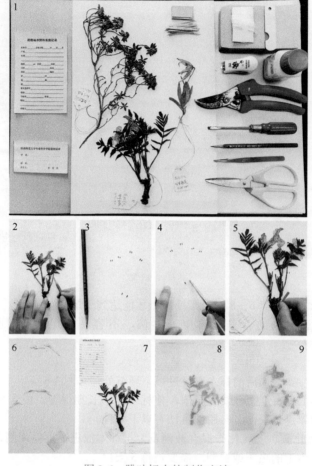

图 3-6   腊叶标本的制作方法

放时，以种、属、科为单位。科的排列方式有的按照分类系统［如恩格勒分类系统、哈钦松分类系统或被子植物系统发育研究组（APG）系统］摆放，有的按照标本采集地区排列；科下的属和种的顺序一般按照拉丁文的字母顺序来排列。因此，查阅某个标本，应先了解标本馆标本的存放顺序，然后再循序查看。

（二）浸渍标本的制作及保存方法

常用的浸渍标本方法中，有的保存液只能使标本不腐败，但不能保持标本的原色，有的浸渍方法则可保持其天然色彩不变。

1）纯防腐性的浸渍法：将植物标本浸入防腐性固定液里，保存在固定瓶中，固定液体积至少应是材料的 2 倍。固定液的类型及配制参见本章第二节相关内容。

2）保持标本颜色不变的浸渍法：如果需要保存植物的根、叶、花、果实等原有的颜色，则需要针对绿色、黑色、紫色、红色、黄色、橙色、白色等标本的特征，选择不同的浸渍液、浸渍时间等，具体方法略有不同。可选择乙酸铜-乙酸液、甲醛-乙醇液、硼酸-甲醛液、亚硫酸-乙醇液或氯化镁溶液等进行固定，在此不做详述。

浸渍标本做好后，可以置于标本缸中，放置在室内阴凉避光处密封保存（用蜡或凡士林封口）。

第四章
植物学野外实习的准备和内容

第一节　植物学野外实习的准备

实习地位于秦岭腹地，远离城市，因此，实习前需要准备实习工具和其他生活用品。建议准备的物品清单如下。

1. 实习用具　采集工具（见第三章第一节采集工具部分）、野外实习报告册等。

2. 工具书　《秦岭植物志》《中国高等植物图鉴》《植物学野外实习指导》等。

3. 个人日常生活用品　登山服或较厚的运动服、登山鞋或耐磨的运动鞋、登山包、遮阳帽或军帽、棉袜、雨具、换洗衣服、脸盆、热水壶、碗筷等个人日常生活用品。

4. 药品　风油精、创可贴、蛇药、感冒药、止泻药、抗过敏药、急救包等。

5. 注意事项

● 抵达实习地之后，根据分组和实习内容，领取实习项目的采集工具。

● 每一项实习内容结束后，小组之间进行工具交接。

● 按照清单逐一检查实习工具。如有遗失或者损坏，应立即向带队老师提出。

● 野外实习提倡绿色出行，建议大家将自己在野外产生的垃圾随身携带至可以处理垃圾的地方丢弃。

第二节　植物学野外实习的内容

通过植物学野外实习，学生要学会在野外的工作方法。首先，学会观察植物的生物学特征；其次，学会识别和鉴定物种，了解常见科的识别特征；最后，在实习期间，结合实习地情况，培养分析问题的能力，完成科研小项目。

一、野外观察及标本采集

在植物学野外实习中，要注意观察具体植物的生物学特征。以种子植物为例：首先，观察其生长的环境，包括大环境和小环境，是林下、路边、草地或者小溪边等；其次，留意与其伴生的植物有哪些；最后，再观察植物本身的特征，以由表及里、从上往下（或者从下往上）的顺序进行观察，着重观察每个器官的特征，如花序类型、花形态、叶着生方式、根系类型等。对于一些肉眼无法准确观察的器官，可以用放大镜进行观察。记录以上特征，根据情况可以拍照记录。

不同植物标本的采集方法和要求有所不同，根据实习的内容和对象，参照本书第三章第三节的内容进行采集。

二、物种的识别和鉴定

物种的识别和鉴定是野外实习的重要内容，通过准确观察植物的特征和正确使用植物检索表来完成。回到实习地教室后，尽快对野外采集的新鲜植物标本进行整理和鉴定。通过详细观察、特征描述、检索表的查阅等步骤，对物种进行准确鉴定，从而了解该种、该科的主要特征。一般要求每位同学都能鉴定所采集的植物标本，并将鉴定的过程进行记录，完成作业内容。

1. 植物特征的观察

首先，应熟悉植物分类学术语。

其次，仔细观察待鉴定植物的特征并做详细记录。例如，观察茎、叶形态特征，主要观察花的结构，将花进行解剖，观察花托上各部分器官的形态、数量、结构、连合程度等特征。应该使用解剖工具、解剖镜或放大镜等来进行详细的观察。

最后，描述植株的形态、茎和叶的特征，描述花的结构并写出花公式。

2. 检索表的使用

检索表是识别和鉴定植物物种不可缺少的工具，采用归纳与歧分法把许多植物编成一个表，并将它们区分开来。根据二歧分类原则，把原来一群植物相对的性状（特征）分成对应的两个一级分支，再把每个一级分支中相对的性状又分成相对应的两个二级分支，以此类推，直到编制到科、属或种检索表的终点为止。根据分类的需要，有分科检索表、分属检索表、分种检索表等，常见的植物分类检索表有定距式、平行式和连续平行式 3 种。

```
           定距式检索表  （缩进检索表）
1. 胚珠裸露：种子外无果皮包被；叶为针状或鳞片状··········2
  2. 叶互生于长枝上或多数簇生于短枝上，其外无鞘状叶······雪松
  2. 叶2～5枚成束生于极短的短枝上，其外有鞘状叶包被······3
    3. 叶5枚一束··································华山松
    3. 叶2～3枚一束·······························4
      4. 叶2枚一束·······························油松
      4. 叶3枚一束·······························白皮松
1. 胚珠包于心皮之中：种子被果皮所包；叶宽大·············5
  5. 种子具1枚子叶；叶具平行脉····················百合
  5. 种子具2枚子叶；叶具网状脉····················6
    6. 灌木或半灌木·······························牡丹
    6. 草本··································7
      7. 花具多数雄蕊，心皮分离······················芍药
      7. 花具2～6枚雄蕊，心皮合生····················8
        8. 花瓣合生；雄蕊2枚·······················丹参
        8. 花瓣分离；雄蕊6枚·······················油菜
```

图 4-1　定距式检索表

1）定距式检索表：将每一对特征分开编排，标以相同的数字，每低一项，数字退后一格，需要注意检索表中较早出现的一对相对性状之间会相距较远，是最常用的检索表类型（图4-1）。例如，卷丹（*Lilium lancifolium* Thunb.）的检索过程如下所示（常见被子植物分科检索表见附录5）。数字的含义：1 和 1′ 分别代表第一组性状中的第一、二个分类特征；同样，377′ 代表这一组性状中的第二个分类特征……

卷丹的生物学特征：草本，单叶互生，叶具有弧形脉。花三基数，花被片6，两轮，每轮3枚，雄蕊6，两轮，每轮3枚，雌蕊1、3 心皮合生，子房上位，中轴胎座，胚珠多数，蒴果。

1′ 叶多具平行叶脉，花为三基数（单子叶植物纲 Monocotyledoneae）。

377′ 草本植物。

378′ 有花被，常显著，且呈花瓣状。

393′ 雌蕊 1，由 3 个或更多个合生心皮组成。

395 子房上位，或花被和子房相分离。

396′ 花被裂片彼此相同或近于相同。

398′ 花大型或中型，或有时为小型，花被裂片具鲜明的色彩。

400′ 陆生植物；雄蕊 6 枚（稀 3 或 4 枚或更多），彼此相同。

401′ 花为三基或四基数；叶常基生或互生。

402 花多数两性。

403′ 非耐旱性植物或稍耐旱；叶部纤维不发达；花柱通常分裂
……………………………………………………百合科 Liliaceae

2）平行式检索表：将每对特征编以同样的数字，左对齐紧接并列（图 4-2）。

3）连续平行式检索表：将一对特征用两个不同的数字表示，如 1.（6）和 6.（1），其中后一数字加括号，表示它们是相对比的性状。查阅时，若其符合 1 时，就继续查 2；不符合 1 就查相对比的 6，如此类推，直到查明其分类等级（图 4-3）。

平行式检索表

1. 胚珠裸露；种子外无果皮包被；叶为针状或鳞片状…………………2
1. 胚珠包于心皮之中；种子被果皮所包；叶宽大……………………5
2. 叶互生于长枝上或多数簇生于短枝上，其外无鞘状叶…………雪松
2. 叶 2～5 枚成束生于极短的短枝上，其外有鞘状叶包被…………3
3. 叶 5 枚一束…………………………………………………………华山松
3. 叶 2～3 枚一束……………………………………………………4
4. 叶 2 枚一束………………………………………………………油松
4. 叶 3 枚一束………………………………………………………白皮松
5. 种子具 1 枚子叶；叶具平行脉…………………………………百合
5. 种子具 2 枚子叶；叶具网状脉…………………………………6
6. 灌木或半灌木……………………………………………………牡丹
6. 草本………………………………………………………………7
7. 花具多数雄蕊，心皮分离………………………………………芍药
7. 花具 2～6 枚雄蕊，心皮合生……………………………………8
8. 花瓣合生；雄蕊 2 枚……………………………………………丹参
8. 花瓣分离；雄蕊 6 枚……………………………………………油菜

图 4-2　平行式检索表

三、熟悉实习地常见科的识别特征

通过野外观察和室内标本鉴定，了解实习地常见类群的识别特征。以种子植物为例，需要学生通过实习，掌握实习地常见科的识别特征，如蝶形花科、蔷薇科、菊科、毛茛科、禾本科等，需要对其根、茎、叶、花、果实等的各个特征进行详细观察，并总结该科重点特征。以唇形科植物为例，可总结出"茎四棱、叶对生、轮伞花序、花唇形、二强雄蕊、子房四深裂、4 个小坚果"等特征。

连续平行式检索表

1.（8）胚珠裸露；种子外无果皮包被；叶为针状或鳞片状。
2.（3）叶互生于长枝上或多数簇生于短枝上，其外无鞘状叶………雪松
3.（2）叶 2～5 枚成束生于极短的短枝上，其外有鞘状叶包被。
4.（5）叶 5 枚一束………………………………………………华山松
5.（4）叶 2～3 枚一束。
6.（7）叶 2 枚一束………………………………………………油松
7.（6）叶 3 枚一束………………………………………………白皮松
8.（1）胚珠包于心皮之中；种子被果皮所包；叶宽大。
9.（10）种子具 1 枚子叶；叶具平行脉…………………………百合
10.（9）种子具 2 枚子叶；叶具网状脉…………………………牡丹
11.（12）灌木或半灌木……………………………………………牡丹
12.（11）草本。
13.（14）花具多数雄蕊，心皮分离………………………………芍药
14.（13）花具 2～6 枚雄蕊，心皮合生。
15.（16）花瓣合生；雄蕊 2 枚……………………………………丹参
16.（15）花瓣分离；雄蕊 6 枚……………………………………油菜

图 4-3　连续平行式检索表

四、考核（植物识别）

考核主要以识别植物为主。将实习过程中观察、鉴定过的一些常见植物标本进行编号，要求学生鉴别出该植物的物种名及所属的科名，并考核主要识别特征。

五、科研小项目

野外实习的目的不仅仅是为了验证、扩充课堂和书本上已有的知识，更重要的是通过实习的各个环节，培养自主探究学习的能力，提高分析问题和解决问题的能力。通过实习期间的学习，

确定感兴趣的题目，完成科研小项目，进而提升自己从事科研活动的能力。

科研小项目一般包括下面几个过程。

1）确定题目：通过大量的观察和思考，发现自己感兴趣而又有能力去解决的问题，并与指导老师沟通，探讨该题目是否能在有限时间及野外条件下获得初步的数据，确定科研活动选题。

2）收集材料：题目一经确定，需要广泛收集材料，包括实物标本、生态环境、文字资料等。

3）设计、实施调查或者实验：根据题目的科学问题，设计一套切实可行的调查或者实验方案，根据方案实施调查或者实验，得到实验数据。

4）对获得的数据进行分析处理，通过图表的形式展示实验结果。

5）总结：项目总结一般以小论文的形式展示，是对某一专题经过一番调查、观察、思考以后的归纳性总结，它包括如下几个方面。

前言（问题的提出）：说明这一论题的意义，前人做过哪些工作，留下什么问题（这一点由于在野外，资料不全可以从简，但要说明你为什么要选这一题目）。

材料与方法：包括自己工作的内容，包括工作地点、环境特点、工作方法、数据、描述、检索表等。

结论与讨论：写出规律性的几点内容或工作体会。

参考资料：进行此项工作阅读或引用了哪些资料。

附：小论文参考题目　⋯⋯⋯⋯⋯⋯⋯⋯⋯⋯⋯⋯⋯⋯⋯⋯⋯⋯⋯⋯⋯⋯⋯⋯⋯◇

1）药用蕨类植物调查

2）阳坡植物与阴坡植物形态学比较

3）从苔藓植物的分布说明其对环境的适应规律

4）实习基地的藤本植物

5）实习基地的旱生蕨类植物

6）实习基地的虫媒花植物

7）草本植物对环境的适应

8）植物腊叶标本制作

9）实习基地珍稀濒危植物资源及保护现状调查

10）实习基地蜜源植物资源及开发利用现状调查

11）实习基地药用植物资源及开发利用现状调查

12）实习基地野果植物资源及开发利用现状调查

13）实习基地鞣料植物资源及开发利用现状调查

14）实习基地油脂植物资源及开发利用现状调查

15）实习基地野生花卉植物资源及开发利用现状调查

16）实习基地纤维植物资源及开发利用现状调查

17）实习基地食用野菜植物资源及开发利用现状调查

18）实习基地食用菌资源调查及开发利用现状调查

19）实习基地野生淀粉植物资源及开发利用现状调查

20）实习基地某类（某科、某属或某大类群）植物资源调查

第五章

大型高等真菌

大型高等真菌是指子实体较大的少数子囊菌和大部分担子菌类。在野外实习中，要求学生初步了解大型高等真菌的生物学性状和分类特征，并能识别大型高等真菌的大类群和实习地区的部分常见种。

第一节 大型高等真菌的特征和主要分类依据

大型高等真菌的鉴别，主要是依据子实体的形态结构和质地，子实层的结构，子囊孢子或担孢子的形态、大小和颜色及生态习性等几个方面的特征。

一、子实体和子实层

1. 子实体 子实体是产生子囊孢子或担孢子的结构，由营养菌丝和能育菌丝组成。子实体的形态、质地和颜色多样。

（1）子实体的形态 子囊菌的子实体多为盘状或碗状，少数为马鞍形或羊肚形等；担子菌的子实体多为伞状，也有球形、扇形、笔形、脑状、耳状、块状、喇叭形等。

（2）子实体的质地 子实体多为肉质，还有革质、木质或木栓质、胶质等。

（3）子实体的颜色 白色、红色、绿色、黄色、蛋壳色及褐色等。

2. 子实层 子实层由能育菌丝组成。子囊菌的子实层通常位于子实体表面；担子菌的子实层在子实体上的着生位置多种多样。

1）在子囊菌中，子实层包括子囊和侧丝。

2）在担子菌中，子实层主要包括担子、担孢子、囊状体，有些还可能存在侧丝。

二、伞菌类子实体的形态结构

担子菌中的伞菌类子实体由菌盖和菌柄两部分组成。

1. 菌盖

1）菌盖形状和边缘特征：不同伞菌的菌盖形状不同，常见的有钟形、斗笠形、半球形、中央突起、平展形、漏斗形和中央脐状等（图5-1）。菌盖的边缘或上翘、或卷起，有些呈现延伸或撕裂状态（图5-2）。有的菌盖表面光滑，有的具有纤毛或鳞片等各种附属物（图5-3）。

2）菌褶或菌管：子实层生于菌褶两面或菌管的内表面。

菌褶：是指菌盖下面呈辐射状生长的薄片。菌褶的边缘平滑、波状或锯齿状，甚或粗糙有颗粒状物等。尤其是菌褶与菌柄的连接方式多种多样，而且是分类的重要依据之一（图5-4）。菌褶幼嫩时多为白色，老熟后多表现为担孢子的各种颜色。不同种类菌褶的宽窄、厚薄、长短也各不相同。

菌管：是指菌盖下面的许多管孔状结构。

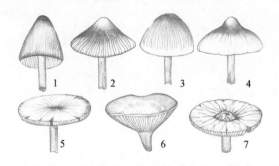

图 5-1　伞菌菌盖的形状

1. 钟形；2. 斗笠形；3. 半球形；4. 中央突起；
5. 平展形；6. 漏斗形；7. 中央脐状

图 5-2　伞菌菌盖的边缘

1. 上翘；2. 翻卷；3. 内卷；4. 边缘延伸；
5. 边缘撕裂；6. 边缘波状

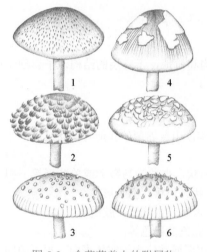

图 5-3　伞菌菌盖上的附属物

1. 纤毛；2. 丛毛鳞片；3. 颗粒状鳞片（小疣）；
4. 块状鳞片；5. 龟裂鳞片；6. 角锥状鳞片

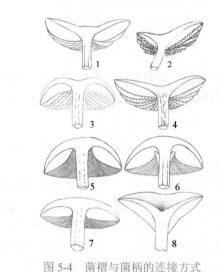

图 5-4　菌褶与菌柄的连接方式

1. 褶缘平滑；2. 褶缘锯齿状；3. 褶缘波状；4. 褶缘粗糙有颗粒状物；
5. 菌褶离生；6. 菌褶弯生；7. 菌褶直生；8. 菌褶延生

2. 菌柄　　菌柄为着生菌盖的柄状结构，其形状、生长的部位及菌柄上有无菌环、菌托是重要的分类特征；除此之外，菌柄的颜色、质地、中空还是实心、有无扭转等，也是分类的依据。

（1）**菌柄的形状**　　菌柄的形状多样，如有圆柱状、粗筒状，有的基部延伸成假根状等（图 5-5）。

（2）**菌柄生长的位置**

中生：菌柄生于菌盖中央。

侧生：菌柄生于菌盖偏中央的位置。

偏生：菌柄生于菌盖一边。

（3）**菌幕和菌环**　　菌幕是伞菌子实体的组成部分，是指包裹在幼小子实体外面或连接在菌盖和菌柄间的那层膜状结构，前者称外菌幕，后者称内菌幕。子实体成熟时，菌幕就会破裂、消失，但在有些伞菌的种类中会残留下来。

　　菌环是内菌幕的残留部分形成的膜状环形物。菌环通常为单层膜质，少数菌环双层，如野蘑菇(*Agaricus arvensis*)。菌环大多在菌柄上不能移动，但少数可上下移动。有些种类没有菌环。

　　菌环的形状各异，有珠网状，如丝膜菌属（*Cortinarius*）；有的内菌幕的残片悬挂在菌盖边缘，如花边伞属（*Hypholoma*）（图5-6）。

　　（4）菌托　　外菌幕残留在菌柄基部形成的结构称为菌托。其形状主要有苞状、杯状、环带状，还有的呈数圈颗粒状（图5-7）。毒伞属（*Amanita*）的一些种类，在菌柄上既有菌环，又有菌托。

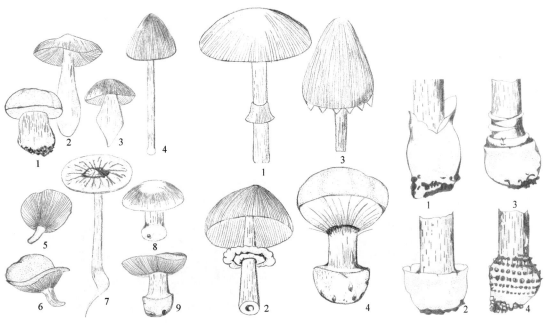

图 5-5　菌柄的形状特征

1. 粗筒状；2. 棒状；3. 纺锤状；4. 圆柱状；
5. 柄延生；6. 柄偏生；7. 基部延伸呈假根状；
8. 基部膨大呈球形；9. 基部呈杵状

图 5-6　菌环的形状

1. 单层菌环；2. 双层菌环；3. 内菌幕的
残片悬挂在菌盖边缘；4. 蛛网状菌环

图 5-7　菌托的形状

1. 苞状；2. 杯状；
3. 环带状；4. 数圈颗粒状

三、生态习性

　　在实习中应注意观察菌类的生态习性。有的单生，有的散生，有的群生，少数为簇生状。不同菌类生长的基质也不同，多为土生，有些为木生，还有部分与其他植物共生。

第二节　秦岭常见的大型高等真菌

　　秦岭充沛的降水使得林木繁茂，形成了枯枝落叶层，而且土壤腐殖质肥厚。树种繁多且根系复杂的生境，为腐生、寄生或共生性大型高等真菌提供了繁衍的优越条件。在秦岭分布有许多大型的子囊菌和担子菌，常见类型如下。

一、子囊菌

1. 麦角菌科 Clavicipitaceae

椿象虫草（*Cordyceps nutans* Pal.）：又称半翅目虫草。子

座单生，从虫体胸部长出，柄多弯曲。头部棒形、梭形至短圆柱形，红色，成熟后为橙黄色（图5-8，图5-9）。

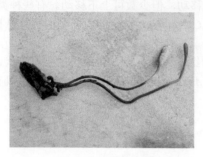

图5-8　椿象虫草　　　　　　　　　　　图5-9　椿象虫草头部

2. 盘菌科 Pezizaceae　　疣孢褐盘菌（*Peziza badia* Pers. Fr.）：又称疣孢褐地碗。子囊盘丛生，无柄，深杯状，暗褐色。子囊孢子单行排列、椭圆形，有明显小疣，无色或稍有色（图5-10）。

3. 肉杯菌科 Sarcoscyphaceae　　西方红白毛杯 [*Sarcoscypha occidentalis*（Schw.）Sacc.]：子囊盘单生至群生。有柄，子实层鲜红色，外部白色（图5-11）。

图5-10　疣孢褐盘菌　　　　　　　　　图5-11　西方红白毛杯

二、担子菌

1. 木耳科 Auriculariaceae　　木耳 [*Auricularia auricula*（L. ex Hook.）Underw.]：子实体丛生，耳状或不规则形，胶质，鲜时较柔软，干后收缩，生于树上（图5-12）。

毛木耳 [*Auricularia polytricha*（Mont.）Sacc.]：子实体耳状或叶片状，韧胶质，表面有毛，红褐色（图5-13）。

图5-12　木耳　　　　　　　　　　　图5-13　毛木耳

2.　珊瑚菌科 Clavariaceae　　长茎黄枝瑚菌 [*Ramaria invalii*（Cott. & Wakef.）Donk]：子实体分枝多次，主枝粗壮，末端分枝较密而小，白色至黄色（图 5-14）。

3.　韧革菌科 Stereaceae　　轮纹韧革菌 [*Stereum ostrea*（Bl. et Nees）Fr.]：子实体革质，无柄，基部通常相互连接，有狭窄、光滑、浅朽叶色的同心环带。子实层平滑，浅肉色至藕色（图 5-15）。

图 5-14　长茎黄枝瑚菌　　　　　　图 5-15　轮纹韧革菌

4.　多孔菌科 Polyporaceae　　云芝 [*Coriolus versicolor*（L. ex Fr.）Quel.]：子实体革质，无柄平伏，覆瓦状叠生，半圆形至贝壳状（图 5-16）。

木蹄层孔菌（*Fomes fomentarius* L. ex Fr.）：子实体单生或群生，马蹄形，灰色、浅褐色或深褐色。外观有同心环棱（图 5-17）。

图 5-16　云芝　　　　　　　　图 5-17　木蹄层孔菌

偏肿栓菌 [*Trametes gibbosa*（Pers.）Fr.]：菌盖半圆形，偏平，无柄。边缘厚而钝，菌管与菌肉白色（图 5-18）。

5.　灵芝科 Ganodermataceae　　喜热灵芝（*Ganoderma calidophilum* Zhao, Xu et Zhang）：又称小红芝。子实体有柄，木栓质，一年生。菌盖有光泽，表面红褐色，孔面白色（图 5-19，图 5-20）。

图 5-18　偏肿栓菌

图 5-19　喜热灵芝的生境　　　　　　　图 5-20　喜热灵芝

灵芝 [*Ganoderma lucidum*（W. Curtis：Fr.）P. Karst.]：子实体一年生，菌盖肾形，表面褐黄色或红褐色，有似漆样光泽。菌柄侧生或偏生（图 5-21，图 5-22）。

图 5-21　灵芝　　　　　　　　图 5-22　灵芝的人工栽培

6. 小皮伞科 Marasmiaceae　　　香菇 [*Lentinula edodes*（Berk.）Pegler]：子实体单生、丛生或群生。菌盖肉质，茶褐色至黑褐色，表面有纤毛状鳞片。菌褶弯生，菌柄中生至偏生，白色（图 5-23）[香菇曾被置于光茸菌科（Omphalotaceae）或侧耳科（Pleurotaceae）]。

7. 白蘑科 Tricholomataceae　　　白小菇 [*Mycena lacteal*（Pers.：Fr）Kummer]：子实体群生，菌盖圆锥形至钟形，边缘波状。菌肉薄，白色（图 5-24）。

图 5-23　香菇　　　　　　　　图 5-24　白小菇

8. 鬼伞科 Coprinaceae　　　白假鬼伞 [*Agrocybe aegerita*（Brig.）Sing.]：子实体小型，较纤弱，群生或丛生。表面白色至灰白色，菌柄中生，表面白色（图 5-25，图 5-26）。

9. 灰包科 Lycoperdaceae　　　小柄灰包（*Lycoperdon pedicellatum* Peck）：又称小柄马勃。子实体近球形至近卵形，外包被由坚实有钩的刺组成（图 5-27）。

10. 地星科 Geastraceae　　　尖顶地星（*Geastrum hygrometricum* Pers.）：子实体较小，未

开裂时球形，外包被厚，表面蛋壳色；内包被无柄，球形，灰色至烟灰色（图5-28）。

图 5-25　白假鬼伞的生境

图 5-26　白假鬼伞的子实体

图 5-27　小柄灰包

图 5-28　尖顶地星

11. 鸟巢菌科 Nidulariaceae　　白蛋巢菌 [*Crucibulum laeve*（Huds. ex Relh）Kambly]：担子果具有杯状包被，生长初期外表面有深肉桂色的绒毛，后变光滑呈灰色。内表面光滑灰色。幼嫩时杯口表面有白色被膜（图5-29，图5-30）。

图 5-29　白蛋巢菌的生境

图 5-30　白蛋巢菌

12. 侧耳科 Pleurotaceae　　平菇 [*Pleurotus ostreatus*（Jacq.）P. Kumm.]：又叫糙皮侧耳，是非常常见的食用菇。平菇的菌盖边缘圆整，呈长方形。有白色、褐色及蓝灰色。边缘位置同样圆整，呈波浪形。菌褶延生，通常是白色。菌柄短少。

大型高等真菌大类群检索表

主要依其形态的明显差异划分，其中的每一类包括的种类也相差很多，有的是一个科，有的仅为一个属，但在鉴别时较为方便适用。如担子菌纲具担子，担孢子外生于担子的小梗上，子实体伞形、半圆形、扇形、头状、珊瑚状、耳形、瓣片状、脑状、漏斗状、球形、笔形，检索如下。

1．子实层体为菌褶，子实层生于菌褶的两面，子实体伞状…………………………………伞菌类
1．子实层体不为菌褶，子实层生于菌管或菌齿上，或生于棒状、珊瑚状、树枝状、瓣片状、耳形子实体的表面。
　2．子实层生于菌管或菌孔内。
　　3．子实体伞形，肉质，菌管密集排列在菌盖下面，彼此不易分离…………………………牛肝菌类
　　3．子实体圆形、半圆形、扇形、匙形等，幼时有的柔软，但老时多坚韧、革质、木质或木栓质；有柄，或具分枝的柄，或无柄……………………………………………………………多孔菌类
　2．子实层不生于菌管或菌孔内。
　　4．子实层生于菌齿（菌刺或菌针）上，子实体头状、伞状…………………………………齿菌类
　　4．子实层不生于菌齿上。
　　　5．子实层生于棒状、珊瑚状或树枝状子实体的表面………………………………………珊瑚菌类
　　　5．子实层不生于棒状、珊瑚状或树枝状的胶质子实体的表面。
　　　　6．子实层生于胶质的瓣片状、耳形子实体表面。
　　　　　7．子实体白色、金黄色、鲜红色或橙色，子实体瓣片状或匙形，担子纵分隔…………
　　　　　……………………………………………………………………………………………银耳类
　　　　　7．子实体耳形，红褐色或棕褐色，干后黑褐色或黑色，担子横分隔；子实层生于子实体上表面……………………………………………………………………………………木耳类
　　　　6．子实层不生于胶质的瓣片状或耳形子实体表面。
　　　　　8．子实层生于漏斗形或喇叭形的子实体外侧，子实层裸露，其外方无包被…………
　　　　　……………………………………………………………………………………………喇叭菌类
　　　　　8．子实层外有包被，子实体球形、梨形、陀螺形或笔形。
　　　　　　9．子实体球形、梨形或陀螺形，成熟后子实层仍包于包被内，包被破裂后放出孢子粉末…………………………………………………………………………………马勃菌类
　　　　　　9．子实体笔形，成熟时包被破裂伸出长柄………………………………………鬼笔类

第六章
地　衣

地衣是由真菌（多为子囊菌和担子菌）与藻类（一些绿藻或蓝藻）共生所形成的一类特殊的菌藻复合体，一个地衣体可能由一种（或两种）真菌和一种（或两种）藻类形成。通过野外实习，要求学生能够识别地衣的 3 种基本生长型，学会鉴别常见地衣的方法。

第一节　地衣的特征及其生境

一、地衣的基本生长型

地衣的 3 种基本生长型如图 6-1 所示。

1. 壳状地衣　　地衣体呈皮壳状，紧贴在岩石、树皮和土表等基质上，无下皮层，菌丝直接伸入基质上，很难从基质上采下。壳状地衣常在岩石表面呈现不同色彩。常见的有茶渍属（*Lecanora*）、文字衣属（*Graphis*）等。

2. 叶状地衣　　地衣体呈叶片状或各种形状，不分裂或多次分叉，腹面从下皮层伸出菌丝束形成假根或脐固着于基物上，容易采集。常见的如石耳属（*Umbilicaria*）、地卷属（*Peltigera*）等。

3. 枝状地衣　　地衣体呈树枝状或须状，直立或下垂；基部附着于基物上，容易采摘。最常见的有石蕊属（*Cladonia*）、松萝属（*Usnea*）、地茶属（*Thamnolia*）等。

二、地衣体上的常见附属物

1. 假根　　由地衣体下皮层伸出的菌丝束形成。根据其分枝特征，可将其分为单条假根、羽状分枝的假根和二叉分枝的假根。许多叶状地衣具假根，如蜈蚣衣属（*Physcia*）、地卷属、石黄衣属（*Xanthoria*）和部分梅衣属（*Parmelia*）等。

图 6-1　地衣的基本生长型

2. 脐　　是叶状地衣腹面中央由菌丝结合形成的一个突起，借以固着于基物上，如脐衣科（Umbilicariaceae）。

3. 粉芽　　是地衣体表面被菌丝缠绕的少数藻胞细胞群，呈微小的颗粒状粉末，粉芽常聚集为球形、椭圆形或线形的粉芽堆。

4. 杯点　　位于地衣体下表面，呈碗状的小凹穴。其是牛皮叶属（Sticta）的主要特征之一。

三、地衣的子实体

地衣体中共生的真菌多数是子囊菌，因而地衣体上产生的子实体绝大多数是子囊果，少数为担子果。子实体的类型是地衣分目、科、属的重要依据。

1. 子囊盘　　为子囊果的一种类型，多为圆盘形，有柄或无柄。因结构不同，可将其分为茶渍型、网衣型、蜡盘型子囊盘 3 种。

1）茶渍型子囊盘：子囊盘具有果托（由子囊盘基部周围的地衣体向上延伸，形成子囊盘的盘缘），如茶渍属、松萝属等。

2）网衣型子囊盘：不具果托，仅在子囊盘边缘具坚硬的果壳，如石耳属、石蕊属等。

3）蜡盘型子囊盘：不具果托，其果壳似蜡一样柔软，用小解剖刀轻压即扁。

2. 子囊壳　　瓶状，通常埋于地衣体内，仅顶端有小点状开口露出，散布于地衣体上表面。

四、地衣的生境

地衣分布较广，几乎遍布于世界各个角落。无论是高山和平原，还是内陆草原和荒漠，甚至赤道和极地，都能找到地衣的踪迹，但是在城市和工业区附近很少有地衣生长。不同的地衣，其生活的具体环境和生长基质也有所不同。例如，松萝属多附生在树干和树枝上，地卷属通常多生于林下草地上，茶渍属生于石上或树上等。

第二节　秦岭常见的地衣及分属检索表

一、秦岭常见的地衣

1. 壳状地衣

1）枝叉文字衣（*Graphis desquamescens* Fee）：地衣体表面呈灰赭褐色，无光泽，子囊盘多而密集，细长，叉状分枝，多生于树皮上（图6-2，图6-3）。

2）瓶口衣（*Verrucaria glaucina* Ach.）：地衣体无光泽，灰色、淡灰绿色至灰褐色，有明显的龟裂，子囊壳埋于龟裂片中（图6-4）。

2. 叶状地衣

1）光肺衣（*Lobaria kurokawae* Yoshim.）：大型叶状地衣，裂片鹿角状，有光泽，网脊明显，多生于树上或岩石上，俗称老龙皮（图6-5）。

2）黑瘰地卷（*Peltigera nigripunctata* Bitter）：中型叶状地衣体，质地较厚，裂片为深裂，表面散生衣瘰（图6-6）。

3）栎梅衣［*Parmelia quercina*（Willd.）Vain. Syn.］：上表面灰绿色或灰白色，无光泽。地衣体近圆形，裂片重复二叉状分裂，并相互紧密连接或重叠，边缘波状（图6-7）。

图 6-2　枝叉文字衣的生境　　　　图 6-3　枝叉文字衣

图 6-4　瓶口衣　　　　图 6-5　光肺衣

图 6-6　黑瘭地卷　　　　图 6-7　栎梅衣

3. 枝状地衣

1）广开小孢发［*Bryoria divergescens*（Nyl.）Brodo & Hawksw.］：灌丛状分枝，污白色至栗褐色，往往生有众多密集的侧生小刺，子囊盘众多，呈屈膝状（图 6-8，图 6-9）。

图 6-8　广开小孢发　　　　图 6-9　广开小孢发的侧生小刺和子囊盘

图 6-10　长松萝

2）长松萝（*Usnea longissima* Ach.）：地衣体细丝状，悬垂，长可达 1 m，无光泽，多生在树干或树枝上（图 6-10）。

3）地茶[*Thamnolia vermicularis*（Sw.）Ach.]：地衣体枝状，较细弱，白色或灰白色，久置略变黄色，单一或有稀少分枝，先端渐尖，伸直或微弯曲（图 6-11）。

4）喇叭粉石蕊[*Cladonia chlorophaea*（Flk.）Spreng.]：初生地衣体鳞叶状，深裂，果柄单一，较矮小。完全杯，杯底不穿孔（图 6-12）。

图 6-11　地茶

图 6-12　喇叭粉石蕊

二、地衣分属检索表

秦岭常见地衣分属检索表

1. 地衣体中的真菌为担子菌或半知菌··15
1. 地衣体中的真菌为子囊菌（此类地衣占地衣总数的99%）（子囊衣纲）····························2
2. 地衣体中的子囊菌为核菌类，子囊果为子囊壳（核果衣亚纲）····································14
2. 地衣体中的子囊菌为盘菌类，子囊果为子囊盘（裸果衣亚纲）··3
3. 地衣体叶状或枝状，易从基物上剥离··7
3. 地衣体壳状，菌丝与基物紧密连接，很难从基物上采下··4
4. 子囊盘线形，单一或分枝，多个子囊盘在地衣体上形状似古文字。子囊孢子为多细胞，具横隔。多生树皮上，罕生石面上···文字衣属 *Graphis*
4. 子囊盘盘状，子囊孢子单胞或双胞··5
5. 子囊盘为网衣型，子囊孢子为单胞型，每个子囊内有 8 枚孢子·············网衣属 *Lecidea*
5. 子囊盘为茶渍型（即有果托）··6
6. 地衣体壳状，连续，颗粒状或龟裂状，子囊孢子为单胞型。生树皮、石头或墙壁上·····茶渍属 *Lecanora*
6. 地衣体多为橙黄色、黄色，子囊孢子为对极式（哑铃型），双胞。生石头、树皮及土壤上等··橙衣属 *Caloplaca*
7. 地衣体枝状··12
7. 地衣体叶状··8
8. 地衣体下表面无皮层，子囊盘着生于叶状体裂片上端。子囊孢子纺锤形至针状，4～8 个细胞。生地上···地卷属 *Peltigera*
8. 地衣体具下皮层··9

9. 地衣体下表面以中央脐固着于基质上，子囊盘网衣型，多涡卷。子囊孢子无色，单胞型。生林中悬崖岩石上···石耳属 *Umbilicaria*

9. 地衣体下表面无脐···10

10. 地衣体上表面橙黄色，子囊孢子为对极型。生树上和石上····················石黄衣属 *Xanthoria*

10. 地衣体上表面不呈橙黄色，子囊盘茶渍型···11

11. 地衣体椭圆形，上表面灰白、灰绿以至褐绿色，反复分裂，裂片多狭细，呈莲座丛。子囊盘多为褐色至暗黑色，子囊孢子为双胞型，暗色。石生或树生····························蜈蚣衣属 *Physcia*

11. 地衣体灰绿、灰黄至褐色，但无狭细的裂片。子囊盘散生，子囊内产 8 枚子囊孢子，单胞型，无色，石生或树生···梅衣属 *Parmelia*

12. 地衣体由初生体及次生体两部分组成，子囊盘网衣型。初生地衣体壳状或鳞片状，由其产生的次生枝状体（果柄）柱状，中空，分枝或不分枝，或呈杯状。网衣型子囊盘生于果柄顶端或杯缘。子囊孢子单胞型··石蕊属 *Cladonia*

12. 地衣体无初生、次生体之分，多分枝，枝圆柱形或扁枝状等，直立或悬垂，非中空。茶渍型子囊盘···13

13. 地衣体灌木状或近似丝状，多分枝，直立或悬垂，枝内具软骨质中轴。子囊孢子为单胞型··松萝属 *Usnea*

13. 地衣体具机械组织，多为扁枝状、灌丛枝状，枝状体有时为圆筒形，少数为扇形小叶状。子囊孢子为双胞型···树花属 *Ramalina*

14. 地衣体壳状，侧丝常胶化或早期消失。子囊壳具顶孔，子囊孢子为单胞型。石生···瓶口衣属 *Verrucaria*

14. 地衣体多为单叶状，直径 3~7cm，边缘浅波状或撕裂状，微翘起。上表面微凹，灰色或铅灰色，被浅灰色白霜，下表面具中央脐。子囊壳深埋；仅露出黑色点状孔口，子囊孢子单胞型。生河岸溪沟旁石上···皮果衣属 *Dermatocarpon*

15. 共生真菌为担子菌，产生担子果（担子衣亚纲），地衣体为革菌类和伪枝藻共生而成，外观呈半圆形，表面深蓝绿色，绒布状，地衣体周边腹面的一部分为子实层，每个担子上具 4 个担孢子···云片衣属 *Dictyonema*

15. 共生真菌尚未发现有性阶段，无子实体形成（半知地衣类）·····························16

16. 地衣体成疏松粉状层，鲜绿、黄绿至蓝绿色。生树上、石上或阴湿处·············癞屑衣属 *Lepraria*

16. 地衣体白色、灰白，中空管状，末梢尖锐，梢有分枝，直立稍弯曲或蛔虫状。有的种长期保存变成肤红色。常聚集成丛。可药用··地茶属 *Thamnolia*

第七章
苔藓植物

苔藓植物是一类小型高等植物，常见的植物体为配子体，其孢子体不能独立生活，寄生在配子体上。通过野外实习，掌握苔藓植物的形态特征，结合其分布和生活习性等特点，学会鉴别苔藓植物的基本方法。

第一节　苔藓植物的特征及分类依据

苔藓植物分为3纲，即苔纲、藓纲和角苔纲。在实习中要求学生能够在野外区分这3纲的植物体。

一、苔纲、藓纲和角苔纲的分类依据

（一）从配子体的形态特征上区分

1. **叶状体**　　配子体为扁平叶片状，平铺于地面生长，均是两侧对称，有背腹之分。

1）叶状体为绿色二叉形分枝，叶无中肋，假根单细胞。多属于苔纲地钱目植物，如常见的地钱属（*Marchantia*）、钱苔属（*Riccia*）、片叶苔属（*Riccardia*）等。

2）叶状体呈近圆片状，边缘叉状分枝，孢蒴绿色。属于角苔纲，如黄角苔属（*Phaeoceros*）。

2. **茎叶体**　　配子体有简单的茎、叶分化，没有真正的根。

1）茎叶体有背腹之分，叶多为3列，包括2列侧叶和1列腹叶，植物体两侧对称，叶无中肋。多属于苔纲叶苔目，常见的有耳叶苔属（*Frullania*）、合叶苔属（*Scapania*）等。

2）茎叶体上的叶螺旋排列，植物体辐射对称，叶形态多样，多具中肋，假根为多细胞（图7-1）。为藓纲植物，常见的如葫芦藓属（*Funaria*）、丛藓属（*Pottia*）、金发藓属（*Polytrichum*）等。

（二）从孢子体的形态结构上区分

苔藓植物的孢子体由孢蒴、蒴柄和基足3部分组成，通常不能独立生活，寄生于配子体上。

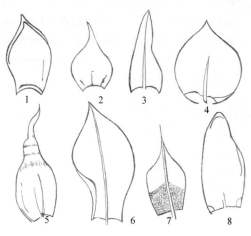

图 7-1　苔藓植物叶的中肋类型

1. 无中肋；2. 一条短弱中肋；3. 中肋尖端扭曲；4. 一条中肋，长过叶片中部；5. 两条短中肋；6. 一条长中肋，长达叶尖；7. 一条粗长中肋，突出叶尖；8. 两条短弱中肋

1. **苔纲**　孢子体具有孢蒴、蒴柄和基足 3 部分，但蒴柄极短；孢蒴无蒴齿，蒴盖不明显，多无蒴轴，成熟时多为瓣裂；孢蒴内有孢子和弹丝。

2. **角苔纲**　孢子体无蒴柄，孢蒴绿色长针状，可独立生活一段时间。蒴轴明显，成熟时二瓣纵裂，蒴内有孢子和假弹丝。

3. **藓纲**　孢子体构造复杂，有长长的蒴柄，在孢蒴成熟前就已伸长。

孢蒴的形状多样，有球形、圆柱形、梨形、歪斜的葫芦形等（图 7-2），孢蒴外有蒴帽（图 7-3）。孢蒴多具蒴齿、蒴盖和蒴轴等，内无弹丝，成熟时多为盖裂。

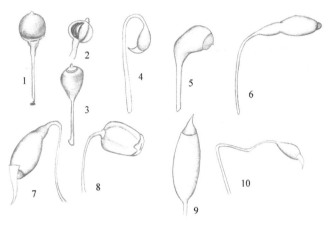

图 7-2　藓纲的孢蒴和蒴柄示例

图 7-3　藓纲蒴帽

1. 孢蒴球形，蒴柄极短，具假蒴萼；2. 孢蒴球形，成熟时四瓣裂；3. 孢蒴球形、直立；4. 孢蒴垂倾，葫芦形、不对称；5. 孢蒴圆柱形，倾斜或平列；6. 孢蒴长棒形，蒴台长；7. 孢蒴长卵形，下垂；8. 孢蒴圆筒形，具 4 条棱；9. 孢蒴圆柱形，直立；10. 孢蒴蒴柄弯曲如鹅颈状

二、苔藓的分布和生活习性

苔藓植物多生于阴湿环境，由于其植物体（配子体）体形较小，对它所生存的环境养分资源消耗也较小，所以适应性较强。因此苔藓植物物种繁多，广布全球。

1. **苔纲及角苔纲**　苔纲植物在生长过程中对气温和湿度有一定的要求，多分布在热带和亚热带地区，但也有少部分苔纲可生于高寒和沙漠地区。

2. **藓纲**　藓纲植物较苔纲而言结构上复杂多样，种类繁多，其适应环境的能力强，分布广泛。部分种类具有特殊的耐寒抗旱结构，因此可在极地、高山和荒漠形成大片的群落景观。

藓纲植物分布广泛，有一些类群的生态分布地区性强，其生活环境也可以作为重要的分类依据。例如，牛角藓属（*Cratoneuron*）为水生藓类；缩叶藓属（*Ptychomitrium*）生于干旱岩石表面；丛藓科（Pottiaceae）、真藓科（Bryaceae）、葫芦藓科（Funariaceae）、金发藓科（Polytrichaceae）等多在土壤上生长；葫芦藓（*Funaria hygrometrica*）除了生于有机质丰富的潮湿土面以外，也可在火烧过的林地上形成繁茂的群落，有时在潮湿的岩石缝中的土壤上也有生长；绢藓属（*Entodon*）和羽藓属（*Thuidium*）多生于树干基部或岩面上；小墙藓属（*Weisiopsis*）生于石灰质墙缝中；秦岭地区的针叶林下常有塔藓（*Hylocomium splendens*）群落等。

第二节　苔藓植物的观察方法

一、野外观察

首先，要认真观察苔藓植物的生活习性和群落结构。

其次，仔细观察配子体形态、生长方式、叶的排列状况和颜色、光泽等。

最后，观察是否有孢子体，孢子体的大小、形态、有无蒴帽等。

并记录以上特征。

二、实验室观察

1）标本整理：如粘有泥土较多时，应先将其清洗干净。

2）观察：将标本放在培养皿中，用放大镜观察，区分出叶状体和茎叶体。

若为叶状体苔类和角苔类，在体式显微镜下观察其表面结构和生殖器官；然后徒手切片、制作临时装片，在复式显微镜下观察内部结构。

若为茎叶体植物，注意分辨苔类和藓类，在体式显微镜下观察叶片形状和孢子体结构，然后制作临时切片观察细胞结构。

第三节　秦岭常见的苔藓植物

一、苔纲 Hepaticae

1. **瘤冠苔科 Grimaldiaceae**　　紫背苔 [*Plagiochasma rupestre*（Forst.）Steph.]：植物体紧贴基质，革质，腹面紫红色，背面暗绿色。雌器托矮，托柄上有毛（图 7-4）。

石地钱 [*Reboulia hemisphaerica*（L.）Raddi]：植物体扁平带状，二歧分叉，先端心形。雄器托无柄，贴生于叶状体背面，圆盘状；雌器托生于叶状体顶端，托顶 4 瓣裂（图 7-5）。

图 7-4　紫背苔　　　　　　　　　　图 7-5　石地钱

2. **地钱科 Marchantiaceae**　　地钱（*Marchantia polymorpha* L.）：植物体宽带状，多回二歧分枝，边缘呈波曲状。多数叶状体中间有一条黑色带。雌雄异株。叶状体腹面生有紫色的鳞片和假根，背面中央经常能看见杯状的胞芽杯，杯缘有锯齿（图 7-6，图 7-7）。

图 7-6　地钱的胞芽杯　　　　图 7-7　地钱的雌、雄生殖托

二、藓纲 Musci

1. 葫芦藓科 Funariaceae　　葫芦藓（*Funaria hygrometrica* Hedw.）：植物体丛生或大面积散生，呈黄绿色或橙红色。孢蒴梨形、不对称，蒴帽兜形，先端具有长喙，状似葫芦（图 7-8）。

2. 真藓科 Bryaceae　　大叶藓 [*Rhodobryum roseum*（Hedw.）Limpr.]：植物体疏松丛集，具有横走地下的根茎和直立茎，直立茎上部叶较大且丛集，似玫瑰花瓣（图 7-9，图 7-10）。

图 7-8　葫芦藓

图 7-9　大叶藓　　　　　　图 7-10　大叶藓群落

3. 珠藓科 Bartramiaceae　　东亚泽藓 [*Philonotis turneriana*（Schwaegr.）Mitt.]：植物体集生，上部黄绿色，下部褐色。孢蒴单生，绿色或近浅黄色，蒴柄橙红色（图 7-11）。

4. 塔藓科 Hylocomiaceae　　塔藓 [*Hylocomium splendens*（Hedw.）B.S.G.]：大型植物体疏松丛集，鲜绿色或黄绿色，具光泽，整体上呈塔形（图 7-12）。

图 7-11　东亚泽藓　　　　　图 7-12　塔藓

5. 羽藓科 Thuidiaceae　　灰羽藓 [*Thuidium pristocalyx*（C. Muell.）Jaeg.]：植物体粗壮，密集丛生。典型的二次羽状分枝，无光泽（图7-13）。

6. 万年藓科 Climaciaceae　　东亚万年藓（*Climacium japonnicum* Lindb.）：植物体稀疏丛生，地下茎横生，地上茎直立似树状（图7-14）。

图 7-13　灰羽藓　　　　　　　　　图 7-14　东亚万年藓

7. 青藓科 Brachytheciaceae　　鼠尾藓 [*Myuroclada maximowiczii*（Borsz.）Steere et Schof.]：植物体粗壮，大片密集丛生，有明显的光泽。茎密被覆瓦状叶片，似鼠尾（图7-15）。

8. 孔雀藓科 Hypopterygiaceae　　东亚孔雀藓（*Hypopterygium japonicum* Mitt.）：植物体扇形，似孔雀开屏状，无光泽。孢蒴圆柱形，平列，蒴柄细长，多簇生（图7-16，图7-17）。

9. 金发藓科 Polytrichaceae　　东亚金发藓 [*Pogonatum inflexum*（Lindb.）Lac.]：植物体大片丛生，质地较硬。茎单一，蒴帽披金黄色长毛，似金发（图7-18）。

图 7-15　鼠尾藓　　　　　　　　图 7-16　东亚孔雀藓的植株

图 7-17　东亚孔雀藓的孢子体　　　　图 7-18　东亚金发藓

第八章
蕨 类 植 物

　　蕨类植物是孢子植物中进化水平最高的一个类群。蕨类植物的无性世代孢子体发达，有明显的根、茎、叶分化，并且产生了维管组织。孢子体的形态多种多样，有大如乔木状的，也有小仅达 1 cm 的，但绝大多数为中型多年生草本。蕨类的有性世代配子体小，又称原叶体，生活期短，但能独立生活。

第一节　蕨类植物的特征及主要分类依据

　　蕨类植物的分类主要依据根状茎、营养叶和孢子叶的形态学特征，其定义和类型参考教材《植物生物学》相关内容（周云龙，2011）。

一、蕨类植物体（孢子体）的营养器官

　　1. 根　蕨类植物中除松叶蕨亚门具假根外，其余各亚门均具有真正的根（多为不定根）。
　　2. 茎　蕨类植物的茎除极少数种类为木质茎［如桫椤科（Cyatheaceae）］外，其余为草质茎。依据其形态结构及生长状态，被分为以下多种类型。
　　（1）按照茎的生长环境分类
　　1）气生茎：生长在地面以上的茎，如松叶蕨亚门、石松亚门和楔叶亚门的植物。
　　2）根状茎：生长在地面以下的茎，根状茎横走地下，直立或斜生，如水韭亚门和真蕨亚门的植物。
　　有些蕨类既有气生茎，又有根状茎，如松叶蕨亚门、石松亚门和楔叶亚门的种类；而水韭亚门和真蕨亚门的植物只有根状茎。
　　（2）按照茎的生长习性分类
　　1）匍匐茎：茎平伏地面蔓生，如石松亚门中的许多种类。
　　2）直立茎：茎和地面近于垂直生长，如木贼（*Equisetum hyemale* L.）等。
　　有的蕨类既有匍匐茎，又有从匍匐茎向上产生的直立茎，如石松属（*Lycopodium*）等。
　　（3）按照茎的生理功能分类
　　1）营养枝：绿色的茎枝，不产生孢子叶，可进行光合作用。
　　2）生殖枝：除营养枝外，某些蕨类在其生活的一个阶段，还产生仅生长孢子叶不能进行光合作用的茎，称为生殖枝，如问荆（*Equisetum arvense* L.）。
　　3. 叶　蕨类植物的叶，从其形态、结构和功能上可分为以下多种类型。
　　（1）叶的进化水平
　　1）大型叶：具叶隙、叶柄，叶脉多分枝。
　　2）小型叶：无叶隙、叶柄，仅有一条不分枝的叶脉。

（2）叶的功能

1）营养叶：仅能进行光合作用的叶（不育叶）。

2）孢子叶：能产生孢子囊和孢子的叶（能育叶）。

3）同型叶（一型）：同一植株上的叶没有明显分化，兼有营养和生殖的功能，见于大多数真蕨。

4）异型叶（二型）：同一植株上的营养叶和孢子叶有明显的形态差异，如荚果蕨 [*Matteuccia struthiopteris*（L.）Todaro]、紫萁（*Osmunda japonica* Thunb.）等。

（3）叶的形态

1）单叶：只生 1 个叶片的叶，包括鳞片状、细长或圆柱形等类型。

鳞片状：叶脉、叶隙和叶柄均无，如松叶蕨亚门；无叶柄，但具有 1 条不分枝的叶脉，如石松亚门；叶在茎节部轮生，基部连成鞘状，褐色，如楔叶亚门（这些类型按进化水平属于小型叶）。

细长、圆柱形或四棱状圆柱形：基部变宽，无叶柄，如水韭亚门（按进化水平属于小型叶）。

真蕨亚门中的单叶较少，常见的有石韦属（*Pyrrosia*）、瓦韦属（*Lepisorus*）、过山蕨属（*Camptosorus*）和瓶尔小草属（*Ophioglossum*）等；有些单叶具深浅不同的裂片，如槲蕨属（*Drynaria*）、水龙骨属（*Polypodium*）等（这些类型按进化水平属于大型叶）。

2）复叶：由叶柄、叶轴、羽轴和羽片所组成。复叶的小叶排成羽状的，称为羽状复叶，如真蕨亚门的大多数种类。

一回羽状复叶：如耳羽岩蕨（*Woodsia polystichoides* Eaton）、鞭叶耳蕨 [*Polystichum craspedosorum*（Maxim.）Diels] 等。

二回、三回或四回羽状复叶：如冷蕨 [*Cystopteris fragilis*（L.）Bernh.]、蕨 [*Pteridium aquilinum*（L.）Kuhn var. *latiusculum*（Desv.）Underw.ex Heller] 及北京铁角蕨（*Asplenium pekinense* Hance）等。

（4）大型叶的叶脉　　脉序是叶脉在叶片上的分布方式，蕨类的脉序大致可分成以下三大类。

1）分离型：羽状 [假毛蕨属（*Pseudocyclosorus*）] 和叉状 [铁线蕨科（Adiantaceae）]。

2）中间型：靠近中脉部分的叶脉为网状，近边缘的叶脉不连接仍为开放式 [如水龙骨属（*Polypodiodes*) 等]。

3）网结型：叶脉连接成封闭的网状（如石韦属）。

（5）叶片的质地

1）膜质：叶片薄而半透明，如华东膜蕨 [*Hymenophyllum barbatum*（v. d. B.）HK et Bak.]。

2）草质：叶薄而柔软，如峨眉蕨 [*Lunathyrium acrostichoides*（Sw.）Ching] 等。

3）纸质：叶片如厚纸，如大叶贯众 [*Cyrtomium macrophyllum*（Makino）Tagawa]。

4）革质：旱生叶，较厚，似皮革状、具光泽，如革叶耳蕨（*Polystichum neolobatum* Nakai）等。

（6）大型叶的叶柄

1）沟：叶柄和叶轴的近轴面有凹陷的沟槽，如荚果蕨 [*Matteuccia struthiopteris*（L.）Todaro]、蹄盖蕨科（Athyriaceae）等。

2）关节：叶柄的一定部位有关节，关节处易折断，如东亚羽节蕨 [*Gymnocarpium oyamense*（Bak.）Ching] 和耳羽岩蕨（*Woodsia polystichoides* Eaton）。

3）叶柄维管束：叶柄内维管束的数目不同，如铁角蕨科（Aspleniaceae）植物为 2 条；蹄盖蕨科（Athyriaceae）植物的 2 条维管束在叶柄上部连合成"V"字形；鳞毛蕨科（Dryopteridaceae）

植物则具多条维管束。

4）叶柄的颜色：为常用的分类依据之一，如铁线蕨（*Adiantum capillus-veneris* L.）的叶柄为棕黑色；溪洞碗蕨 [*Dennstaedtia wilfordii*（Moore）Christ] 的叶柄基部为紫黑色；过山蕨（*Camptosorus sibiricus* Rupr.）为绿色；荚果蕨 [*Matteuccia struthiopteris*（L.）Todaro] 为深棕色等。

二、蕨类植物的无性生殖器官（孢子囊）

蕨类植物的叶部或茎部生有各种各样的孢子囊，孢子囊是蕨类的无性繁殖器官，由表皮细胞发育进化而成。同种植物孢子囊及其内生的孢子有同型和异型之分。孢子同型是指同一个孢子体上产生的孢子在形态和大小上相同；孢子异型是指在同一个孢子体上孢子囊有大、小两种，各自产生的大、小孢子形态和大小不同，如卷柏属（*Selaginella*）。近代绝大多数的蕨类植物都属于孢子同型。

1. **孢子囊和孢子囊群**　较原始的蕨类孢子囊单生于叶腋、叶基或近轴面，形成孢子叶球或孢子囊穗；较进化类型多形成孢子囊群，生于叶缘或背面。孢子囊按着生情况可分为以下几种类型。

（1）单生囊　一个孢子叶上仅生 1 个孢子囊，为小型叶蕨类的特征。

（2）聚囊（聚合囊）　2～3 个孢子囊聚生在一起，典型的聚囊为松叶蕨亚门的种类。例如，松叶蕨 [*Psilotum nudum*（L.）Beauv.]3 个孢子囊聚生，常成为 3 室。

（3）孢子叶穗（孢子叶球）　多个孢子叶密集于枝顶，形成穗状，每个孢子叶的腋部仅产 1 个孢子囊，称孢子叶穗或孢子叶球。楔叶亚门的种类形成孢子叶穗，其孢子叶由特化的孢囊柄组成，每个孢囊柄的盾片下方生有多个长形的孢子囊。

（4）孢子囊穗　孢子囊集生在一个特化的孢子叶上，如心脏叶瓶尔小草（*Ophioglossum reticulatum* L.）。

（5）孢子囊群（孢子囊堆）和囊群盖　孢子囊群：真蕨亚门的孢子囊多个聚集成群，生于孢子叶的背面或背面边缘，其生长位置、形状、大小等均不相同。

囊群盖：很多真蕨的孢子囊群还有一种膜质的保护结构，其形状也有不同。

真蕨类孢子囊群的大小、形态、生长位置及囊群盖的有无是真蕨类重要的分类依据。

1）孢子囊群生于叶背面边缘，孢子叶边缘背卷形成所谓的囊群盖（假囊群盖）：如凤尾蕨科（Pteridaceae）、中国蕨科（Sinopteridaceae）、铁线蕨科（Adiantaceae）等，常见的有井栏边草（*Pteris multifida* Poir.）、铁线蕨、银粉背蕨 [*Aleuritopteris argentea*（Gmel.）Fee] 和蕨 [*Pteridium aquilinum*（L.）Kuhn var. *latiusculum*（Desv.）Underw. ex Heller]。

2）孢子囊群圆形（囊群盖有或无）：孢子囊群圆形但无盖，如水龙骨科的石韦属、瓦韦属、中华水龙骨 [*Polypodiodes chinensis*（Christ）S. G. Lu] 等；具圆盾形囊群盖，如鳞毛蕨科的华北鳞毛蕨 [*Dryopteris goeringiana*（Kunze）Koidz.]、粗茎鳞毛蕨（*Dryopteris crassirhizoma* Nakai），金星蕨科的金星蕨 [*Parathelypteris glanduligera*（Kze.）Ching] 等。

3）孢子囊群长形或长线形（囊群盖有或无）：孢子囊群长线形，无囊群盖，如裸子蕨科（Hemionitidaceae）的普通凤丫蕨（*Coniogramme intermedia* Hieron）、乌毛蕨科的狗脊 [*Woodwardia japonica*（L. f.）Sm.]、铁角蕨科的北京铁角蕨（*Asplenium pekinense* Hance）等。

4）孢子囊群长圆形、马蹄形、弯钩形或新月形（囊群盖与孢子囊群同形）：见于蹄盖蕨科，如日本蹄盖蕨 [*Athyrium niponicum*（Mett.）Hance]、峨眉蕨 [*Lunathyrium acrostichoides*（Sw.）Ching] 等。

5）孢子囊群圆形或卵圆形（囊群盖浅杯状）：如姬蕨科（Dennstaedtiaceae）的溪洞碗蕨；

囊群盖卵圆形，仅以基部一点着生，成熟时下部被压在囊群下面，如蹄盖蕨科的冷蕨。

6）孢子囊果（孢子果）：仅见于具有异型孢子的水生蕨类，其孢子囊群为球形或近球形。大、小孢子囊皆生于由羽片或囊群盖变态形成的孢子果壁中，如槐叶苹科（Salviniaceae）的槐叶苹 [*Salvinia natans*（L.）All.]、满江红科（Azollaceae）的满江红属（*Azolla*）、苹科（Marsileaceae）的苹（田字苹、四叶苹）（*Marsilea quadrifolia* L.）等。

2. 孢子囊环带　环带是孢子成熟后从孢子囊内散发出来的特殊组织结构，由几个至 10 个径向壁和内切向壁木质化加厚的细胞及几个扁平的薄壁细胞组成。当孢子成熟时，由于壁不均匀加厚的细胞失水收缩而产生拉力，孢子囊的唇细胞（薄壁细胞）被拉开，而将孢子弹出，环带是薄囊蕨类的孢子囊释放孢子的结构。

蕨类植物环带的有无和存在部位多样。有的没有环带，有的仅有不发达的环带如紫萁（*Osmunda japonica* Thunb.），逐渐发展为顶生环带如海金沙 [*Lygodium japonicum*（Thunb.）Sw.]、横生中部环带如芒萁 [*Dicranopteris dichotoma*（Thunb.）Berhn.]、斜行环带如瘤足蕨 [*Plagiogyria adnata*（Bl.）Bedd.]，以及较进化的纵型而中断于囊柄的水龙骨型环带。

三、蕨类植物的有性繁殖器官（配子体）

单倍体孢子（n）成熟后从孢子囊内散布出来，落在潮湿的地面，在合适的环境中萌发形成配子体。配子体的形体甚为简单，无根、茎、叶的分化，无维管束，为不分化的叶状体、块状体或分叉的丝状体等，也叫原叶体。多数蕨类在同一配子体上产生颈卵器和精子器（雌雄同体）；但在异孢型的蕨类植物，配子体更为简化，而有雌雄性之分（雌雄异体）。精子借水的作用游至颈卵器或雌配子体与卵结合，受精卵发育成为胚，再发育成孢子体，此时配子体死亡，新一代的孢子体（2n）植物独立生活。双倍体孢子叶上再产生孢子囊，内生单倍体的孢子，成熟、散落，完成蕨类植物的生活周期。

依据配子体是否可以独立生活可分为以下两类。

1）与真菌共生型：块状、圆柱状，多长于地下，寿命长。主要见于卷柏属、石松属等，它不含叶绿素，与真菌共生吸收营养。

2）独立生活型：心形，绿色多长于地上，寿命短。腹面心形凹陷处分布有颈卵器。精子器着生在远离凹口处，先端生有单细胞假根，见于真蕨类，为光合自养型原叶体。

第二节　蕨类植物的观察方法

在蕨类植物的野外实习中，主要观察其孢子体的外形，如根状茎、叶及茎叶表面的附属结构等基本分类特征。详细结构如孢子囊、环带等需要在室内借助显微镜来观察。

1. 野外观察　首先，观察蕨类的生境，注意海拔、坡向、光照、伴生植物等特征。

其次，观察孢子体的外形。由于真蕨类多具有地下茎，要用小镐或铁锹挖出较完整的地下根状茎，然后仔细查看叶柄着生情况、单叶还是复叶、叶的质地及叶柄的色泽等。

最后，使用放大镜观察孢子囊着生的位置、囊群盖的有无和形状，茎叶表面的附属物如表皮毛和鳞片的有无及类型等，详细记录观察特征。

2. 室内观察　蕨类的有些详细特征需在实体显微镜下观察，如孢子囊的结构、环带类型、鳞片和筛孔等；有些特征如叶柄、叶轴中的维管系统，可能还需制作徒手切片，在显微镜下观察。

第三节　秦岭常见的蕨类植物

1. 石杉科 Huperziaceae　　多年生植物。茎直立或斜生，叶螺旋状排列，平伸，下延有柄，叶缘有粗齿，有光泽，薄革质。孢子叶与不育叶同形；孢子囊生于孢子叶的叶腋，两端露出，肾形，黄色。

蛇足石杉 [*Huperzia serrata* (Thunb. ex Murray) Trev.]：叶狭椭圆形，基部楔形，下延有柄，中脉突出明显，薄革质，叶缘具粗齿是本种的识别特征。生于海拔 300～2700 m 的林下、灌丛下、路旁（图8-1，图8-2）。

图 8-1　蛇足石杉　　　　图 8-2　蛇足石杉的孢子叶球

2. 卷柏科 Selaginellaceae　　土生、石生，极少附生，通常为多年生草本植物。根托生于分枝的腋部。主茎直立或匍匐。叶螺旋排列或排成4行，单叶，具叶舌。孢子叶穗生于茎或枝的先端，或侧生于小枝上，孢子叶4行排列，一型或二型，孢子叶二型时通常倒置。孢子囊生于叶腋内叶舌上方，异型，在孢子叶穗上各式排布。

卷柏属（*Selaginella*）常见种检索表

兖州卷柏 [*Selaginella involvens*（Sw.）Spring]：直立，茎圆柱状，不具纵沟，叶纸质，表面光滑。大、小孢子叶相间排列，或大孢子叶位于中部的下侧。生于岩石上，或偶在林中附生于树干上，海拔 450～3100 m（图 8-3）。

翠云草 [*Selaginella uncinata*（Desv.）Spring]：主茎自近基部羽状分枝，具沟槽，无毛。叶交互排列，二型，草质，表面光滑，边缘全缘，明显具白边。孢子叶一型。土生，生于林下，海拔 50～1200 m（图 8-4）。

图 8-3　兖州卷柏　　　　　　　　　　图 8-4　翠云草

卷柏 [*Selaginella tamariscina*（P. Beauv.）Spring]：生于土壤或岩石表面，呈垫状。叶全部交互排列，质厚，表面光滑，大孢子叶在孢子叶穗上下两面不规则排列。大孢子浅黄色，小孢子橘黄色（图 8-5）。

伏地卷柏（*Selaginella nipponica* Franch. et Sav.）：匍匐，能育枝直立，茎自近基部开始分枝，具沟槽，无毛。叶交互排列，二型，草质，表面光滑，非全缘，不具白边。孢子叶穗疏松，背腹压扁。孢子异型，大孢子橘黄色，小孢子橘红色。生于草地或岩石上，海拔 80～1300 m（图 8-6）。

图 8-5　卷柏　　　　　　　图 8-6　伏地卷柏的孢子叶球（显示大、小孢子囊）

3. 木贼科 Equisetaceae　　小型或中型蕨类，土生、湿生或浅水生。根茎长而横行，黑色，分枝，有节，节上生根，被绒毛。地上枝直立，圆柱形，绿色，有节，中空有腔，表皮常有矽质小瘤，单生或在节上有轮生的分枝；节间有纵行的脊和沟。叶鳞片状，轮生。孢子囊穗顶生。全国广布，2 属。

木贼科分属检索表

1. 能育茎与不育茎异型。不育茎绿色，多分枝；能育茎无色或褐色，单生，均不宿存；气孔不内陷；孢子囊穗钝头···问荆属 *Equisetum*

1. 能育茎与不育茎同型。绿色，强壮，不分枝或仅有少数分枝，通常宿存；气孔内陷；孢子囊穗具细尖头 …… 木贼属 *Equisetum*

木贼属分种检索表

1. 能育植株（生殖茎）与不育植株（营养茎）二型，能育植株不分枝…………………………………… 2
1. 能育植株（生殖茎）与不育植株（营养茎）一型，能育植株分枝……………………………………… 3
2. 能育植株无叶绿素，紫褐色，春季比不育植株先出地面，孢子囊成熟后枯萎；不育植株的主茎节间棱脊圆形……………………………………………………………………………………… 问荆 *E. arvense*
2. 能育植株绿色，秋后比不育植株后出地面，孢子囊成熟后不枯萎；不育植株的主茎节间棱脊方形，两侧有隆起的棱角………………………………………………………………… 散生木贼 *E. diffusum*
3. 主茎节间每棱脊有 1～2 行硅质的疣状突起；地上茎常绿，多年生…………………………………… 4
3. 主茎节间棱脊多少有横的波状隆起（但无明显的疣状突起）；地上茎一年生……………………… 5
4. 主茎单一或偶从基部分出 1～3 枝，但不轮生；节间每棱脊有 2 行硅质的疣状突起，极粗糙…………………………………………………………………………………………………… 木贼 *E. hiemale*
4. 主茎有轮生分枝（罕有不分枝）；节间每棱脊仅有 1 行硅质的疣状突起，略粗糙…………………………………………………………………………………………………… 节节草 *E. ramosissimum*
5. 主茎上的棱脊方形，两侧有隆起的棱脊，直达鞘齿顶端；鞘齿长而狭，几与鞘筒相等…………………………………………………………………………………………………… 散生木贼 *E. diffusum*
5. 主茎上的棱脊圆形；鞘齿短而阔，短于鞘筒……………………………………………… 犬问荆 *E. palustre*

问荆（*Equisetum arvense* L.）：节和根密生黄棕色长毛或光滑无毛。地上枝当年枯萎。枝二型。能育枝春季先萌发，黄棕色，无轮茎分枝，孢子散后能育枝枯萎。不育枝后萌发，绿色，轮生分枝多，主枝中部以下有分枝。秦岭广布（图 8-7～图 8-9）。

图 8-7 问荆的群落

图 8-8 问荆的孢子体

图 8-9 问荆的孢子叶球

木贼（*Equisetum hyemale* L.）：地上枝多年生，高达 1 m 或更多，绿色，不分枝或基部有少数直立的侧枝。孢子囊穗卵状，顶端有小尖突，无柄。秦岭广布，海拔 100～3000 m（图 8-10，图 8-11）。

图 8-10 木贼 　　　　　　图 8-11 木贼的孢子叶球

图 8-12 节节草

节节草（*Equisetum ramosissimum* Desf.）：地上枝多年生。枝一型，绿色，主枝多在下部分枝，常形成簇生状；孢子囊穗短棒状或椭圆形。生于海拔 2100 m 以下的林中、灌丛中、溪边或潮湿的旷野（图 8-12）。

4. 瓶尔小草科 Ophioglossaceae　　陆生植物，少为附生。植物一般为小型，直立或少为悬垂。根状茎短而直立，有肉质粗根，叶有营养叶与孢子叶之分，出自总柄。营养叶单一，全缘，1 或 2 片，叶脉网状，中脉不明显；孢子叶有柄，孢子囊大型，无柄，下陷，沿囊托两侧排列，形成狭穗状，横裂。

心脏叶瓶尔小草（*Ophioglossum reticulatum* L.）：营养叶为卵形或卵圆形，基部深心脏形，有短柄，边缘多少呈波状，草质。孢子叶自营养叶柄的基部生出，孢子囊穗纤细。生于密林下（图 8-13，图 8-14）。

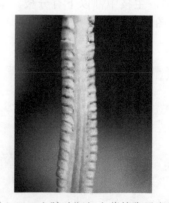

图 8-13 心脏叶瓶尔小草　　　　图 8-14 心脏叶瓶尔小草的孢子囊穗

5. 阴地蕨科 Botrychiaceae　　陆生植物。根状茎短，直立，具肉质粗根。叶有营养叶与孢子叶之分，均出自总柄。 总柄基部包有褐色鞘状托叶。营养叶一至多回羽状分裂，具柄或几无柄，大都为三角形或五角形，叶脉分离。孢子叶无叶绿素，有长柄，聚生成圆锥花序状。孢子囊无柄，沿小穗内侧成两行排列，不陷入囊托内。本科仅有阴地蕨一属，主要产于温带，很少分布在热带或南极地区。

蕨萁［*Botrychium virginianum* (L.) Sw.］：有一簇不分枝的粗健肉质的长根。叶为薄草质，干后绿色。孢子叶自不育叶的基部抽出。孢子囊穗为复圆锥状，成熟后高出于不育叶之上，直立，

几光滑或略具疏长毛。生于山地林下，海拔 1600～3200 m
（图 8-15）。

6. 紫萁科 Osmundaceae　　陆生中型、少为树形
的植物。根状茎粗肥，直立，树干状或匍匐状。包有叶
柄的宿存基部无鳞片，也无真正的毛。叶柄长而坚实，
基部膨大，两侧有狭翅如托叶状的附属物，不以关节着
生。叶片大，一至二回羽状，二型或一型，或往往同叶
上的羽片为二型。叶脉分离，二叉分歧。孢子囊大，圆
球形，大都有柄，裸露，着生于强烈收缩变质的孢子
叶（能育叶）的羽片边缘。本科共有 3 属，中国仅有紫
萁属。

图 8-15　蕨萁

紫萁（*Osmunda japonica* Thunb.）：叶柄基部彼此呈覆瓦状。叶大，簇生，幼时被棕色棉绒
状的毛。能育叶或羽片紧缩，不具叶缘质。孢子囊圆球形，有柄，边缘着生，自顶端纵裂。生
于林下或溪边酸性土上。孢子叶春夏间抽出，深棕色，成熟后枯死（图 8-16，图 8-17）。

图 8-16　紫萁

图 8-17　紫萁的孢子叶穗

7. 姬蕨科（碗蕨科）Dennstaedtiaceae　　陆生，中型，直立，少为蔓生植物。根状茎
横走。叶同型，叶柄基部不以关节着生。叶轴上面有一纵沟，叶的两面多少被与根状茎上同样
或较短的毛。小羽片或末回裂片偏斜，基部不对称。叶脉分离，羽状分枝。叶为草质或厚纸质，
有粗糙感觉。孢子囊群圆形，小，叶缘生或近叶缘顶生于一条小脉上。囊群盖或为叶缘生的碗
状，或为多少变质的向下反折的叶边锯齿（或小裂片），或为不齐叶边生的半杯形或小口袋形。
孢子囊为梨形，有细长的由 3 行细胞组成的柄；环带直立。

碗蕨科分属检索表

1. 孢子囊群叶边生，囊群盖由内外两瓣融合而成。中间生孢子囊群，常为碗形，偶为杯形·················
···碗蕨属 *Dennstaedtia*
1. 孢子囊群叶边内生，即生于稍离叶边下面。囊群盖杯形而以基部及两侧着生于叶肉，上方向叶边开口，
或为圆肾形而仅以基部着生，两侧多少分离·······················鳞盖蕨属 *Microlepia*

溪洞碗蕨［*Dennstaedtia wilfordii*（Moore）Christ］：根状茎细长，黑色，疏被棕色节状长毛。
叶二列疏生或近生。柄基部栗黑色，向上为红棕色，无毛，有光泽。叶片长圆披针形，2～3 回
羽状深裂。叶薄草质。孢子囊群圆形，生于末回羽片的腋中或上侧小裂片先端。囊群盖半盅形
（图 8-18，图 8-19）。

56

图 8-18　溪洞碗蕨　　　　　　　　　　图 8-19　溪洞碗蕨的囊群盖

8. 蕨科 Pteridiaceae　　　陆生，中型或大型蕨类植物。根状茎长而横走，有穿孔的双轮管状中柱，密被锈黄色或栗色的有节长柔毛，不具鳞片。叶一型，远生，具长柄。叶片大，通常卵形、卵状长圆形或卵状三角形，三回羽状，粗裂（如蕨属）或细裂（如曲轴蕨属），革质或纸质，上面无毛，下面多少被柔毛，罕有近光滑无毛。叶脉分离。孢子囊群线形，沿叶缘生于连接小脉顶端的一条边脉上。囊群盖双层，外层为假盖，由反折变成的膜质叶边形成，线形，宿存；内层为真盖，质地较薄，不明显，或发育或近退化，除叶边顶端或缺刻外，连续不断。孢子四面型（如蕨属）或两面型（如曲轴蕨属），光滑或有细微的乳头状突起。

蕨 [*Pteridium aquilinum*（L.）Kuhn var. *latiusculum*（Desv.）Underw. ex Heller]：植株高可达 1 m。根状茎密被锈黄色柔毛。叶柄褐棕色，略有光泽，光滑，上面有浅纵沟 1 条；叶片阔三角形或长圆三角形，三回羽状；叶轴及羽轴均光滑。生于山地阳坡及森林边缘阳光充足的地方，海拔 200～830 m（图 8-20，图 8-21）。

图 8-20　蕨　　　　　　　　　　　　图 8-21　蕨的孢子囊群

9. 凤尾蕨科 Pteridaceae　　　陆生，大型或中型蕨类植物。根状茎长而横走，密被狭长而质厚的鳞片，鳞片以基部着生。叶一型，有柄；柄通常为禾秆色，间为栗红色或褐色，光滑，罕被刚毛或鳞片；叶一回羽状或二至三回羽裂，草质、纸质或革质，光滑，罕被毛。叶脉分离或罕为网状，网眼内不具内藏小脉。孢子囊群线形，沿叶缘生于连接小脉顶端的一条边脉上，有由反折变质的叶边所形成的线形、膜质的宿存假盖，不具内盖，除叶边顶端或缺刻外，连续不断。

井栏边草（*Pteris multifida* Poir.）：根状茎短而直立，先端被黑褐色鳞片。叶多数，密而簇生，明显二型；叶片一回羽状；叶轴禾秆色，稍有光泽。能育叶有较长的柄。生于墙壁、井边及石灰岩缝隙或灌丛下，海拔 1000 m 以下（图 8-22）。

蜈蚣草（*Pteris vittata* L.）：根状茎直立，木质，密布蓬松的黄褐色鳞片。叶簇生；柄坚硬，深禾秆色至浅褐色，幼时密被与根状茎上同样的鳞片，一回羽状；顶生羽片与侧生羽片同形，不育的叶缘有微细而均匀的密锯齿。在成熟的植株上除下部缩短的羽片不育外，几乎全部羽片均能育。生于钙质土或石灰岩上，海拔 2000 m 以下（图 8-23，图 8-24）。

图 8-22 井栏边草的孢子囊群

10. 中国蕨科 Sinopteridaceae　中生或旱生中小型植物。根状茎短而直立或斜升。叶簇生有柄，柄通常栗色或栗黑色，很少为禾秆色，光滑。叶一型，二回羽状或三至四回羽状细裂，卵状三角形至五角形或长圆形。叶往往被白色或黄色蜡质粉末。叶脉分离。孢子囊群小，球形，沿叶缘着生于小脉顶端，有盖，盖为反折的叶边部分变质所形成的。

图 8-23 蜈蚣草

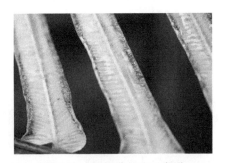

图 8-24 蜈蚣草的孢子囊群

中国蕨科分属检索表

1. 叶显著二型，植株小而多回细裂；叶脉分离，能育叶高出不育叶；孢子囊群生于小脉顶端·················
·· 珠蕨属 *Cryptogramma*
1. 叶一型（如为近二型，则叶脉网状），植株通常较大；孢子囊群生于小脉顶端或小脉顶端的连接边上·················
··· 2
2. 叶柄和叶轴为禾秆色，叶片三至五回羽状细裂，末回能育小羽片形如荚果；孢子囊群生于小脉顶端的连接边上··· 金粉蕨属 *Onychium*
2. 叶柄栗色或栗黑色，叶片一回羽状至三回粗羽裂；孢子囊群生于小脉顶端（成熟时彼此汇合），叶片下面被白色或黄色蜡质粉末·· 3
3. 叶片下面有粗而隆起的栗黑色密小脉（从横断面看排成瓦楞形）；孢子囊群由 1（～2）个大型的有阔环带的孢子囊组成··· 中国蕨属 *Sinopteris*
3. 叶片下面有细而不隆起的绿色疏小脉；孢子囊群圆形，由几个较小而不具阔环带的孢子囊组成·· 粉背蕨属 *Aleuritopteris*

　　银粉背蕨 [*Aleuritopteris argentea* (Gmel.) Fee]：叶柄红棕色，上部光滑，基部疏被棕色披针形鳞片。叶片五角形，长宽几相等，先端渐尖，羽片 3～5 对，基部三回羽裂，中部二回羽裂，上部一回羽裂。叶干后草质或薄革质，上面褐色、光滑，叶脉不显，裂片边缘有明显而均匀的细齿牙。孢子囊群较多，囊群盖连续，狭，膜质，黄绿色，全缘，孢子周壁表面具颗粒状纹饰。生于石灰岩石缝中或墙缝中（图 8-25，图 8-26）。

图 8-25　银粉背蕨　　　　　　　　　图 8-26　银粉背蕨的孢子囊群

陕西粉背蕨（*Aleuritopteris shensiensis* Ching）：叶柄栗红色，光滑，基部疏生鳞片。叶片五角形，尾状长渐尖，叶脉不显，上面光滑，下面无粉末。羽轴、小羽轴与叶轴同色，末回裂片边全缘或具微齿。孢子囊群线形或圆形，周壁疏具颗粒状纹饰。生于石缝和墙缝中，海拔180～2500 m（图 8-27）。

珠蕨（*Cryptogramma raddeana* Fomin）：根状茎短而直立。叶二型，丛生，不育叶远较能育叶为短。能育叶的柄禾秆色，叶干后纸质或坚纸质，褐绿色，两面无毛。孢子囊群生于小脉顶部，初时为反卷的叶缘覆盖，成熟时撑开，布满叶的下面（图 8-28）。

图 8-27　陕西粉背蕨　　　　　　　　图 8-28　珠蕨

野雉尾金粉蕨［*Onychium japonicum*（Thunb.）Kze.］：根状茎长而横走。叶片几乎与叶柄等长，叶卵状三角形或卵状披针形。叶干后坚草质或纸质，囊群盖线形（图 8-29，图 8-30）。

图 8-29　野雉尾金粉蕨　　　　　　　图 8-30　野雉尾金粉蕨的孢子囊群

11. 铁线蕨科 Adiantaceae　　陆生中小型蕨类，体形变异很大。根状茎或短而直立，或细长横走，被有棕色或黑色、质厚且常为全缘的披针形鳞片。叶一型，不以关节着生于根状茎上。叶柄有光泽，通常细圆，坚硬如铁丝，内有一条或基部为两条而向上合为一条的维管束。

叶片草质或厚纸质，多光滑无毛。叶脉分离，自基部向上多回二歧分叉或自基部向四周辐射，顶端二歧分叉，伸达边缘，两面可见。孢子囊群着生在叶片或羽片顶部边缘的叶脉上，无盖，而由反折的叶缘覆盖。本科有两属，即铁线蕨属（*Adiantum*）和黑华德属（*Hewardia*），前者广布于世界各地，后者仅产于南美洲。

白背铁线蕨（*Adiantum davidii* Franch.）：根状茎细长，横走，被深褐色、有光泽的卵状披针形鳞片。叶远生；柄深栗色；叶片三角状卵形，三回羽状；末回小羽片扇形，具短阔三角形的匀密锯齿（其顶端具短芒刺）。孢子囊群每末回小羽片通常1枚，横生于小羽片顶部弯缺内；囊群盖肾形或圆肾形，褐色，全缘，宿存。生于溪旁岩石上，海拔1100～3400 m（图8-31，图8-32）。

图 8-31 白背铁线蕨　　　　图 8-32 白背铁线蕨的孢子囊群

掌叶铁线蕨（*Adiantum pedatum* L.）：根状茎被褐棕色阔披针形鳞片。叶簇生；叶片阔扇形，叶脉多回二歧分叉。孢子囊群每小羽片4～6枚，横生于裂片先端的浅缺刻内；囊群盖长圆形或肾形，淡灰绿色或褐色。生于林下沟旁，海拔350～3500 m（图8-33，图8-34）。

图 8-33 掌叶铁线蕨　　　　图 8-34 掌叶铁线蕨的孢子囊群

铁线蕨（*Adiantum capillus-veneris* L.）：根状茎密被棕色披针形鳞片。叶片中部以下多为二回羽状，中部以上为一回奇数羽状；叶脉多回二歧分叉。孢子囊群每羽片3～10枚，生于末回小羽片的上缘。常生于流水溪旁、石灰岩上或石灰岩洞底和滴水岩壁上，海拔100～2800 m（图8-35，图8-36）。

12. 裸子蕨科 Hemionitidaceae（Gymnogrammaceae）　　陆生中小型植物。根状茎横走、斜升或直立，被鳞片或毛。有柄，柄为禾秆色或栗色，有"U"形或圆形维管束；叶片一至三回羽状，多少被毛或鳞片，草质。

图 8-35　铁线蕨

图 8-36　铁线蕨的孢子囊群

裸子蕨科分属检索表

1. 叶近二型，单叶，近卵形或椭圆形，基部心脏形或戟形；叶脉网状……………………泽泻蕨属 *Hemionitis*
1. 叶一型；叶脉分离………………………………………………………………………………………………2
2. 叶片一至二回羽状，软革质，下面密被黄棕色、有粗筛孔的覆瓦状排列的鳞片或长绢毛……………
　………………………………………………………………………………………………金毛裸蕨属 *Gymnopteris*
2. 叶片一至三回羽状，草质或纸质，下面光滑或稍被多细胞柔毛。中型草本，高可达 1 m；叶片羽状片裂，
　幼叶通常为阔披针形……………………………………………………………………凤丫蕨属 *Coniogramme*

　　普通凤丫蕨（*Coniogramme intermedia* Hieron）：叶柄禾秆色或饰有淡棕色点；叶片和叶柄
等长或稍短，二回羽状；侧生羽片 3～5（8）对，基部一对最大，羽片边缘有斜上的锯齿。孢
子囊群沿侧脉分布至距叶边不远处（图 8-37，图 8-38）。

图 8-37　普通凤丫蕨

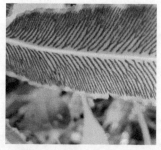
图 8-38　普通凤丫蕨的孢子囊群

　　上毛凤丫蕨（*Coniogramme suprapilosa* Ching）：叶柄基部疏被深棕色、狭披针形鳞片；侧
生羽片 2～3（4）对，小羽片长圆形或长圆披针形，尾状渐尖头，基部圆形，有短柄；孢子囊
群伸达离叶边 3 mm 处。生于山谷林下或草地。

　　川西金毛裸蕨（*Gymnopteris bipinnata* Christ）：根状茎和叶柄基部密被亮棕色、狭长钻形鳞
片。叶近丛生；柄圆柱形，幼时密被灰棕色长绢毛，老时逐渐光秃；叶片二回羽状复叶，羽片
10～17 对；侧生小羽片 1～6 对，卵形或长卵形，钝头。孢子囊群沿小脉着生，隐没在绢毛下。
生于岩壁或沟边石上，海拔 1650～3200 m（图 8-39，图 8-40）。

图 8-39 川西金毛裸蕨　　　　　图 8-40 川西金毛裸蕨的叶背

13. **蹄盖蕨科 Athyriaceae**　　中小型土生植物。根状茎横走、斜升至直立，被或多或少的鳞片。叶柄上面有 1 或 2 条纵沟，基部内有 2 条扁平维管束，向上汇合成 "V" 字形。叶片通常草质或纸质，罕为革质，一至三回羽状。孢子囊群圆形、线形、新月形，或上端向后弯曲越过叶脉呈不同程度的弯钩形乃至马蹄形或圆肾形；囊群盖圆肾形、线形、新月形、弯钩形或马蹄形，以弯缺处或一侧着生。广布世界热带至寒温带各地，尤以热带、亚热带山地为多，垂直分布范围广。

蹄盖蕨科分属检索表

1. 孢子囊群无盖···2
1. 孢子囊群有盖···3
2. 植株小，高 20～35 cm。羽片或叶片以关节着生。叶干后为绿色··········羽节蕨属 *Gymnocarpium*
2. 植株大，高 60～70 cm 或更高。羽片不以关节着生。叶干后为褐色··········角蕨属 *Cornopteris*
3. 叶片和叶轴多少被有多细胞、透明的节状粗毛···4
3. 叶片和叶轴光滑无毛或有单细胞的腺毛或柔毛···5
4. 囊群盖新月形，全缘。根状茎短而直立或斜生。叶簇生，叶柄基部膨大、有背腹之分，向下尖削·······
   ··蛾眉蕨属 *Lunathyrium*
4. 囊群盖阔线形，边缘啮蚀状。根状茎长而细，横走。叶疏生，叶柄基部无背腹之分，向下不尖削·······
   ··假蹄盖蕨属 *Athyriopsis*
5. 孢子囊群圆形。囊群盖圆肾形或卵形···6
5. 孢子囊群长形、线形、弯弓形，少长圆形。囊群盖长形、钩形、马蹄形，少圆肾形··········7
6. 叶片拔针形至长圆形，少有五角形，基部 1 对羽片的基部不变狭。囊群盖卵形，以基部着生并压于成熟的孢子囊群下面··冷蕨属 *Cystopteris*
6. 叶片三角形，长宽几相等，基部 1 对羽片的基部通常变狭。囊群盖圆肾形，以缺刻着生，不压于成熟的孢子囊群下面··假冷蕨属 *Pseudocystopteris*
7. 囊群盖长形、钩形、马蹄形或圆肾形，从不成双地生于 1 条叶脉上·····································8
7. 囊群盖线形，通常成双地生于 1 条叶脉上··短肠蕨属 *Allantodia*
8. 根状茎横走，叶近生，叶片 1～2 回羽状粗裂。叶柄基部无背腹之分，两侧边缘不具瘤状气囊体，向下不尖削··介蕨属 *Dryoathyrium*
8. 根状茎直立或斜生，叶簇生，叶片 2～3 回羽状细裂。叶柄基部有背腹之分，两侧边缘有瘤状气囊体，向下尖削··蹄盖蕨属 *Athyrium*

中华蹄盖蕨（*Athyrium sinense* Rupr.）：根状茎短粗，直立；叶簇生，叶两面无毛，基部的羽片近对生，上方的羽片互生。孢子囊群多为长圆形，囊群盖同形，浅褐色。生于林下阴湿处或山谷，海拔 1400～3000 m（图 8-41）。

图 8-41　中华蹄盖蕨

东亚羽节蕨［*Gymnocarpium oyamense*（Bak.）Ching］：叶远生；叶片卵状三角形，一回羽状深裂；叶轴基部与叶柄先端之间具有明显的关节。孢子囊群长圆形，生于裂片上的小脉中部，位于主脉两侧。生于林下湿地或石上苔藓中，海拔 300～2900 m（图 8-42，图 8-43）。

陕西蛾眉蕨［*Lunathyrium giraldii*（Christ）Ching］：叶簇生；叶柄基部被有较密的鳞片，向上稀疏；叶片一回羽状；羽片（15～）20～25 对，下部仅少数几对稍缩短，基部一对不呈耳形。孢子囊群长圆形至长新月形，囊群盖同形，浅褐色。生于山谷林下，海拔 960～2900 m。

图 8-42　东亚羽节蕨

图 8-43　东亚羽节蕨的孢子囊群

14. 铁角蕨科 Aspleniaceae　　多为中型或小型的石生或附生（少有土生）草本植物，有时为攀缘。根状茎横走、卧生或直立，被褐色或深棕色的小鳞片，无毛。叶基部不以关节着生；叶柄草质，上面有纵沟，基部有维管束两条，横切面呈卵圆形或椭圆肾形，左右两侧排成"八"字形，向上结合成"X"字形。孢子囊群多为线形，有时近椭圆形，沿小脉上侧着生，通常有囊群盖；囊群盖厚膜质或薄纸质，全缘，以一侧着生于叶脉，通常开向主脉（中脉）。多生于干旱生境石灰岩石缝中。中国现有 8 属 131 种。

铁角蕨科分属检索表

1. 叶为单叶，不分裂，叶脉多少连接；叶边全缘 ·· 2
1. 单叶或羽裂，叶脉分离；通常不在近叶边处彼此结合 ··· 3
2. 热带雨林或季雨林内的附生植物；叶大，通常为近革质，先端从不延伸成鞭状而着地生根，侧脉顶端有规则地与叶边平行的边脉结合 ··· 巢蕨属 *Neottopteris*
2. 华北温带的石生植物；叶小，草质或纸质，先端往往延伸成细长鞭状，着地生根，小脉沿主脉两侧结成 1～2 列长网眼，向叶边分离 ··· 过山蕨属 *Camptosorus*
3. 叶片基部楔形，罕为近圆形，叶边通常有缺刻或锯齿，偶为全缘 ·················· 铁角蕨属 *Asplenium*
3. 叶片基部心脏形，两侧明显膨大成圆垂耳，叶边全缘 ······································· 对开蕨属 *Phyllitis*

过山蕨（*Camptosorus sibiricus* Rupr.）：根状茎短小，直立。叶簇生；基生叶不育，较小，能育叶较大，先端渐尖，且延伸成鞭状，末端稍卷曲，能着地生根，行无性繁殖。孢子囊群线形或椭圆形，在主脉两侧各形成不整齐的 1～3 行，通常靠近主脉的 1 行较长；囊群盖狭，灰绿色或浅棕色。生于林下石上，海拔 300～2000 m（图 8-44，图 8-45）。

图 8-44 过山蕨　　　　　　　　　图 8-45 过山蕨的孢子囊群

　　铁角蕨（*Asplenium trichomanes* L.）：根状茎短而直立。叶多数簇生；叶柄栗褐色，上面有 1 条阔纵沟，两边有棕色的膜质全缘狭翅。孢子囊群阔线形，黄棕色，通常生于上侧小脉；囊群盖阔线形宿存。生于林下山谷中的岩石上或石缝中，海拔 400～3400 m（图 8-46，图 8-47）。

图 8-46 铁角蕨　　　　　　　　　图 8-47 铁角蕨的孢子囊群

　　北京铁角蕨（*Asplenium pekinense* Hance）：根状茎短而直立。叶簇生；叶柄淡绿色，疏被黑褐色的纤维状小鳞片；羽片 9～11 对，坚草质，叶轴及羽轴两侧有连续的线状狭翅。孢子囊群近椭圆形，斜向上，成熟后为深棕色，满铺于小羽片下面；囊群盖同形，灰白色，全缘。生于岩石上或石缝中，海拔 380～3900 m（图 8-48，图 8-49）。

图 8-48 北京铁角蕨　　　　　　　图 8-49 北京铁角蕨的孢子囊群

　　15. 金星蕨科 Thelypteridaceae　　　陆生植物。根状茎粗壮，具放射状对称的网状中柱，分枝或不分枝。叶簇生，近生或远生；柄基部横断面有两条海马状的维管束，向上逐渐靠合呈 "U" 形，叶一型。多为长圆披针形或倒披针形，通常二回羽裂。广布于世界热带和亚热带，少数产于温带。

　　长根金星蕨 [*Parathelypteris beddomei*（Bak.）Ching]：根状茎细长而横走，近光滑。叶近

图 8-50　长根金星蕨

生；叶片二回羽状深裂；羽片 25～33 对，下部 5～7 对近对生，向下逐渐缩小成小耳形，最下的呈瘤状。孢子囊群圆形，背生于侧脉的中部以上，远离主脉；囊群盖中等大，圆肾形，棕色，背面被灰白色的长针毛。生于林缘及林下，海拔 400～2500 m（图 8-50）。

16. 球子蕨科 Onocleaceae　　土生。根状茎粗短，直立或横走，被膜质的卵状披针形至披针形鳞片。叶簇生或疏生。叶二型：不育叶绿色，草质或纸质，一回羽状至二回深羽裂，羽片互生，无柄，羽裂深达 1/2；能育叶羽片强度反卷成荚果状。孢子囊群圆形，着生于囊托上；囊群盖下位或为无盖，外为反卷的变质叶片包被。有 2 属，分布于北半球温带。中国 2 属均产。

中华荚果蕨（*Matteuccia intermedia* C. Chr.）：根状茎直立，黑褐色，木质，先端密被鳞片。叶多数簇生，二型：不育叶基部黑褐色，坚硬，二回深羽裂，羽片 20～25 对；能育叶比不育叶小，两侧强度反卷成荚果状，深紫色，平直。生于山谷林下，海拔 1500～3200 m（图 8-51，图 8-52）。

图 8-51　中华荚果蕨

图 8-52　中华荚果蕨的孢子囊群

东方荚果蕨 [*Matteuccia orientalis*（Hook.）Trev.]：根状茎直立，木质，先端及叶柄基部密被鳞片。叶簇生，二型：不育叶叶柄上的鳞片脱落后留下褐色的新月形鳞痕，叶片二回深羽裂，羽片 15～20 对，深羽裂；能育叶与不育叶等高或较矮，有长柄，叶片椭圆形或椭圆两侧强度反卷成荚果状，深紫色，平直而不呈念珠状。生于林下溪边，海拔 1000～2700 m（图 8-53）。

荚果蕨 [*Matteuccia struthiopteris*（L.）Todaro]：根状茎直立，木质。叶簇生，二型：不育叶叶柄褐棕色，上面有深纵沟，二回深羽裂，羽片 40～60 对，下部的向基部逐渐缩小成小耳形；能育叶较不育叶短，有粗壮的长柄，两侧强度反卷成荚果状，呈念珠形。生于山谷林下或河岸湿地，海拔 80～3000 m（图 8-54～图 8-58）。

图 8-53　东方荚果蕨

图 8-54　荚果蕨

图 8-55 荚果蕨的孢子叶

图 8-56 荚果蕨的成熟孢子

图 8-57 荚果蕨的群落

图 8-58 荚果蕨的植株

17. 岩蕨科 Woodsiaceae 旱生，中小型草本。根状茎被鳞片。叶簇生；叶柄多少被鳞片及节状长毛，有的具有关节；叶一回羽状至二回羽裂，草质或纸质；小脉先端往往有水囊，不达叶边；叶轴下面圆形，上面有浅纵沟，通常被同样的毛及小鳞片。孢子囊群圆形，由少数孢子囊组成，着生于小脉的中部或近顶部。中国产 3 属，主要在北部，向南分布至南岭山脉以北及喜马拉雅山区。

栗柄岩蕨（*Woodsia cycloloba* Hand.-Mazz.）：叶片椭圆披针形，一回羽状；羽片 5～6 对，对生，无柄，卵形或椭圆形，上面近光滑，下面沿叶脉及叶缘密被节状长毛。孢子囊群圆形，着生于侧脉的分叉处或二叉分枝的上侧小脉中部，裸露无盖。生于林下石缝中或岩壁上。

耳羽岩蕨（*Woodsia polystichoides* Eaton）：叶簇生；柄顶端或上部有倾斜的关节，一回羽状，羽片 16～30 对，平展或偶有略斜展。孢子囊群圆形，着生于二叉小脉的上侧分枝顶端，每裂片有 1 枚。生于林下石上及山谷石缝间，海拔 250～2700 m（图 8-59，图 8-60）。

图 8-59 耳羽岩蕨

图 8-60 耳羽岩蕨的孢子囊群

18. 鳞毛蕨科 Dryopteridaceae 中等大小或小型陆生植物。根状茎短而直立或斜升，连同叶柄密被鳞片。叶柄横切面具 4～7 个或更多的维管束，上面有纵沟，多少被鳞片；叶边通常有锯齿或有触痛感的芒刺。孢子囊群小、圆，顶生或背生于小脉，有盖（偶无盖）。中国有13属，共472种，分布于全国各地。

鳞毛蕨科分属检索表

1. 囊群盖圆形，膜质，全缘，盾状着生；或椭圆形，革质，以外侧边中部着生；或为无盖·················5
1. 囊群盖圆肾形，以深缺刻着生；偶为无盖···2
2. 根状茎长而横走；叶散生，三至四回羽状（偶为一回羽状），如为二回以上羽状者，则各回小羽片均为上先出··4
2. 根状茎粗短而直立；叶簇生或偶有近生，一至四回羽状，如为二回羽状者，则除假复叶耳蕨属和基部一对羽片的二回小羽片为上先出外，其余各回小羽片均为下先出···3
3. 叶片三至四回羽状；侧生羽片的羽轴下部往往向地弯弓；小羽片均为上先出；末回小羽片基部不对称···假复叶耳蕨属 Acrorumohra
3. 叶片一至四回羽状；侧生羽片的羽轴下部通直，斜向上；如叶片为二回以上羽状者，则除基部一对羽片的二回小羽片为上先出外，其余均为下先出。叶纸质至近革质；叶柄上的鳞片通常为棕色，质薄，全缘或有不规则的齿牙；小羽轴和主脉上面不具红棕色的肉质粗刺·············鳞毛蕨属 Dryopteris
4. 叶为薄草质；各回羽轴上面密被单细胞短柔毛·····························毛枝蕨属 Leptorumohra
4. 叶为革质、纸质；各回羽轴上面无毛。叶片三角形或卵状五角形，基部三至四回羽状，末回小羽片基部不对称，上侧多少呈耳状突起·······················复叶耳蕨属 Arachniodes
5. 孢子囊群有圆形、盾形或椭圆形的盖，膜质，成熟时边缘不开裂。叶片一至五回羽裂，边缘通常有锯齿或芒刺。叶脉网状，网眼内有1～3条能育内藏小脉。羽片通常有锯齿，基部多少不对称（上侧突起）；主脉两侧的叶脉通常连接成2～8行短阔网眼·······················贯众属 Cyrtomium
5. 孢子囊群有盾形的盖。叶片为一回羽状至四回羽裂；羽片形状多样，披针形、椭圆形、斜菱形或三角形；羽片或小羽片基部通常不对称，上侧呈耳状突起，边缘通常有尖锯齿或芒刺，少有全缘；叶脉分离，侧生羽片不以关节着生于叶轴，基部不呈心脏形。中国各地广布·····················耳蕨属 Polystichum

　　贯众（*Cyrtomium fortunei* J. Sm.）：密被棕色鳞片。叶簇生，叶柄禾秆色，腹面有浅纵沟，密生卵形及披针形棕色鳞片；侧生羽片7～16对，多少上弯成镰状；叶为纸质，两面光滑。孢子囊群遍布羽片背面；囊群盖圆形，盾状，全缘。生于空旷的石灰岩缝或林下，海拔2400 m以下（图8-61，图8-62）。

图8-61　贯众　　　　　　　图8-62　贯众的孢子囊群

　　半岛鳞毛蕨（*Dryopteris peninsulae* Kitag.）：叶簇生；叶柄长达24 cm，淡棕褐色；叶片厚纸质，二回羽状；羽片12～20对，基部不对称，先端长渐尖且微镰状上弯，下部羽片较大。孢子囊群圆形，通常仅叶片上半部生有孢子囊群，沿裂片中肋排成2行；囊群盖圆肾形至马蹄形，近全缘。生于阴湿地杂草丛中。

豫陕鳞毛蕨（*Dryopteris pulcherrima* Ching）：根状茎直立，密被淡棕色、披针形鳞叶。叶簇生；叶柄密被褐色或黑褐色阔披针形鳞片；叶二回羽状深裂；羽片约 25 对，平展，密接，有短柄，每小羽片 2～3 对，略靠近叶边；孢子囊群圆形，小；囊群盖圆肾形，棕色。生于海拔 1500～2300 m（图 8-63，图 8-64）。

图 8-63　豫陕鳞毛蕨　　　　　　　图 8-64　豫陕鳞毛蕨的孢子囊群

革叶耳蕨（*Polystichum neolobatum* Nakai）：叶簇生；叶柄先端扭曲；羽片 26～32 对，叶革质或硬革质，背面密生披针形和狭披针形鳞片，鳞片棕色至黑棕色。孢子囊群位于主脉两侧；囊群盖圆形，盾状，全缘。生于阔叶林下，海拔 1260～3000 m（图 8-65，图 8-66）。

 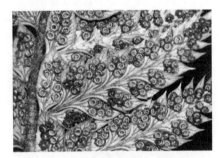

图 8-65　革叶耳蕨　　　　　　　图 8-66　革叶耳蕨的孢子囊群

鞭叶耳蕨 [*Polystichum craspedosorum*（Maxim.）Diels]：叶簇生；叶片一回羽状，羽片 14～26 对，基部偏斜，上侧截形，耳状凸明显或不明显，叶轴先端延伸成鞭状。孢子囊群通常位于羽片上侧边缘成一行。生在阴凉干燥的石灰岩上，垂直分布于海拔 2300 m 以下（图 8-67）。

图 8-67　鞭叶耳蕨

19. 水龙骨科 Polypodiaceae　　中型或小型蕨类，通常附生，少为土生。根状茎长而横走，被鳞片。叶一型或二型，以关节着生于根状茎上。叶脉网状，网眼内通常有分叉的内藏小脉，小脉顶端具水囊。孢子囊群通常为圆形或近圆形，或为椭圆形，或为线形，布满能育叶片下面一部或全部，无盖而有隔丝。中国有 25 属，现有 272 种，主产于长江以南各省。

水龙骨科分属检索表

1. 叶不具星状毛，至多有单毛……………………………………………………………………………4
1. 叶具星状毛……………………………………………………………………………………………2
2. 孢子囊群圆形或椭圆形……………………………………………………………………………………6
2. 孢子囊群线形…………………………………………………………………………………………3
3. 叶一型，线形；小脉的网眼内不具内藏小脉………………………………石蕨属 Saxiglossum
3. 叶二型，不育叶卵形至舌形，能育叶线形；小脉的网眼内有内藏小脉…………抱树莲属 Drymoglossum
4. 羽片不以关节着生于叶轴，叶脉分离，从不形成网眼；小脉为羽状分枝。根茎上的鳞片质厚，不透明，不为粗筛孔状。产于北半球温带地区………………………………多足蕨属 Polypodium
4. 叶脉网结……………………………………………………………………………………………5
5. 叶片深羽裂达叶轴两侧的狭翅，有时基部几乎裂达叶轴；羽片 15 对左右，彼此接近…………………………………………………………………………………………………水龙骨属 Polypodiodes
5. 叶片羽状，叶轴两侧无翅；羽片 10 对左右，下部羽片彼此分开………拟水龙骨属 Polypodiastrum
6. 叶通常为单叶；孢子囊群通常在主脉两侧各成 1 行或 2～3 行，或密或星散，幼时有盾状或伞形的粗筛孔状隔丝覆盖……………………………………………………………………………………7
6. 叶通常羽裂，或为羽状；孢子囊群通常在主脉两侧多行，幼时不具盾状或伞形的隔丝，有时仅有线状隔丝……………………………………………………………………………………………8
7. 叶一型，革质；根状茎粗短，横生如粗铁丝，不呈绿色，通常密被鳞片………………瓦韦属 Lepisorus
7. 叶二型或近二型，肉质；根状茎细长蔓生如细铁丝，淡绿色，几无鳞片覆盖…骨牌蕨属 Lepidogrammitis
8. 叶片线形、披针形至长舌形，有时为不规则的分裂；叶片下面疏被小鳞片；根状茎上的鳞片在基部着生处有时簇生柔毛…………………………………………………………………盾蕨属 Neolepisorus
8. 叶片下面密被星状毛……………………………………………………………………石韦属 Pyrrosia

图 8-68　秦岭槲蕨

秦岭槲蕨（*Drynaria sinica* Diels）：通常石生或土生，偶有树上附生。有宿存的光突叶柄和叶轴，密被鳞片。常无基生不育叶；正常能育叶具明显的狭翅，通常仅叶片上部能育。孢子囊群在裂片中肋两侧各 1 行，通直，靠近中肋。生于海拔 1380～3800 m（图 8-68～图 8-70）。

图 8-69　秦岭槲蕨的孢子囊群

图 8-70　秦岭槲蕨的不育叶

扭瓦韦［*Lepisorus contortus*（Christ）Ching］：叶略近生；叶片线状披针形，近软革质；主脉上下均隆起。孢子囊群圆形或卵圆形，聚生于叶片中上部，位于主脉与叶缘之间，幼时被中部褐色圆形隔丝所覆盖。附生于林下树干或岩石上，海拔700～3000 m（图8-71）。

有边瓦韦（*Lepisorus marginatus* Ching）：叶片披针形，向基部渐变狭长并下延，叶边有软骨质的狭边，干后呈波状，多少反折，软革质。孢子囊群圆形或椭圆形，着生于主脉与叶边之间。附生于林下树干或岩石上，海拔920～3000 m（图8-72，图8-73）。

二色瓦韦（*Lepisorus bicolor* Ching）：叶片披针形，草质或近纸质。主脉上下均隆起，小脉通常不显。孢子囊群大型，椭圆状或近圆形，通常聚生于叶片的上半部，位于主脉与叶边之间。生于林下沟边、山坡路旁岩石缝中或林下树干上，海拔1000～3300 m。

图8-71 扭瓦韦

图8-72 有边瓦韦

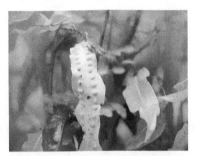

图8-73 有边瓦韦的孢子囊群

中华水龙骨 [*Polypodiodes chinensis*（Christ）S. G. Lu]：附生植物。根状茎长而横走。叶片卵状披针形或阔披针形，草质，两面近无毛，羽状深裂，裂片15～25对，背面疏被小鳞片。孢子囊群圆形，较小，靠近裂片中脉着生，无盖。生于海拔900～2800 m（图8-74，图8-75）。

图8-74 中华水龙骨

图8-75 中华水龙骨的孢子囊群

华北石韦 [*Pyrrosia davidii*（Baker）Ching]：叶片狭披针形，两边狭翅沿叶柄长下延，全缘，干后软纸质；主脉在下面不明显隆起，上面浅凹陷。孢子囊群布满叶片下表面，成熟时孢子囊开裂而呈砖红色。附生于阴湿岩石上，海拔200～2500 m（图8-76，图8-77）。

毡毛石韦 [*Pyrrosia drakeana*（Franch.）Ching]：叶近生，一型；叶柄粗壮，基部密被鳞片，向上密被星状毛；叶片阔披针形，基部近圆楔形，不对称，全缘。孢子囊群近圆形，呈淡棕色，成熟时孢子囊开裂，呈砖红色，不汇合。附生于山坡杂木林下的树干或岩石上，海拔1000～3600 m（图8-78，图8-79）。

图 8-76　华北石韦

图 8-77　华北石韦的孢子囊群

图 8-78　毡毛石韦

图 8-79　毡毛石韦的孢子囊群

石蕨 [*Saxiglossum angustissimum*（Gies.）Ching]：附生小型蕨类。叶远生，几无柄，基部以关节着生；叶片线形，干后革质，边缘向下强烈反卷，下面密被黄色星状毛。孢子囊群线形，沿主脉两侧各成一行，幼时全被反卷的叶边覆盖，成熟时张开，孢子囊外露。生于阴湿岩石或树干上，海拔 700～2000 m（图 8-80，图 8-81）。

图 8-80　石蕨

图 8-81　石蕨的孢子囊群

抱石莲 [*Lepidogrammitis drymoglossoides*（Baker）Ching]：叶远生，二型；不育叶长圆形至卵形，全缘；能育叶舌状或倒披针形，有时与不育叶同形，肉质，干后革质，上面光滑，下面疏被鳞片。孢子囊群圆形，沿主脉两侧各成一行，位于主脉与叶边之间。生于海拔 200～1400 m。

20. 剑蕨科 Loxogrammaceae　　土生或附生，常绿，旱季叶内卷，雨季则舒张。单叶，一型。叶片多少呈肉质，干后为柔软革质。汇生孢子囊群粗线形，略下陷于叶肉中，斜出，彼此并行，位于主脉两侧。孢子囊具长柄。

匙叶剑蕨 [*Loxogramme grammitoides*（Baker）C. Chr.]：叶柄短或近无柄；叶片匙形或倒披针形，基部渐缩狭长并下延至叶柄基部，全缘；中肋明显。孢子囊群长圆形，通常 2～5 对，斜向上，多少下陷于叶肉中，沿中肋两侧各排成 1 行，通常仅分布于叶片上部，下部不育。附生于常绿阔叶林下岩石上或树干上（图 8-82，图 8-83）。

图 8-82　匙叶剑蕨　　　　　　　图 8-83　匙叶剑蕨的孢子囊群

21. 苹科 Marsileaceae　　　通常生于浅水淤泥或湿地沼泥中的小型蕨类。根状茎细长横走，不育叶为线形单叶，或由 2～4 片倒三角形的小叶组成，漂浮或伸出水面。能育叶变为球形或椭圆状球形孢子果。孢子囊异型，大孢子囊只含一个大孢子，小孢子囊含多个小孢子。生于浅水或湿地上。共 3 属约 75 种，中国仅有 1 属。

苹（*Marsilea quadrifolia* L.）：根状茎分枝，茎节远离，向上发出一至数枚叶子。叶片由 4 片倒三角形的小叶组成，呈“十”字形。孢子果双生或单生于短柄上，而柄着生于叶柄基部。每个孢子果内含多个孢子囊，大、小孢子囊同生于孢子囊托上。生于水田或沟塘中，是水田中的有害杂草。

22. 槐叶苹科 Salviniaceae　　　小型漂浮蕨类。根状茎细长横走，被毛，无根。叶三片轮生，排成三列，其中两列漂浮水面，为正常的叶片。叶长圆形，绿色，全缘，被毛，上面密布乳头状突起，中脉略显。另一列叶特化为细裂的须根状，悬垂于水中，称沉水叶，起着根的作用，故又叫假根。孢子果簇生于沉水叶的基部，或沿沉水叶成对着生。

槐叶苹 [*Salvinia natans* (L.) All.]：小型漂浮植物。茎细长而横走，被褐色节状毛。上面两叶漂浮水面，形如槐叶，草质。下面一叶悬垂水中，细裂成线状。孢子果 4～8 个簇生于沉水叶的基部。生于水田、沟塘和静水溪河内。

第九章

裸子植物

裸子植物的繁殖器官是种子。由于产生了种皮及胚乳结构，幼小的胚受到更好的保护，因此，裸子植物对环境的适应性进一步增强。

第一节　裸子植物的特征和主要分类依据

一、裸子植物的生物学特征

1）孢子体发达。裸子植物绝大多数是多年生的木本植物，并且大多数为单轴分枝的高大乔木，枝条具有长枝、短枝的区分。

2）胚珠裸露。裸子植物的孢子叶大多数聚集成球果状，称为孢子叶球。由于大孢子叶尚未演化形成封闭的子房结构，不能完整地包裹胚珠，因此其胚珠是裸露的，这是裸子植物与被子植物最本质的区别。大多数情况下，裸露的胚珠发育成的种子也是裸露的，在有的类群中，大孢子叶特化成了珠托，或者在外面产生了囊状、杯状的套被，最后发育成肉质的假种皮或者外种皮，使种子成为表面上的"非裸露"，如红豆杉纲的植物。

3）具有颈卵器结构。除百岁兰属（*Welwitschia*）和买麻藤属（*Gnetum*）外，裸子植物普遍具有颈卵器。从裸子植物开始，配子体完全寄生在孢子体上。雌配子体的近珠孔端产生了颈卵器，结构简单，有2～4个颈壁细胞、一个卵细胞和一个腹沟细胞。

4）传粉时花粉直达胚珠。裸子植物的花粉由风力（少数例外）传播，经珠孔直接进入胚珠，在珠心上方萌发形成花粉管，进入颈卵器，完成受精。

5）具多胚现象。多胚现象在裸子植物中非常普遍，一个雌配子体中多个颈卵器的卵细胞同时受精形成简单多胚，或者由一个受精卵在发育过程中，原胚分裂形成裂生多胚。

二、裸子植物的主要分类依据

分类依据有形态学、细胞学、生物化学、分子生物学等多种资料，按照不同的研究对象，综合以上特征进行分类。但是，长期以来经典分类学使用最多、在野外实习的环境下最具有可实施性的，仍然是形态学特征。形态学特征的定义和类型参考教材《植物生物学》（周云龙，2011）。

1. 茎的性质

1）乔木：植株高大，具有明显主干的树木（高通常在5 m以上）。现存的裸子植物中，多年生木本植物大多为乔木，如雪松 [*Cedrus deodara*（Roxb.）G. Don] 等。

2）灌木：无主干或无明显主干，在近地面处发生分枝的植物，高度在5 m以下。其中高不足1 m的称为小灌木，如叉子圆柏（*Sabina vulgaris* Ant.）等。

3）草本：多指由没有木质化的柔软茎来支撑的矮小植物。

2. **茎的特征**　裸子植物的茎是地上部分着生营养器官（叶）和生殖器官（大、小孢子叶球）的轴。

1）枝条和小枝：着生叶和芽的茎。

2）节和节间：在茎上着生叶的部位称为节，两节之间的部分称为节间。

3）长枝和短枝：不同的植物，节间的长度不同。一般来讲，节间显著伸长的枝条称为长枝；节间显著短缩，各节紧密相接的枝条称为短枝。长短枝结合的结构，是许多裸子植物茎的特点，如雪松、银杏（*Ginkgo biloba* L.）等。

3. **叶形**　裸子植物大多数无叶柄（松柏纲）。叶的形状和大小变化多样（图9-1），常见的类型如下。

1）针形：细长而顶端尖锐，如松属（*Pinus*）植物等。

2）条形：叶片狭而长，长为宽的5倍以上，且从叶基到叶尖的宽度几乎相等，两侧边缘近平行，如三尖杉（*Cephalotaxus fortunei* Hook. f.）等。

3）羽状：如苏铁属（*Cycas*）植物。

4）鳞（片）形：叶片形如鳞片。

5）扇形：顶端宽而圆，向下渐狭如扇状，如银杏。

6）刺状（钻形）：叶短而尖锐，如刺柏（*Juniperus formosana* Hayata）。

7）宽卵形：叶宽阔，卵形，如买麻藤（*Gnetum montanum* Markgr.）。

| 针形 | 条形 | 羽状 | 鳞（片）形 | 扇形 |

图 9-1　裸子植物的叶形

4. **孢子叶球特征**　裸子植物的繁殖器官尚未产生花和果实，其生殖叶（孢子叶）大多数聚集成球花，称为孢子叶球。孢子叶球单生或者多个聚生成各种球序。通常单性，同株或者异株。

（1）**孢子叶球（球花）**　由孢子叶聚生形成的球状生殖器官。

（2）**小孢子叶球（雄球花）**　由小孢子叶聚生形成小孢子叶球，小孢子叶相当于被子植物的雄蕊。

（3）**大孢子叶球（雌球花）**　由大孢子叶聚生形成大孢子叶球。大孢子叶相当于被子植物的雌蕊。在裸子植物中雌球花特化为各种形态的结构，大孢子叶类型包括珠鳞（种鳞）、珠领、珠托、套被、盖被等（图9-2）。

1）珠鳞和苞鳞：松柏类植物特化的大孢子叶，具生殖能力的称为珠鳞；失去生殖能力的称为苞鳞。

2）种鳞：胚珠受精后发育成为种子，珠鳞发育成为种鳞。

3）羽状大孢子叶：苏铁类植物中，大孢子叶变态为羽状，下部呈狭长的柄，柄的两侧生有2～6枚胚珠。

4）珠领：银杏中，大孢子叶球简单，通常有一长柄。柄端有两个环形的大孢子叶变态为珠领，环绕胚珠。两个大孢子叶上各生一个直立胚珠，通常只有一个发育形成种子。

5）珠托：三尖杉和红豆杉类植物中，大孢子叶变态为囊状、盘状或漏斗状珠托。胚珠发育成为种子后，珠托发育成为肉质的假种皮（颜色鲜艳）（如红豆杉），使种子不再裸露，成核果状。

6）套被：罗汉松类植物中，大孢子叶变态为套被。胚珠发育成为种子后，套被发育成为革质（或肉质）的假种皮，种子不再裸露，成坚果或核果状。

7）盖被：买麻藤纲（倪藤纲）（Gnetopsida）和盖子植物纲（Chlamydospermopsida）植物的孢子叶球有类似于花被的盖被，1～2层，也称假花被。膜质、革质或者肉质。胚珠经传粉受精发育成为种子时，盖被发育成为假种皮将种子包裹其中。

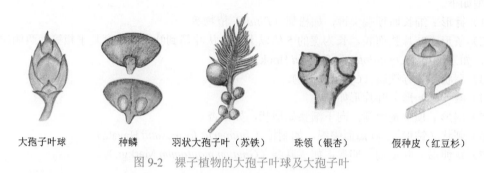

大孢子叶球　　　　种鳞　　　羽状大孢子叶（苏铁）　　珠领（银杏）　　假种皮（红豆杉）

图 9-2　裸子植物的大孢子叶球及大孢子叶

（4）球果　　松、杉、柏类植物的种子成熟时期的大孢子叶球。

第二节　裸子植物的观察方法

裸子植物是一类介于蕨类和被子植物之间的陆生种子植物，其孢子体发达，多为高大的木本植物。配子体进一步简化并寄生在孢子体上，雄配子体多为四细胞的花粉粒，雌配子体位于胚珠珠心，由颈卵器和大量的胚乳组成。花粉管的出现使受精过程完全摆脱了水的限制。种子的产生使胚得到更好的保护，但种子一般裸露，无包被。裸子植物在全球有约 14 科 1000 余种，中国有 11 科 200 余种，其中有些物种是著名的孑遗植物或森林主要建群种，具有重要的经济价值、科学价值和生态价值，如银杏、红豆杉、落叶松 [*Larix gmelinii*（Rupr.）Kuzen.] 等。

在野外实习时，对裸子植物的识别需要关注以下关键鉴别特征。

一、茎分枝方式

裸子植物多数的茎常分枝，且为单轴分枝，但苏铁科（Cycadaceae）植物的茎不分枝。

二、习性

乔木或灌木不同，裸子植物大多数类群为乔木，麻黄科（Ephedraceae）为小灌木。常绿或落叶特征不同，如银杏科（Ginkgoaceae）为落叶乔木，其他类群多为常绿木本。

三、球果特征

大孢子叶聚集形成球果，如松科（Pinaceae）、柏科（Cupressaceae）、杉科（Taxodiaceae）植物，胚珠多数，种子数目较多。而罗汉松科（Podocarpaceae）和红豆杉科（Taxaceae）的种子单生，不形成球果。

四、球果状态

球果直立，如冷杉属。球果下垂，如云杉属等。

五、种鳞和苞鳞愈合程度

种鳞和苞鳞分离，如松科。种鳞和苞鳞愈合，如杉科。种鳞和苞鳞下部愈合，如柏科。

六、叶形及数量

羽状复叶、顶生，如苏铁科。叶扇形，如银杏科。针叶，如松科，其中雪松属叶多数簇生；白皮松 3 针一束；华山松 5 针一束；油松 2 针一束；云杉属叶横断面方形。叶鳞片状或刺形，如柏科；叶条形，如杉科。

在野外实习时，建议理解、运用以上关键形态特征，并结合检索表，归纳总结代表科、属的关键特点。

第三节　秦岭常见的裸子植物

《秦岭植物志》增补种子植物的统计结果表明，秦岭分布有裸子植物共计 9 科 21 属 43 种（含栽培）（李思锋和黎斌，2013）。下面简列秦岭常见的裸子植物，以科为单位，介绍主要特征，部分重要的科、属给出分科、分属检索表，方便学生进一步检索。

1. 银杏科 Ginkgoaceae　　　落叶乔木；枝分长枝与短枝。叶扇形，具多数叉状并列细脉。球花单性，雌雄异株；雄球花具梗，荑荑花序状，雄蕊多数，螺旋状着生；雌球花具长梗，梗端常分 2 叉，各具 1 枚直立胚珠。种子核果状，外种皮肉质，中种皮骨质，内种皮膜质。银杏科只有 1 属 1 种，即银杏，秦岭栽培较为广泛（图 9-3～图 9-5）。

图 9-3　银杏的小孢子叶球

图 9-4　银杏的大孢子叶球

图 9-5　银杏的种子

2. 松科 Pinaceae　　常绿或落叶乔木，稀为灌木状；枝仅有长枝，或兼有长枝与生长缓慢的短枝。叶条形或针形，基部不下延生长。球花单性，雌雄同株；雄球花腋生或单生于枝顶，具多数螺旋状着生的雄蕊；雌球花由多数螺旋状着生的珠鳞与苞鳞所组成，苞鳞与珠鳞分离。球果直立或下垂；种鳞的腹面基部有 2 粒种子。秦岭分布有巴山冷杉（*Abies fargesii* Franch.）、雪松、华北落叶松（*Larix principis-rupprechtii* Mayr）、白皮松、华山松（*Pinus armandii* Franch.）、马尾松（*Pinus massoniana* Lamb.）、油松，以及国家 II 级重点保护野生植物秦岭冷杉（*Abies chensiensis* van Tiegh.）和太白红杉（*Larix chinensis* Beissn.）（图 9-6～图 9-15）。

图 9-6　巴山冷杉的雄球花

图 9-7　巴山冷杉的球果

图 9-8　华山松的球果

图 9-9　雪松的小孢子叶球

图 9-10　雪松的球果

图 9-11　华北落叶松的球果

图 9-12　白皮松的植株

图 9-13　马尾松带小孢子叶球的枝条

图 9-14　马尾松的大孢子叶球

图 9-15　油松带小孢子叶球的枝条

　　松科共 11 属，约 200 种，多产于北半球。中国有 10 属 84 种。秦岭产 6 属 14 种（包括栽培的 1 属）。

松科分属检索表（引自《秦岭植物志》）

1. 叶扁平，线形或针形，螺旋状散生或簇生于短枝顶端，均不成束 ····················· 2
1. 叶针形，2～5 枚成一束，生于鳞状苞片（原生叶）的腋部；种鳞背部加厚，具鳞盾及鳞脐 ·········
　··· 松属 *Pinus* Linn.
2. 枝条仅一种类型，无长短枝之分；叶在枝条上螺旋状互生。球果当年成熟 ··············· 3
2. 枝条有长和短两种类型；叶在长枝上螺旋状互生，在短枝上簇生。球果 1～2 年成熟 ········· 5
3. 球果腋生，直立，成熟后种鳞自中轴脱落 ····························· 冷杉属 *Abies* Mill.
3. 球果生于枝顶，通常下垂或斜展，种鳞宿存 ···································· 4
4. 小枝有微突起的叶枕；叶扁平，仅下面有气孔带，有短柄 ··············· 铁杉属 *Tsuga* Carr.
4. 小枝有显著隆起的叶枕；叶横切面四方形、菱形、扁菱形或扁平，无柄，四面有气孔带，或仅上面有气孔带 ·· 云杉属 *Picea* Dietr.
5. 叶扁平线形，柔软，落叶性；球果一年成熟，种鳞宿存 ··············· 落叶松属 *Larix* Mill.
5. 叶针形，质硬，常绿性；球果两年成熟，种鳞脱落 ··············· 雪松属 *Cedrus* Trew.

　　松属 *Pinus*　　本属约 100 种，分布于北半球，直达北极圈。在热带和亚热带地区，只生于山地。我国有 21 种，分布极广。秦岭山区产 4 种。

分种检索表（引自《秦岭植物志》）

1. 针叶 3 或 5 枚成束，叶鞘早落，针叶内具 1 个维管束 ······························· 2
1. 针叶通常 2 枚成束，叶鞘永存，针叶内具 2 个维管束 ····························· 3
2. 针叶 5 枚成 1 束；鳞脐生于磷盾顶部 ······················· 华山松 *Pinus armandii* Franch.
2. 针叶 3 枚成 1 束；鳞脐生于磷盾中部 ··············· 白皮松 *Pinus bungeana* Zucc. ex Endl.
3. 针叶细软，长 12～20 cm；球果成熟后陆续脱落；鳞脐微凹，无刺 ········· 马尾松 *Pinus massoniana* Lamb.
3. 针叶粗硬，长 6～15 cm；球果 6～7 年不落；鳞背全部隆起，具明显的鳞脐 ···油松 *Pinus tabuliformis* Carr.

　　3. 柏科 Cupressaceae　　常绿乔木或灌木。叶交叉对生，或 3 或 4 片轮生，鳞形或刺形，或兼有二型叶。球花单性，雌雄同株或异株，单生于枝顶或叶腋；雄球花具 3～8 对交叉对生的雄蕊；雌球花有 3～16 枚交叉对生、或 3 或 4 片轮生的珠鳞，苞鳞与珠鳞完全合生。球果圆球形、卵圆形或圆柱形；发育种鳞有 1 至多粒种子。实习地常见的柏科植物有侧柏 [*Platycladus orientalis* (L.) Franco] 等（图 9-16）。

图 9-16 侧柏的小枝（示鳞叶、
幼小球果和开裂的球果）

4. 杉科 Taxodiaceae 常绿或落叶乔木。叶螺旋状排列或交叉对生，披针形、钻形、鳞状或条形。球花单性，雌雄同株；雄球花小，雄蕊有 2～9（常 3 或 4）个花药，花粉无气囊；雌球花顶生，珠鳞与苞鳞半合生（仅顶端分离）或完全合生。球果熟时张开，种鳞（或苞鳞）扁平或盾形，木质或革质，能育种鳞（或苞鳞）的腹面有 2～9 粒种子；种子扁平或三棱形，周围或两侧有窄翅。实习地常见的杉科植物有杉木 [*Cunninghamia lanceolata*（Lamb.）Hook.]、水杉（*Metasequoia glyptostroboides* Hu et Cheng）（栽培）等（图 9-17～图 9-20）。

图 9-17 杉木的小孢子叶球

图 9-18 杉木的大孢子叶球

图 9-19 水杉的叶

图 9-20 水杉的球果

5. 三尖杉科 Cephalotaxaceae 常绿乔木或灌木，髓心中部具树脂道。叶条形或披针状条形，交叉对生或近对生，在侧枝上基部扭转排列成两列，上面中脉隆起，下面有两条宽气孔带。球花单性，雌雄异株；雄球花 6～11 个聚生成头状花序，每一雄球花有雄蕊 4～16 枚；雌球花生于苞片的腋部，每一苞片有两枚胚珠。种子核果状，全部包于由珠托发育成的肉质假种皮中，卵圆形、椭圆状卵圆形或圆球形，外种皮质硬，内种皮薄膜质。实习地常见的三尖杉科植物有三尖杉（*Cephalotaxus fortunei* Hook. f.）（图 9-21）。

6. 红豆杉科 Taxaceae 常绿乔木或灌木。叶条形或披针形，螺旋状排列或交叉对生，上面中脉明显、微明显或不明显，下面沿中脉两侧各有 1 条气孔带。球花单性，雌雄异株；雄球花单生于叶腋，或组成穗状花序集生于枝顶，雄蕊多数；雌球花单生或成对着生，基部具珠托。种子核果状，为肉质假种皮所包；或种子坚果状，包于杯状肉质假种皮中。实习地常见的有国家 Ⅰ 级重点保护野生植物红豆杉（图 9-22）。

图 9-21　三尖杉的成熟种子

图 9-22　红豆杉的种子

第十章
被子植物

花是被子植物特有的创新性繁殖器官，在花中，雌蕊闭合并将胚珠包裹在内。受精后，雌蕊发育形成果实，种子不再裸露。

第一节　被子植物的特征和主要分类依据

一、被子植物的生物学特征

1）具有真正的花。被子植物典型的花由花柄、花托、花被、雄蕊群和雌蕊群组成。

2）具有雌蕊。心皮是组成雌蕊的基本单位，由子房、花柱和柱头组成。胚珠被包藏在子房内，不再裸露。子房受精后发育成为果实，既保护种子，又帮助种子进一步散播。

3）具有双受精现象。花粉管中的两个精细胞进入胚囊后，一个与卵细胞融合形成合子，另一个与中央细胞融合，形成三倍体的胚乳，增强了植物适应环境的能力。

4）孢子体高度发达。被子植物的孢子体高度发达，其形态结构多样、分化和分工细致（如维管组织中的导管和筛管），多样化的孢子体结构使被子植物能够适应更加丰富多样的生活环境。

5）配子体进一步退化（简化）。被子植物的雄配子体简化为2或3个细胞组成的花粉粒；大多数的雌配子体为7细胞8核的胚囊（蓼型胚囊）；雌、雄配子体与裸子植物一样均无独立生活的能力，始终寄生在孢子体上，在结构上比裸子植物更为简化。

二、被子植物的主要分类依据

在野外实习中，详细观察植物的营养器官和繁殖器官特征，正确理解被子植物的形态学术语，将二者相结合，进行准确鉴定和分类，巩固已学的知识。被子植物的形态学分类依据的特征、定义及其类型等参考教材《植物生物学》（周云龙，2011）。

（一）被子植物营养器官的形态术语

1. 根

（1）根据根的发生情况分类

1）主根：种子萌发后，由胚根生长出来的根。

2）侧根：由主根分枝形成的根。

3）不定根：在主根和侧根以外的部分，如茎、叶或胚轴上生出的根。

（2）根系的两种基本类型

1）直根系：是指有明显的主根和侧根区别的根系，如大多数双子叶植物的根。

2）须根系：是指主根停止生长或生长缓慢，而由胚轴或茎下部的节上生出的不定根组成的根系。大部分单子叶植物为须根系。

（3）根的变态

1）肉质直根：贮藏根的一种，由主根肥大发育而成，里面贮藏大量的养分，如萝卜。

2）块根：贮藏根的一种，由不定根或侧根肥大发育而成，如甘薯（红薯）。

3）支柱根：气生根的一种，从近地面茎节上生出的不定根延长后伸入土中，形成能支持植物体的辅助根系，如玉米。

4）攀缘根：气生根的一种，因植物体细弱，靠气生根攀缘，如常春藤。

5）呼吸根：气生根的一种，一些生长于沼泽地带的植物，其部分侧根从淤泥中向上生长，露出水面，能行呼吸作用的根，如红树。

6）寄生根：一些寄生植物以突起状的不定根（吸器）伸入寄主茎的组织内，吸取寄主体内的养料和水分，称为寄生根，如菟丝子。

2. 茎

（1）茎的形态

1）节和节间：在茎上着生叶的部位称为节，两节之间的部分称为节间。

2）长枝和短枝：不同的植物，节间的长度是不同的。一般来讲，节间显著伸长的枝条称为长枝；节间显著短缩，各节紧密相接的枝条称为短枝。

3）叶痕与托叶痕：叶从小枝脱落后留下的痕迹称为叶痕。叶痕的形状、大小与叶柄形状有关。有些树木在叶痕两侧还有托叶脱落后遗留的托叶痕。例如，玉兰的托叶痕呈环状。此外，芽鳞脱落后在茎上留下的痕迹称为芽鳞痕。

4）皮孔：皮孔是枝条上的通气结构，其形状、大小、分布密度、颜色因植物而异。

（2）茎的质地

1）草质茎：茎的木质部不发达，为草质，通常较柔软。具有草质茎的植物称为草本植物，根据其生长期长短可分为以下几种。

一年生草本：当年萌发、开花结实后，整个植株枯死。

二年生草本：当年萌发、次年开花结实后，整个植株枯死。

多年生草本：能连续生活三年或更长时间的草本植物。

2）木质茎：茎显著木质化，通常坚硬。具有木质茎的植物称为木本植物，包括以下几种。

乔木：植株高大，具有明显主干的树木（高通常在5 m以上），如杨树。

灌木：无主干或无明显主干，在近地面处就发生分枝的植物，高度在5 m以下，其中高不足1 m的又称为小灌木，如连翘。

半灌木（亚灌木）：茎基部近地面处木质化，而上部转为草质茎，每年仅上部枯死，翌年重新发出新枝，如牡丹。

（3）茎的生长习性

1）直立茎：茎垂直于地面。

2）平卧茎：茎平卧于地面，节上不生根，如地锦草等。

3）匍匐茎：茎平卧于地面，但在节上生根，如草莓等。

4）攀缘茎：借助卷须、吸盘或其他特殊器官攀附着他物而上升的茎，如爬山虎。

5）缠绕茎：借助植物体本身缠绕他物而上升的茎，如牵牛等。

（4）茎的变态类型

1）地下茎：生于地下的茎外形与根相似，但仍具有茎的特征，如节和节间，叶常退化为鳞片，叶腋内有腋芽等，因此，与根很容易区别。

根状茎：横卧或直立的多年生地下茎，有明显的节和节间，如莲等。

块茎：短而肥厚肉质的地下茎，节间很短，如菊芋等。

鳞茎：由许多肥厚的肉质鳞片（叶）包围的扁平或圆盘状的地下茎，如洋葱、百合、蒜、石蒜等。

球茎：肥厚肉质的球形地下茎，外面生有膜质鳞片，鳞片内有芽，如荸荠等。

2）地上茎

叶状茎（叶状枝）：茎或枝扁平，变成叶状，呈绿色，如天门冬。

枝刺：由腋芽长成硬刺，即茎转变成刺，如山楂、皂角树。

茎卷须：由枝特化成的卷须，如黄瓜。

（5）茎的分枝方式

1）单轴分枝：由顶芽不断向上生长形成主轴，侧芽长成侧枝，但不及主轴粗、长，这种分枝也称为总状分枝，如杨树等。

2）合轴分枝：顶芽只活动一段时间便死亡，或生长极慢，或为花芽，而由紧邻顶芽下方的腋芽伸展，代替原来的主轴，每年同样地交替进行，如此多次变换，这种分枝方式称为合轴分枝，如苹果、桑、棉花等。

3）假二叉分枝：具对生叶的植物，在顶芽停止生长后，由顶芽下的两侧腋芽同时发育成二叉状分枝状，是合轴分枝的一种特殊形式，如丁香、石竹等。

（6）茎内髓的特征

1）实心髓：枝条中心具连续而丰满的髓，其横切面有圆形、卵圆形、三角形、近方形、五角形、多边形等各种形状。

2）片状髓：枝条中心具片状分隔的髓，如杜仲、胡桃。

3）空心髓：小枝中部空洞无髓，如连翘。

3. 叶

（1）叶的组成　叶一般由叶片、叶柄和托叶3部分组成。

完全叶：具有叶片、叶柄和托叶3部分的叶称为完全叶。

不完全叶：仅有叶片、叶柄和托叶中其一或其二的叶，称为不完全叶。无托叶的不完全叶较普遍，如丁香、白菜等；没有叶柄的不完全叶称为无柄叶；如缺乏叶片而叶柄扁化成叶片状的，称为叶状柄，如台湾相思树。

禾本科等一些单子叶植物叶的特征及结构如下。

叶片：窄长带形，无柄。

叶鞘：包裹主干和枝条的闭合部分。

叶舌：位于叶鞘顶端的叶片相接处近轴面通常具有的膜状突起物。

叶耳：叶鞘顶端两边伸出的突出体，在叶舌两侧，边缘具纤毛。

（2）叶的变态

1）叶刺与托叶刺：由叶或托叶变态成的刺状物，前者如仙人掌科植物，后者如刺槐。

2）叶卷须或托叶卷须：由叶或托叶变态成卷须，前者如豌豆，后者如菝葜。

3）捕虫叶：能捕食昆虫的变态叶，如瓶状的（猪笼草）、囊状的（狸藻）等。

4）苞叶：生在花或花序外围或下方的变态叶。

5）总苞：在总花梗下方包被花序的结构。

6）小苞片：在花梗下方保护一朵花的结构。

7）鳞叶：着生在木本植物芽的外侧，起保护幼芽的作用，无叶片、叶柄的区分；有的地下茎上具有肥厚的鳞叶，具有储藏功能，如洋葱。

（3）叶序（图 10-1）

1）互生：每个节上只生一片叶，在茎上交互而生，如杨、苹果等。

2）对生：每个节上着生两片叶，并相对排列，如石竹、丁香、忍冬等。

3）轮生：一个节上生有 3 片或更多的叶，并呈车轮状着生，如夹竹桃、黑藻等。

（4）叶的形状和大小　叶的形状和大小变化多样，包括叶形、叶尖、叶基、叶缘等。叶的形状是区别植物种类的重要依据之一，下列术语虽然常用于描写叶的形状，但同样适用于萼片、花瓣等其他扁平器官的描述。

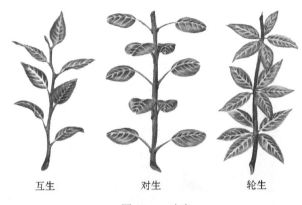

图 10-1　叶序

互生　对生　轮生

匙形　披针形　椭圆形　矩圆形　卵形　心形　线形　倒披针形　肾形

戟形　倒卵形　倒心形　三角形　盾形　镰刀形　箭形　楔形

图 10-2　叶形

1）叶形（图 10-2）：通常以叶片长与宽的比值及最宽处的位置来分类，常见的有匙形、披针形、倒披针形、圆形、菱形、椭圆形、宽椭圆形、矩圆形（长圆形）、卵形、倒卵形、心形、倒心形、肾形、戟形、三角形、盾状（形）、镰刀形、箭形、楔形、半月形、提琴形、钻形、剑形和管状等。

匙形：狭长，上端宽而圆、向下渐狭，形如汤匙。

披针形：长为宽的 4～5 倍，中部或中部以下最宽，向上下两端渐狭，如垂柳、桃。如中部以上最宽，则为倒披针形。

椭圆形：长为宽的 3～4 倍，但两侧边缘不平行而成弧形，顶、基两端略相等。

矩圆形（长圆形）：长为宽的 3～4 倍，两侧边缘略平行。

卵形：形如鸡卵，中部以下较宽；倒卵形是卵形的颠倒，即中部以上较宽。

心形：长宽比例如卵形，但基部宽圆而凹缺；倒心形即顶端宽圆而凹缺，这个凹缺叫湾缺。

线形：叶片狭长，全部的宽度约相等，两侧叶缘近平行。

肾形：形如肾状。

戟形：形如戟状，即基部两侧的小裂片向外。

三角形：基部宽呈平截形，三边几相等。

盾状（形）：叶柄不着生在叶片基底边缘而是着生在叶片背面。

镰刀形：狭长形而多少弯曲如镰刀。

箭形：叶片形如箭状，即叶片基部两侧的小裂片向后并略向内。

楔形：上端宽，两侧向下成直线渐变狭。

2）叶尖（图10-3）：叶片的先端即叶尖。不同植物叶片先端的形状多样，常见的有渐尖、锐尖、急尖、具细尖、尾状、卷须状、芒尖（具芒）、近圆形、截形、微凹、尖凹、凹缺、倒心形、钝形、骤凸（形）、凸尖、微凸和刺凸等。

图 10-3　叶尖

渐尖：尖头延长，但有内弯的边。

急尖：叶尖短而尖锐，如荞麦的叶。

具细尖：突然结束成为一个小尖，不同于具短尖的地方在于尖是叶片的部分，而不是完全来自中脉。

尾状：先端有尾状延长的附属物。

卷须状：先端延长成卷须，如某些黄精。

芒尖具芒：凸尖延长成一芒状的附属物。

近圆形：先端圆滑，且接近圆形。

截形：先端平截而多少成一直线。

微凹：先端有一个圆的末端，其中部略向下陷。

倒心形：颠倒的心脏形，或一倒卵形而先端深凹入。

3）叶基（图10-4）：叶片基部有各种形态，常见的主要有心形、戟形、箭形、耳（垂）形、截形、楔形、偏斜、渐狭、穿茎、合生穿叶、具鞘、圆形、盾形、歪斜和抱茎等。

心形：基部在叶柄连接处凹入成缺口，两侧各有一圆裂片。这个缺口称为湾缺。湾缺可以呈多种不同的形状，如尖的、钝的、圆的、方的等；两侧的裂片彼此离开时就称为湾缺张开，两侧的裂片靠合或重叠时就称为湾缺闭合。

戟形：基部两侧的小裂片向外。

箭形：基部两侧的小裂片向后并略向内。

耳（垂）形：基部两侧各有一耳垂形的小裂片，这种裂片特称为垂片。

截形：类似于叶尖，结束得很突然，

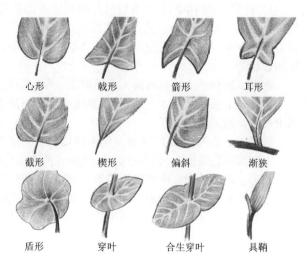

图 10-4　叶基

好像横向切的一样。

楔形：中部以下向基部两边渐变成狭形如楔子。

偏斜：叶基两侧不对称，如秋海棠、朴树的叶。

渐狭：向基部两边变狭的部分更渐进，与叶尖的渐尖类似。

穿叶：叶的两个基部裂片聚合在一起，就像茎穿过叶子一样。

合生穿叶：对生叶的基部两侧裂片彼此合生成一整体，而恰似贯穿在叶片中。

具鞘：禾本科植物的叶基部扩大成叶鞘，围裹着茎秆，起到保护幼芽、居间生长及加强茎的作用。

叶片基部抱茎的称为抱茎叶；叶片基部延伸到茎上形成翼状或棱状的称为下延叶；如果叶基两侧裂片围绕茎部，称为穿茎叶。

图 10-5　叶缘

4）叶缘（图 10-5）：叶片的边缘称为叶缘，形态各异。常见的主要有全缘、波状、锯齿状、重锯齿状、牙齿状、缺刻、啮蚀状、圆齿状、纤毛状、刺芒状和具皮刺等。

全缘：叶缘成一连续的平滑线，不具齿和缺刻，如紫丁香。

波状：边缘有凹凸起伏，形如微浪状。

锯齿状：边缘具有尖锐的齿。

细锯齿状：叶缘的锯齿更细小。

重锯齿状：锯齿的边缘还有锯齿，如珍珠梅。

牙齿状：边缘的锯齿尖锐，且齿端向外。

细牙齿状：叶缘的牙齿更细小。

缺刻：叶片边缘凹凸不平，凹入和凸出的程度较齿状缘大而深。

啮蚀状：边缘参差不齐。

圆齿状：齿不尖锐而成钝圆，如山毛榉。

缘毛：叶边缘具稀疏或密集的毛。

睫毛：叶缘具有由侧脉向外延伸的刺芒。

流苏：边缘具长丝状的，比毛稍粗的突起。

具皮刺：从表皮生长出的硬而尖头的突出物，如月季。

5）叶裂（图 10-6）：叶缘分裂的程度可以分为浅裂、深裂和全裂。分裂的样式又有掌状分裂和羽状分裂之分。

羽状浅裂　　羽状深裂　　羽状全裂　　掌状浅裂　　掌状深裂　　掌状全裂

图 10-6　叶裂

浅裂：叶片分裂较浅，达叶缘到中脉的 1/3 左右。

深裂：叶片分裂较深，超过叶缘到中脉距离的 1/2。

全裂：叶片分裂到中脉，为单叶向复叶的过渡类型。

6）单叶和复叶（图 10-7）：单叶是指每叶只具一叶片，叶脉直接连于叶柄，如杨树、向日葵。复叶是指一个总叶柄（叶轴）上着生两个以上的叶片。其中每个叶片称为小叶，有小叶柄或无。根据小叶的着生方式，复叶可分为羽状复叶、掌状复叶和单身复叶。

单叶　　单身复叶　　掌状三出复叶　　羽状三出复叶　　掌状复叶

奇数羽状复叶　　偶数羽状复叶　　二回三出复叶　　二回羽状复叶

图 10-7　单叶与复叶

羽状复叶：小叶呈羽毛状着生在总叶柄两侧，如洋槐。其中小叶直接着生在总叶柄上的称为一回羽状复叶或简称羽状复叶（如月季）；总叶柄分枝一次或两次，在分枝上着生小叶的，分别称为二回羽状复叶或三回羽状复叶。若仅有 3 枚小叶，称为三出羽状复叶。根据顶生小叶的数目分为奇数羽状复叶（叶轴顶端着生一枚小叶，如洋槐、蚕豆）和偶数羽状复叶（叶轴顶端着生两枚小叶，如落花生）。

掌状复叶：小叶着生在总叶柄顶端，小叶柄呈掌状辐射排列。根据叶柄情况又可区别为二回掌状复叶和三出掌状复叶（小叶柄近等长）。

单身复叶：由于三出复叶的两侧小叶退化，仅留一枚顶生小叶，总叶柄下延成翅，外形很像单叶，如柚等。

单叶与复叶有时易于混淆，一般可以根据芽着生情况等加以判别：① 单叶叶腋内有腋芽，小叶的叶腋内无腋芽；②复叶本身无顶芽，具单叶的枝条有顶芽或不发育的顶芽；③复叶死亡时小叶先脱落，总叶柄后脱落，单叶则叶柄叶片同时脱落。

7）脉序（图 10-8）：叶脉在叶片中的排列方式称为脉序，主要包括网状脉和平行脉。网状脉包括掌状脉和羽状脉，平行脉包括直出平行脉、弧形脉和侧出脉。

掌状网脉：数条主脉从叶片基部辐射生出，呈掌状分叉，其中仅有 3 条主脉时，称为三出脉。

羽状网脉：中脉（主肋）显著，两侧分生羽状排列的侧脉，侧脉与主脉夹角多成锐角，如鹅耳枥。

直出平行脉：侧脉与中脉平行排列直达叶端，或自中脉分出走向叶缘，没有明显的小脉连接，又叫直出脉，如玉米、水稻等。

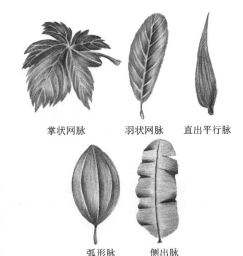

掌状网脉　　　羽状网脉　　　直出平行脉

弧形脉　　　侧出脉

图 10-8　叶脉

弧形脉：中脉直伸，侧脉成弧形弯曲，如玉簪。

侧出脉：平行脉如果有显著的中央主脉，侧脉垂直于主脉，彼此平行，直达叶缘，称为侧出平行脉或侧出脉。

8）叶片的质地。

透明质：薄而几乎透明。

膜质：薄而半透明。

草质：薄而柔软，绿色。

纸质：如厚纸。

革质：如皮革。

软骨质：硬而韧。

干膜质：薄，干而呈膜质，脆，非绿色。

木栓质：如木栓状。

角质：如牛角质。

骨质：硬，质地紧密，不宜切开，易脆。

肉质：肥厚而多汁。

9）叶表面附属物（毛被）的形态。

无毛：指表面没有任何毛。

变无毛：初有毛，后来变无毛或几乎无毛。

几乎无毛：基本上无毛，但用扩大镜看仍有极稀疏、极细小的毛。

有毛：仅指有一般的毛，是"无毛"的反语。

腺毛：具有腺质的毛，或毛与毛状腺体混生。

短柔毛：具有极微细的柔毛，肉眼不易看出。

茸毛：直立的密毛。

毡毛：具有羊毛状卷曲、或多或少交织而贴伏成毡状的毛。

丛卷毛：具有成丛散布的长而柔软的毛。

蛛丝状毛：具错综结合的、如蜘蛛丝的毛被。

棉毛：具有长而柔软、密而卷曲缠结、但不贴伏的毛。

曲柔毛：具有较密的、长而柔软、卷曲、但是直立的毛。

疏柔毛：具有柔软的、长而稍直的、直立而不密的毛。

绢状毛：具有长而直的、柔软贴伏的、有丝绸光亮的毛。

硬毛：具有短而硬、但触之没有粗糙感觉、无色、不易断的直立毛。

短硬毛：较硬的细小的毛。

刚毛：有密而直立的、直或者多少有些弯的、触之糙硬、有色、易断的毛。

羽状毛：具有羽状分枝的复毛。

星状毛：毛的分枝向四方辐射如星芒。

丁字状毛：毛的两分枝成一直线，其着生点不在基端而在中央，成"丁"字状。

钩状毛：毛的顶端弯曲呈钩状。

锚状刺毛：毛的顶端或侧面生有若干倒向的刺。

棍棒状毛：毛的顶端膨大。

串珠状毛：多细胞毛，一列细胞之间变细狭，因而毛恰如一串珠子。

盾状鳞片：有圆形的盾状着生的鳞片状毛。

（二）被子植物繁殖器官的形态术语

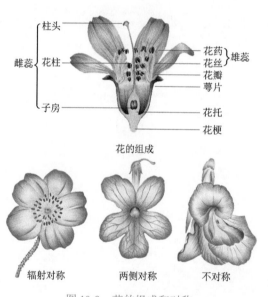

图 10-9　花的组成和对称

1. 花　一朵完整的花由花柄、花托、花被、雄蕊群和雌蕊群组成（图 10-9），缺少其中一部分的花称为不完全花。

（1）整齐花与不整齐花　通过花的中心具有两个以上对称面的花，称为整齐花或辐射对称花，否则为不整齐花或两侧对称花（图 10-9）。

（2）花基数　指被子植物花部器官演化成为固定的数目（或这一固定数目的整数倍），一般为 3、4 或 5（图 10-10）；双子叶植物多为 4 或者 5，少数为 3；单子叶植物绝大多数为 3。花器官的数目一般等于花基数，或者是花基数的整数倍；部分植物中，花被片的基数可以与雌、雄蕊的基数不相同。

（3）花的性别

1）两性花：雄蕊和雌蕊都充分发育。

2）单性花：缺少一种或其一种虽有而不完备的花，如雌花的雄蕊退化或无，雄花的雌蕊退化或不具雌蕊。

3）中性花：雌蕊和雄蕊都不具功能或缺少。

4）不孕花：不结种子的花。

（4）花的组成

1）花柄和花托：花柄（花梗）是着生花的小枝，是花朵与茎相连的短柄。不同植物花柄的长度变异很大。花托是花柄顶端的

图 10-10　花的基数

膨大，着生花部器官，花托形态各异，有时花托在雌蕊基部形成膨大的花盘。

2）花被：花被是花萼与花冠的总称。花被的分化特征不同，花的形态因此具有明显的差异。

花萼与花冠分化清楚，且二者均有的花，如油菜、番茄。

同被花：花被虽有两轮，但内外被片在色泽等方面无区别，如百合。

单被花：仅有一轮花被的花，如大麻。

无被花：花萼与花冠都缺少的花，如杨、柳等。

花萼通常绿色，由萼片组成，有些植物花萼大而颜色类似花瓣，称为瓣状萼。萼片有以下不同的特征。

离生萼：萼片彼此完全分离。

合生萼：萼片多少连合。

副萼：在花萼的外轮，有的植物还有一轮花萼，如棉花。

宿萼：花萼花后不脱落，与果实一起发育，如番茄。

花萼距：有些植物萼片基部延伸而成管状或囊状部分，称为距，如陕西紫堇等。

花冠由若干花瓣组成，呈各种颜色。

离瓣花：花瓣完全分离的花。

合瓣花：花瓣多少合生的花。合瓣花冠的连合部分称为花冠筒，分离部分称为花冠裂片。

花冠形状：花冠的形状多样，一般有"十"字形、唇形、蝶形、漏斗状、钟状、坛状、筒（管）状、高脚碟状、舌状等（图10-11）。

十字：十字花科植物中，花瓣4，两两相互垂直，呈"十"字形排列。

唇形：花冠稍呈二唇形，上面（后面）两裂片多少合生为上唇，下面（前面）三裂片为下唇，如唇形科植物。

蝶形：其最上一片最大的花瓣叫旗瓣，侧面两片通常较旗瓣为小，且不同形，叫翼瓣，最下两片，其下缘稍合生，状如龙骨，叫龙骨瓣，如豆科植物。

漏斗状：花冠下部筒状，由此向上渐渐扩大成漏斗状，如牵牛花、蕹菜花。

钟状：花冠筒宽而稍短，上部扩大成一钟形，如桔梗科植物。

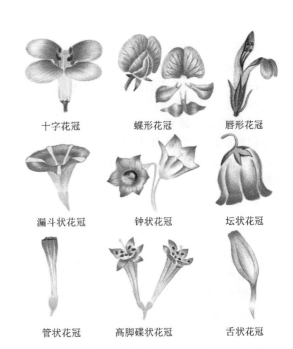

十字花冠　　蝶形花冠　　唇形花冠

漏斗状花冠　　钟状花冠　　坛状花冠

管状花冠　　高脚碟状花冠　　舌状花冠

图10-11　花冠类型

坛状：花冠筒膨大成卵形或球形，上部收缩成一短颈，然后略扩张成一狭口。

高脚碟状：花冠下部是狭圆筒状，上部突然呈水平状扩大，如水仙花。

舌状：花冠基部成一短筒，上面向一边张开成舌状，如菊科植物头状花序的缘花。

筒（管）状：花冠大部分成管状或圆筒状，如大多数菊科植物的头状花序中的盘花。

花被卷叠式特指花被在花芽内的排列方式（图10-12），包括如下几种。

镊合状：花被片边缘彼此相接而不彼此覆盖，如葡萄。

旋转状：花被片的一边覆盖相邻另一枚花被片的一边，而成旋转状，如圆叶牵牛。

覆瓦状：与旋转状相似，但有一枚花被片完全在外（或在内）。上升的覆瓦状，即在上方的一瓣位于最内方，如紫荆；下降的覆瓦状，即在上方的旗瓣位于最外方，如紫藤。

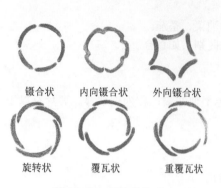

镊合状　内向镊合状　外向镊合状

旋转状　覆瓦状　重覆瓦状

图 10-12　花被卷叠式

3）雄蕊群：雄蕊群是一朵花中雄蕊的总称。不同类群中，雄蕊的数量、连合程度、花药的着生方式等方面有不同的分化。

根据雄蕊的连合程度，可分为离生雄蕊和合生雄蕊（图 10-13），合生雄蕊包括以下几种。

单体雄蕊：花药完全分离而花丝连合成一束，如棉花。

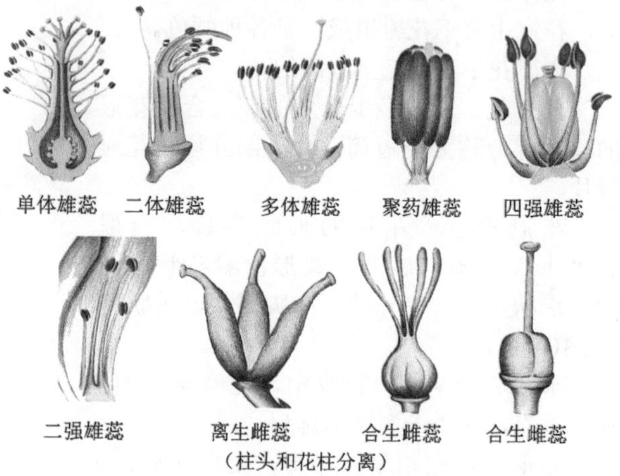

二体雄蕊：花丝结合成两束，如刺槐。

多体雄蕊：雄蕊的花丝结合成 3 束以上，如金丝桃。

聚药雄蕊：雄蕊的花丝分离，而花药互相连合，如向日葵。

根据一朵花中雄蕊的长短不等（图 10-13），分为以下两种。

四强雄蕊：雄蕊 6 枚，其中 4 枚花丝较长、2 枚较短，如十字花科。

二强雄蕊：雄蕊 4 枚，2 长 2 短，如唇形科。

根据花药的着生方式（图 10-14），分为以下几类。

底着药：花丝顶端直接与花药基部相连。

丁字着药：花丝顶端与花药中部背面的一点相连，如百合。

背着药：花药背面全部附着在花丝上。

根据花药成熟时的开裂方式（图 10-14），分为以下几类。

横裂：花药成熟时，沿花药中部横向裂开，如蜀葵。

纵裂：花药成熟时，沿药室纵向裂开，如百合、油菜。

孔裂：花药成熟时，在药室顶端开一小孔，散出花粉，如番茄。

瓣裂：花药成熟时，在花药的侧壁上裂成几个小瓣，放出花粉，如樟树。

单体雄蕊　二体雄蕊　多体雄蕊　聚药雄蕊　四强雄蕊

二强雄蕊　　离生雌蕊　　合生雌蕊　合生雌蕊
　　　　　（柱头和花柱分离）

图 10-13　雄蕊和雌蕊的类型

4）雌蕊群：雌蕊群是一朵花中雌蕊的总称。构成雌蕊的单位称为心皮，由子房、花柱和柱头组成。每个心皮背面有一条中脉，称为背缝线，心皮边缘相连接处称为腹缝线。

根据雌蕊的数量和连合程度，分为以下几类。

单雌蕊：一朵花中的雌蕊仅由单一心皮所构成，如蚕豆。

离生雌蕊：一朵花内的雌蕊由多个心皮组成，且各自彼此分离（图 10-13），如玉兰。

合生雌蕊：一朵花内的雌蕊由几个心皮互相连合形成（图 10-13），如番茄。合生雌蕊中，有多室复子房（合生心皮子房内形成的隔膜存在，子房室数与心皮数相同）和一室复子房（合生心皮子房内形成的隔膜消失形成单室）。

根据胎座类型来分：胚珠在子房内着生的部位称为胎座。由于心皮数目及心皮合生程度不同，形成了不同的类型（图 10-15），包括以下几种。

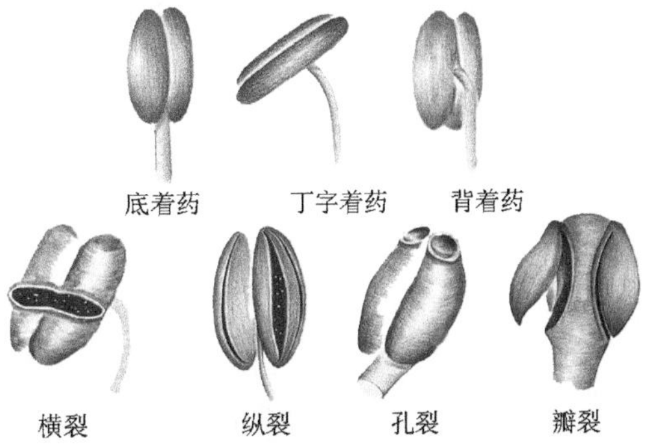

片状胎座：多室子房中，胚珠着生于隔膜的各面，如芡。

图 10-14　花药的着生方式和开裂方式

边缘胎座：一室单子房，胚珠着生于心皮的腹缝线上，如菜豆。

侧膜胎座：一室复子房，胚珠沿着相邻两心皮的腹缝线排列，如罂粟。

中轴胎座：多室复子房，内部边缘连接成中轴，胚珠着生在每室的中轴上，如百合。

特立中央胎座：单室复子房，隔膜消失后，胚珠着生于残留的中轴上，如狗筋蔓。

基生胎座：胚珠着生在单一子房室内的基部，如菊科植物。

顶生胎座：胚珠着生在单一子房室内的顶部，如瑞香科植物。

根据子房位置（图 10-15），分为以下几种。

上位子房：花托多少突起，子房只在基底与花托中央最高处相接，其他花部器官位于子房下侧，称为上位子房（下位花）；或花托多少凹陷，与子房不相愈合（即子房没有与其他花器官愈合），其他花部着生在花托上端边缘，围绕子房（周位花）。

半下位子房：花托或花萼一部分与子房下部愈合，其他花部着生在花托上端内侧边缘，与子房分离（即子房的下部与其他花器官愈合）（周位花）。

下位子房：子房位于凹陷的花托之中，与花托全部愈合，或者与外围花部器官的下部愈合（上位花）。

图 10-15　子房的位置和胎座类型

2. 花序　　花在总花柄上的排列方式，称为花序。最简单的花序只在花轴顶端着生一花，称为花单生（或单顶花序）。

（1）花序着生的位置

顶生花序：生于枝的顶端。

腋生花序：生于叶腋内。

腋外生花序：生于节间。

根生花序：由地下茎生出。

（2）花序的类型

1）无限花序（图 10-16）：花序的主轴在开花时，可以继续生长，不断产生花芽，各花的开放顺序是由花序轴的基部向顶部依次开放或由花序周边向中央依次开放，包括简单花序和复合花序。

简单花序包括以下几类。

总状花序：花轴单一，上面着生花柄近等长的两性花，开花顺序自下而上，如油菜。

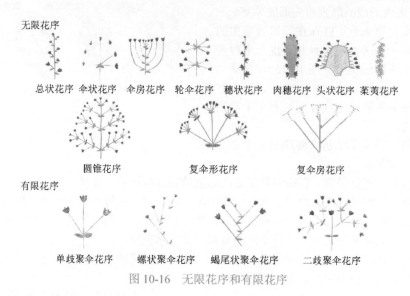

图 10-16　无限花序和有限花序

伞形花序：花轴短缩，多数两性花自花轴顶端生出，各花的花柄近等长，如葱。

伞房花序：同总状花序，但上面着生花柄长短不等的两性花，下方的花梗长，上方的花梗短，花几乎排列于一个平面上，如苹果等。

穗状花序：花轴直立，较长，上面着生许多无柄的两性花，如车前。

肉穗花序：同穗状花序，但花轴肥厚肉质，如玉米。

佛焰花序：肉穗花序外面由一大型苞片包被，其苞片称为佛焰苞，如半夏。

头状花序：花序轴短缩而膨大呈头状或扁平，各花密集于花轴的顶端，如向日葵。

葇荑花序：花轴上着生许多无柄或短柄的单性花，下垂，整个花序一起脱落，如杨。

隐头花序：花轴膨大，中央部分向下凹陷，其内着生许多无柄的单性花，如无花果。

复合花序包括以下几类。

圆锥花序：也称复总状花序，在花序轴上有许多小枝，每分枝为总状花序，如紫丁香。

复伞形花序：花序轴顶端丛生若干长短相等的分枝，每分枝为一伞形花序，如胡萝卜。

复伞房花序：花序轴上的分枝成伞房状排列，每分枝为一伞房花序，如石楠。

复穗状花序：花序轴分枝 1 或 2 次，每小枝自成一个穗状花序（也称小穗），如小麦。

复头状花序：头状花序轴具分枝，每分枝各自成一个头状花序，如合头菊等。

2）有限花序（图 10-16）：也称聚伞类花序，开花顺序为花序轴顶部花先开放，再向下或向外侧依次开花，可分为以下几种常见类型。

单歧聚伞花序：花序轴顶端先生一花，其下生出一个侧枝，然后在侧枝顶端又生一花，如此反复，整个花序为一个合轴分枝。各分枝从同一侧生出侧枝，称为螺状聚伞花序，如勿忘草；两侧交互出现侧枝，称为蝎尾状聚伞花序。

二歧聚伞花序：在花序轴顶端形成一花后，其下两侧分出两个侧枝，每个侧枝顶端形成一花，如此反复，如繁缕等。

多歧聚伞花序：花序轴顶花下分出 3 个以上侧枝，如此反复，如泽漆。

轮伞花序：由许多无柄的花聚伞状排列在茎节的叶腋内，外形呈轮状排列，如益母草等。

3. 果实

（1）果实的构成　真正的果实由受精后的子房发育而成。有些植物中，除子房外，还有花的其他部分如花托、花萼、花序轴等也参与果实的形成。果实由果皮和种子组成，果皮可分为外果皮、中果皮和内果皮 3 层，但有些植物果皮分层不明显。

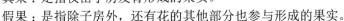

单果　　　聚合果　　　聚花果

图 10-17　单果、聚合果和聚花果的果实

（2）果实类型

1）真果与假果。

真果：是指仅由子房发育形成的果实。

假果：是指除子房外，还有花的其他部分也参与形成的果实。

2）单果、聚合果与聚花果（图 10-17）。

单果：一朵花中只有一枚雌蕊，以后形成一个果实，称为单果。

聚合果：一朵花中生有多枚离生雌蕊，各自形成果实聚集在花托上，称为聚合果。其中果实可能是瘦果、蓇葖果或浆果等，如草莓、八角、牡丹等。

聚花果：由整个花序发育形成的果实，如桑葚、无花果等。

3）肉质果与干果：成熟时果皮肉质，常肥厚多汁的果实，称为肉质果（图 10-18），包括以下几种。

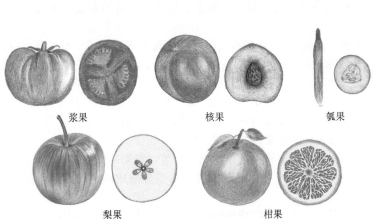

浆果　　　　　核果　　　　　瓠果

梨果　　　　　柑果

图 10-18　肉质果

浆果：通常由合生心皮发育形成，果皮肉质化，多浆，具数粒种子，如葡萄、番茄。此外，柑橘类浆果的外果皮为厚革质，多含油细胞，中果皮疏松髓质，内果皮发育为腺毛，称为柑果；葫芦科植物的果实是由合生心皮、下位子房、侧膜胎座发育而成的浆果，室内充满多汁的长形丝状细胞，称为瓠果。

核果：通常是由单心皮发育形成，内有一枚种子。果皮分为 3 层：外果皮薄、膜质，中果皮肉质，内果皮木质化、坚硬，如桃、杏等。

梨果：由下位子房及花托共同形成，果实的肉质部分由花筒发育而成，内果皮木质化，如梨、苹果等。

成熟时果皮干燥的果实称为干果（图10-19）。根据成熟时果皮是否开裂分为裂果和闭果两类，裂果包括荚果、蓇葖果、蒴果、角果，闭果包括瘦果、颖果、翅果、坚果、双悬果等。

| 荚果 | 长角果 | 短角果 | 蓇葖果 | 蒴果 | 翅果 |

| 颖果 | 坚果 | 瘦果 | 连萼瘦果 | 成熟双悬果 | 幼小双悬果 |

图 10-19　裂果和闭果

荚果：由单心皮发育形成，成熟后果皮一般沿背缝和腹缝两面开裂，如豆科植物。

蓇葖果：由单心皮或离生心皮发育形成，成熟时仅沿背缝或腹缝一面开裂，如八角、牡丹、玉兰等。

蒴果：由合生心皮的雌蕊发育形成，子房一或数室，成熟时果皮有多种开裂方式。沿心皮背缝纵向开裂的为室背开裂，如紫花地丁；沿心皮腹缝开裂的为室间开裂，如马兜铃；果实成熟时子房各室上方裂成小孔的为孔裂，如罂粟；果实成熟时沿心皮周围裂开时则称为周裂，如车前。

角果（长角果或短角果）：由两个心皮的雌蕊发育形成，子房一室，后来由心皮边缘合生处生出假隔膜将子房分为二室。成熟时沿两条腹缝线开裂，如十字花科。其中，果实长度为其宽度一倍以上的称为长角果，长与宽相近的称为短角果。

瘦果：由一或几个心皮形成的小型闭果，含一枚种子，果皮与种皮易分离，如向日葵。

颖果：仅具一粒种子，果皮与种皮愈合，不易分离，如水稻、小麦等。

翅果：果皮延伸成翅状的瘦果，如榆树、槭等。

坚果：果皮木质坚硬，含一粒种子，如栎、栗等。坚果外面附有的总苞，称为壳斗。

双悬果：由二心皮的子房发育形成，成熟时心皮分离成两小瓣，并列悬挂于中央果柄的上端，如伞形科植物。

分果：由复雌蕊发育而成，果实成熟时沿中轴分离成多数分果瓣（按心皮数），分离的果实本身果皮不开裂，如锦葵、蜀葵等的果实。

第二节　被子植物的观察方法

被子植物是现生陆生植物中分布最广、对环境适应性最强的一个类群。在野外实习中，首先，观察其生长环境；其次，观察其习性和整体特征；最后，逐一详细观察植物各部分的特征，如根、茎、叶、花、果实和种子，同时做好观察记录。必要时，拍摄各部位详细特征照片，压制标本，方便后续查看。

一、生境观察

首先，要了解植物分布地区的自然信息，如所处的经度、纬度和海拔，其中纬度和海拔对生境的温度影响最大，较大的经度范围变动可能影响生境的降水强度（邻海或者内陆）。

其次，对于山地植物，要留意植物的生长区域位于阳坡还是阴坡。坡向问题不仅涉及植物每天所接收到的光照强度，还直接影响生境温度及可能的动物传粉者的分布。

再次，还应该观察植物生境范围内是否有明显的水源，是接近河水或小溪边，还是位于比较干燥的山坡上。

最后，观察植物生长环境的光源，观察周围是否受到高大乔木的遮挡、阳光充足与否等。一些不够高大的木本或草本植物，大都分布在比较稳定的小生境范围内，植物也具有与小生境相适应的形态学特征；如果没有正确掌握植物适应的小生境，往往很难在复杂的野外环境中准确找到目标植物。

二、植物习性和整体特征观察

首先，观察植物的生长习性。习性包括直立或藤本、木本还是草本。如果为木本，乔木还是灌木，常绿还是落叶；如果为草本，一年生还是多年生等。而对于藤本植物，则要正确区分是木质藤本还是草质藤本。

其次，需要从整体上对植物进行观察并记录。这主要是针对收集标本后可能性状不全或发生改变的特征。例如，高大的木本植物，往往只能采集一个枝条压制标本，特别需要现场观察并记录植物的高度、胸径、树皮形态、分枝情况和多年生枝条、当年生枝条等特征。很多鲜艳的花或果实，在压制成为标本时往往丢失掉它们的颜色和原有的立体结构，以及新鲜植物体具有各种颜色的乳汁等特征，都需要先进行观察和记录，然后采集标本。

三、植物器官特征的观察及标本采集

在掌握了植物的生境、习性和整体特征的前提下，需要按照根（主要为草本）、茎、叶、花（以及花序）、果实和种子（尽量包括）的顺序对植物进行逐项观察；按照本章第一节的形态学术语对植物的器官特征进行归类和记录。木本植物不能挖根，要观察其茎（树干）上是否有皮刺、绒毛等附属结构，留意植物长、短枝（不同枝条）上叶形的差别；草本植物注意是否同时具有基生叶和茎生叶，两者形态上是否具有差别。在分类学依据上，繁殖器官的特征相对稳定，所以尽量选择具有花或者果实的植物进行观察，着重观察植物的花序、花、果序、果实和种子的形态学特征。同时，注意植物是否具有特殊的气味、乳汁有无（颜色），但不能随意品尝植物的味道，尤其是不明物种的果实。

如需采集植物标本，注意收集健康、没有病虫害的植物材料。对于木本植物，剪取带有花、果实的两年生枝条制作标本。对于草本植物，采集植物整株，包括挖取地下部分的根，地上部分完整的茎、叶、花、果实；对于特别高大的草本植株，可部分修剪掉地上部分重复的结构单元，但是地下、地上的连接部位，繁殖器官着生部分应尽量保留；裁剪掉的器官应该保留基部残余，以便后续查看标本，以免引起歧义。对于采集后容易脱落、萎蔫的植物材料，单独收集或者及时放入采集桶中，避免水分散失。详见本书第三章第三节相关内容。

四、植物图片的拍摄和野外采集记录

在野外进行植物观察，除了文字记录外，有条件的情况下最好能有图片记录，方便后续查看。植物图片的拍摄，由远及近，由上到下。首先，取一张能够体现该植物生境特点和植物整体情况的全株图片，图片中最好包含有高度标尺。其次，植物各部分器官特征的图片记录，着重拍摄植物繁殖器官的特征，以及显著区别于其他植物的关键特征，这些关键特征可以从多角度、或者进行简单解剖后拍摄。在野外拍摄植物时，存在一个显著的问题，即植物背景复杂，或者因为周围其他植物的存在，绿色背景下观察目标难以聚焦、不够清晰。除了注意调节相机参数外，同时可以准备一块方便取用的背景布，但是注意不能过度伤害周围的背景植物。另外，图片的拍摄应该在科学、完整、足够清晰的情况下，尽量兼顾美观，但是二者不可兼得的情况下，首先满足的应该是前者。野外观察植物务必要做好采集记录，详细的记录条目请参照本书第三章第三节的介绍，重点关注在压制标本过程中容易发生改变或丢失的性状，如前面部分提到的颜色、立体结构、特殊的气味、乳汁的有无和颜色、植株的习性等特征，故应该全面观察，仔细记录。最后，对于当地人对该植物的特别称谓（当地名或者俗名）、特殊的用途等信息，也应该广泛收集后全面记录。

第三节　秦岭常见的被子植物

根据《秦岭植物志》增补种子植物（李思锋和黎斌，2013）统计，秦岭分布有被子植物共计 155 科 1031 属 3796 种（含栽培）。下面简列秦岭常见的 115 科被子植物，以科为单位，介绍其主要特征。部分重要的科、属给出分属、分种检索表，方便进一步检索。

一、双子叶植物纲 Dicotyledoneae

图 10-20　红茴香的花序

1. 八角科 Illiciaceae　常绿乔木或灌木，具油细胞及黏液细胞，有芳香气味。叶为单叶，互生，革质或纸质，全缘。花两性，红色或黄色，少数白色；常单生；萼片和花瓣通常无明显区别，花被片 7～33 枚，分离，常有腺点，常成数轮，最外的花被片较小，内面的较大，最内面的花被片常变小；雄蕊多枚至 4 枚，花丝舌状或近圆柱状，花药 4 药囊 2 室，纵裂；心皮通常 7～15 枚，分离。聚合蓇葖果呈星状，腹缝开裂。实习地常见的八角科植物有红茴香（*Illicium henryi* Diels）（图 10-20～图 10-22）。

图 10-21　红茴香的花

图 10-22　红茴香的幼果

2. 五味子科 Schisandraceae　木质藤本。叶纸质，边缘膜质下延至叶柄成狭翅，叶肉具透明点。花单性，雌雄异株，少有同株，单生于叶腋或苞片腋，常在短枝上，由于节间密，呈数朵簇生状；花被片5～12（20），通常中轮的最大，外轮和内轮的较小；雄花，雄蕊5～60枚；雌花，雌蕊12～120枚，离生，螺旋状紧密排列于花托上，受粉后花托逐渐伸长而变稀疏；胚珠每室2（3）颗。成熟心皮为小浆果，形成疏散或紧密的长穗状的聚合果。分布有陕西省重点保护野生植物南五味子（*Kadsura longipedunculata* Finet et Gagnep.）。实习地常见的有华中五味子（*Schisandra sphenanthera* Rehd. et Wils.）（图10-23～图10-25）。

图10-23 华中五味子的雌花

图10-24 华中五味子的雌花（去花被示雌蕊）

图10-25 华中五味子的果实

3. 马兜铃科 Aristolochiaceae 草质或木质藤本、灌木或多年生草本；根、茎和叶常有油细胞。单叶、互生，叶片全缘或3～5裂，基部常心形，无托叶。花两性，单生、簇生或排成总状花序、聚伞状花序或伞房花序，花色通常艳丽而有腐肉臭味；花3数，花被辐射对称或两侧对称，花瓣状，1轮，稀2轮，花被常合生，管钟状、瓶状、管状、球状或其他形状；雄蕊6至多数，1或2轮；花丝短，离生或与花柱、药隔合生成合蕊柱；花药2室，外向纵裂；子房下位，稀半下位或上位，4～6室或为不完全的子房室；胚珠每室多颗，倒生。蒴果蓇葖果状、长角果状或浆果状。实习地常见的植物有异叶马兜铃 [*Aristolochia kaempferi* Willd. f. *heterophylla* (Hemsl.) S. M. Hwang]、马蹄香（*Saruma henryi* Oliv.）（图10-26～图10-30）。

图10-26 异叶马兜铃的花

图10-27 异叶马兜铃花的纵剖（示合蕊柱）

图10-28 异叶马兜铃的果实

图 10-29 马蹄香的花

图 10-30 马蹄香的蒴果

4. 金粟兰科 Chloranthaceae 草本、灌木或小乔木。单叶对生，具羽状叶脉，边缘有锯齿。花小，两性或单性，排成穗状花序、头状花序或圆锥花序，无花被或在雌花中有浅杯状 3 齿裂的花被（萼管）；两性花具雄蕊 1 或 3 枚，花丝不明显，药隔发达；雌蕊 1 枚，由 1 心皮组成，子房下位，1 室，直生胚珠 1 枚；单性花的雄花多数，雄蕊 1 枚；雌花少数，有与子房贴生的 3 齿萼状花被。核果卵形或球形，外果皮多少肉质，内果皮硬。实习地常见的有银线草（*Chloranthus japonicus* Sieb.）、多穗金粟兰（*Chloranthus multistachys* Pei）（图 10-31，图 10-32）。

图 10-31 银线草的花序

图 10-32 多穗金粟兰的植株

5. 木兰科 Magnoliaceae 木本。叶互生、簇生或近轮生，单叶不分裂，罕分裂。常单花顶生、腋生，罕成为 2 或 3 朵的聚伞花序。花被片通常花瓣状；雄蕊多数，子房上位，心皮多数，离生，罕合生，胚珠着生于腹缝线，胚小、胚乳丰富，聚合蓇葖果。秦岭分布有陕西省重点保护野生植物多花木兰（*Magnolia multiflora* M. C. Wang et C. L. Min），在 *Flora of China* 中修订为多花玉兰 [*Yulania multiflora*（M. C. Wang et C. L. Min）D. L. Fu]。实习地常见的有玉兰（*Magnolia denudata* Desr.）、荷花玉兰（广玉兰）（*Magnolia grandiflora* L.）、鹅掌楸 [*Liriodendron chinense*（Hemsl.）Sargent.]（栽培）、北美鹅掌楸（*Liriodendron tulipifera* L.）（栽培）等（图 10-33～图 10-39）。

图 10-33 玉兰的花

图 10-34 玉兰的花纵剖（示雌雄蕊群）

图 10-35　荷花玉兰的花

图 10-36　荷花玉兰的花纵剖及果实

图 10-37　北美鹅掌楸的花

图 10-38　北美鹅掌楸的花纵剖

6. 樟科 Lauraceae　　常绿或落叶，乔木或灌木。叶互生、对生或轮生，通常革质，全缘，极少有分裂，多数含油细胞，羽状脉，三出脉或离基三出脉。花通常小，白、绿白色、黄或淡红色。花两性或由于败育而成单性，雌雄同株或异株，辐射对称，3 基数。花被裂片 6 或 4 呈二轮排列，或为 9 而呈 3 轮排列。雄蕊着生于花被筒喉部，数目一定，但在木姜子属的一些种中数目不定；花丝存在或花药无柄；第一二轮花药药室通常内向，第三轮花药药室通常外向，有时全部或部分具顶向或侧向药室，但在木姜子属全部花药药室外向，雄蕊 4 室或由于败育而成 2 室，极稀为 1 室的，2 药室雄蕊

图 10-39　北美鹅掌楸的果实

的药隔通常延伸。实习地常见的樟科植物有四川木姜子 [*Litsea moupinensis* Lec. var. *szechuanica*（Allen）Yang et P. H. Huang]、秦岭木姜子（*Litsea tsinlingensis* Yang et P. H. Huang）、三桠乌药（*Lindera obtusiloba* Bl. Mus. Bot.）等（图 10-40，图 10-41）。

图 10-40　四川木姜子的果实

图 10-41　秦岭木姜子的花序

7. 三白草科 Saururaceae   多年生草本。单叶互生，全缘。叶柄有膜质托叶。花小，两性，无花被，有苞片，呈穗状花序或总状花序，具显著总苞片。雄蕊 3～8，离生或基部与子房合生，花药纵裂。子房上位，由 3 或 4 个离生或合生心皮组成，如合生则为一室，侧膜胎座上具有胚珠 3 至多枚，每离生心皮含 1 或 2 枚胚珠。果实为分果或蒴果。实习地常见的三白草科植物有蕺菜（鱼腥草）（*Houttuynia cordata* Thunb.）（图 10-42，图 10-43）。

图 10-42　蕺菜的植株　　　　　　　　图 10-43　蕺菜的花序

8. 毛茛科 Ranunculaceae   多年生或一年生草本，少有灌木或木质藤本。叶互生或基生，少数对生，单叶或复叶，通常掌状分裂，无托叶。花两性，少有单性，雌雄同株或雌雄异株，辐射对称，稀为两侧对称，单生或组成各种聚伞花序或总状花序。萼片 4 或 5，绿色，或花瓣不存在时呈花瓣状。花瓣存在或不存在，4 或 5，或较多，常有蜜腺并常特化成分泌器官，这时常比萼片小得多，呈杯状、筒状、二唇状，基部常有囊状或筒状的距。雄蕊多数，螺旋状排列，花药 2 室，纵裂。退化雄蕊有时存在。心皮分生，少有合生，多数、少数或 1 枚，在多少隆起的花托上螺旋状排列或轮生；胚珠多数、少数至 1 个，倒生。果实为蓇葖果或瘦果，少数为蒴果或浆果。秦岭分布有国家 I 级重点保护野生植物独叶草（*Kingdonia uniflora* Balf. f. et W. W. Sm，在 *Flora of China* 中已归入星叶草科）。实习地毛茛科植物种类较多，常见的有瓜叶乌头（*Aconitum hemsleyanum* Pritz.）、小花草玉梅（*Anemone rivularis* Buch.-Ham. var. *flore-minore* Maxim.）、野棉花（*Anemone vitifolia* Buch.-Ham.）、华北耧斗菜（*Aquilegia yabeana* Kitag.）、驴蹄草（*Caltha palustris* L.）、黄花铁线莲（*Clematis intricata* Bunge）、白头翁［*Pulsatilla chinensis*（Bunge）Regel］、茴茴蒜（*Ranunculus chinensis* Bunge）和川陕金莲花（*Trollius buddae* Schipcz.）等（图 10-44～图 10-64）。

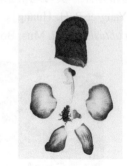

图 10-44　瓜叶乌头的花序　　图 10-45　瓜叶乌头的花纵剖　　图 10-46　瓜叶乌头的花部器官

图 10-47　小花草玉梅的花

图 10-48　小花草玉梅的花纵剖

图 10-49　小花草玉梅的幼果

图 10-50　野棉花的花

图 10-51　野棉花的雌蕊群和雄蕊群

图 10-52　野棉花的花纵剖

图 10-53　华北耧斗菜的花

图 10-54　华北耧斗菜的花纵剖

图 10-55 驴蹄草的花

图 10-56 黄花铁线莲的花

图 10-57 黄花铁线莲的花顶面观

图 10-58 黄花铁线莲的花纵剖

图 10-59 白头翁的植株

图 10-60 茴茴蒜的花及幼果

图 10-61 茴茴蒜的花
（去花瓣）侧面观

图 10-62 川陕金莲花的花

图 10-63　川陕金莲花的花纵剖　　　　图 10-64　川陕金莲花的幼果

　　本科有 40 余属 1500 种，主要分布于北温带。中国有 38 属近 600 种，各地均有分布。秦岭有 25 属 107 种 1 亚种 23 变种及 3 变型。

毛茛科分属检索表（引自《秦岭植物志》）

1. 木质藤本，稀草质；叶对生；萼片镊合状排列；瘦果成熟时具延伸的羽毛状的柱头……………………………………………………………………………………………铁线莲属 *Clematis* Linn.
1. 直立草本，稀灌木；叶基生或互生；萼片覆瓦状排列；瘦果成熟时花柱不延长（白头翁属 *Pulsatilla* 除外）………………………………………………………………………………………………… 2
2. 雄蕊多数；萼片常 5 片，稀较多……………………………………………………………… 3
2. 雄蕊 2 枚；萼片 2 片…………………………………………星叶草属 * *Circaeaster* Maxim
3. 果实为蓇葖果，稀为浆果；具数颗种子，稀具 1 颗种子………………………………… 4
3. 果实为瘦果，具 1 颗种子……………………………………………………………………… 16
4. 花整齐…………………………………………………………………………………………… 5
4. 花不整齐………………………………………………………………………………………… 15
5. 花无花瓣或蜜叶……………………………………………………………………………… 6
5. 花有花瓣或蜜叶……………………………………………………………………………… 7
6. 花黄色，直径 2 cm 以上，单生或排列成伞房状聚伞花序；心皮 6～11 个或较多……驴蹄草属 *Caltha* Linn.
6. 花白色，直径 1 cm，排列成外形似总状花序的复聚伞花序；心皮 1～2 个……………………………………………………………………单叶升麻属 * *Beesia* Balf. f. et. W. W. Smith
7. 花瓣或蜜叶无距……………………………………………………………………………… 8
7. 花瓣或蜜叶有距，稀为浅囊………………………………………楼斗菜属 *Aquilegia* Linn.
8. 花瓣或蜜叶管状……………………………………………………铁筷子属 *Helleborus* Linn.
8. 花瓣或蜜叶扁平，非管状…………………………………………………………………… 9
9. 蓇葖长 8～10 cm，外具隆起的网纹………………………………长果升麻属 * *Souliea* Franch.
9. 蓇葖或浆果长不及 5 cm，果皮外无显著隆起的网纹………………………………… 10
10. 花黄色，艳丽，直径在 3 cm 以上………………………………金莲花属 *Trollius* Linn.
10. 花白色，较小………………………………………………………………………………… 11
11. 心皮 2 至多数，果为蓇葖果………………………………………………………………… 12
11. 心皮 1 枚，果为浆果……………………………………………类叶升麻属 *Actaea* Linn.
12. 退化雄蕊存于雄蕊内侧……………………………………天葵属 *Semiaquilegia* Makino
12. 退化雄蕊存于雄蕊外侧……………………………………………………………………… 13
13. 花序圆锥形，密生多数花朵；蜜叶无柄…………………………升麻属 *Cimicifuga* Linn.
13. 伞房状聚伞花序；蜜叶具丝状柄………………………………………………………… 14

14. 心皮 2 个，狭长，人字开展，基部合生；二回三出复叶的中央小叶片不裂或锐齿状浅裂……………
……………………………………………………… 人字果属 *Dichocarpum* W. T. Wang et Hsiao

14. 心皮 1～5 个，离生，蓇葖果扁平，水平开展；二回三出复叶的中央小叶片三全裂或深裂……………
……………………………………………………………………… 扁果草属 *Isopyrum* Linn.

15. 上面萼片有延伸的长距；蜜叶无爪…………………………………… 翠雀花属 *Delphinium* Linn.

15. 上面（背面）萼片呈兜状或圆筒状；蜜叶有爪…………………………… 乌头属 *Aconitum* Linn.

16. 花无花瓣或蜜叶……………………………………………………………………………… 17

16. 花有花瓣或蜜叶……………………………………………………………………………… 20

17. 花下有总苞………………………………………………………………………………… 18

17. 花下无总苞………………………………………………………………………………… 19

18. 果实成熟时花柱伸长，具羽状毛………………………………………… 白头翁属 *Pulsatilla* Linn.

18. 果实成熟时花柱不伸长，无羽状毛……………………………………… 银莲花属 *Anemone* Linn.

19. 花和叶均一枚………………………………………… 独叶草属 *Kingdonia* Balf. f. et W. W. Smith

19. 花和叶均为多数……………………………………………………… 唐松草属 *Thalictrum* Linn.

20. 萼片花瓣状，非绿色…………………………………………………………………………… 21

20. 萼片绿色……………………………………………………………………………………… 22

21. 花瓣具蜜槽……………………………………………………… 美花草属 *Callianthemum* C. A. Mey.

21. 花瓣无蜜槽………………………………………………………………… 侧金盏花属 *Adonis* Linn.

22. 花萼常宿存；瘦果有四棱………………………………………………… 鸦跖花属 *Oxygraphis* Bunge

22. 花萼脱落；瘦果无四棱………………………………………………………………………… 23

23. 水生；叶二型；瘦果有横皱纹…………………………………… 梅花藻属 *Batrachium* S. F. Gray

23. 陆生；叶非二型；瘦果无横皱纹，平滑或有瘤状突起……………… 毛茛属 *Ranunculus* Linn.

　　（*注：《中国植物志》中，单叶升麻属的中文名修订为铁破锣属，长果升麻属的中文名修订为黄三七属，翠雀花属的中文名修订为翠雀属，梅花藻属的中文名修订为水毛茛属，星叶草属和独叶草属已归入星叶草科）

　　毛茛属（*Ranunculus* Linn.）　　本属约有 300 种，广布于全球，特别是温带或寒带地区。中国有 60 多种，各地均有分布；秦岭产 6 种。

毛茛属分种检索表（引自《秦岭植物志》）

1. 一年生草本；基生叶为三出复叶或 3 深裂；花托被疏长硬毛…………………………………… 2

1. 多年生草本；基生叶 3 深裂或 3 全裂；花托无毛或近无毛…………………………………… 4

2. 茎基部分枝，匍匐或稍呈铺散状；萼片倒卵状长圆形；花瓣狭长圆形，基部具鳞片状的蜜腺；聚合果球
状………………………………………………………………………… 扬子毛茛 *R.sieboldii* Miq.

2. 茎直立；萼片卵圆形或椭圆形；花瓣狭倒卵形或长圆形，基部具兜状鳞片或无；聚合果椭圆形或长圆形
………………………………………………………………………………………………… 3

3. 瘦果卵圆形，微扁平，边缘有 3 条突出的棱，中央微凹，具小点，聚合成椭圆形或圆形…………
………………………………………………………………………… 茴茴蒜 *R. chinensis* Bunge.

3. 瘦果倒卵形，膨胀，聚合成长圆形………………………………………… 石龙芮 *R. sceleratus* Linn.

4. 茎披平贴毛，基生叶半圆形，3 浅裂、深裂或全裂……………… 小毛茛（猫抓草）*R. ternatus* Thunb.

4. 茎披平贴毛，基生叶半圆形或肾形……………………………………………………………… 5

5. 瘦果倒卵形，聚合成球形…………………………………………………… 毛茛 *R. japonicus* Thunb.

5. 瘦果歪倒卵形，聚合成长圆形……………………………………… 高原毛茛 *R. brotherusii* Freyn.

　　[*注：《中国植物志》中，高原毛茛的拉丁名修订为 *R. tanguticus*（Maxim.）Ovcz.]

　　9. 小檗科 Berberidaceae　　灌木或多年生草本，稀小乔木。茎具刺或无。叶互生，单叶

或 1～3 回羽状复叶。花单生，簇生或组成总状花序、穗状花序、伞形花序、聚伞花序或圆锥花序；花两性，辐射对称，小苞片存在或缺如，花常 3 基数；花被通常 6 或 9，萼片 6 或 9，常花瓣状，离生，2～3 轮；花瓣 6，扁平，盔状或距状，或变为蜜腺状，基部有蜜腺或缺；雄蕊与花瓣同数而对生，花药 2 室，瓣裂或纵裂；子房上位，1 室，胚珠多数或少数。浆果、蒴果、蓇葖果或瘦果。实习地常见的小檗科植物有日本小檗（*Berberis thunbergii* DC.）、红毛七（*Caulophyllum robustum* Maxim.）和鲜黄小檗（三颗针）（*Berberis diaphana* Maxin.）等（图 10-65～图 10-67）。

图 10-65　日本小檗的花

图 10-66　日本小檗的花纵剖

图 10-67　红毛七的花

10. 木通科 Lardizabalaceae　　木质藤本，很少为直立灌木。茎缠绕或攀缘；叶互生，掌状或三出复叶，很少为羽状复叶。花辐射对称，单性，雌雄同株或异株，通常组成总状花序或伞房状的总状花序，萼片花瓣状，6 片，排成两轮，很少仅有 3 片；花瓣 6，蜜腺状，远较萼片小，有时无花瓣。雄花中，雄蕊 6 枚，花丝离生或多少合生成管，花药外向，2 室，纵裂，药隔常突出于药室顶端而成角状或凸头状的附属体；退化心皮 3 枚。雌花中，退化雄蕊 6 枚；心皮 3，很少 6～9，离生，胚珠多数或仅 1 枚，倒生或直生。果为肉质的蓇葖果或浆果。实习地分布有陕西省重点保护野生植物大血藤 [*Sargentodoxa cuneata*（Oliv.）Rehd. et Wils.] 和串果藤 [*Sinofranchetia chinensis*（Franch.）Hemsl.]。实习地常见的植物有三叶木通 [*Akebia trifoliata*（Thunb.）Koidz.]、猫儿屎 [*Decaisnea insignis*（Griff.）Hook. f. et Thoms.]（猫屎瓜，《秦岭植物志》）等（图 10-68～图 10-75）。

图 10-68　三叶木通的花序

图 10-69　三叶木通的果实

图 10-70　猫儿屎的雄花　　　图 10-71　猫儿屎的雄花纵剖

图 10-72　猫儿屎的果实　　　　图 10-73　大血藤的雌花纵剖

图 10-74　串果藤的雌花　　　　图 10-75　串果藤的花序及果序

11. 罂粟科 Papaveraceae　　草本或稀为亚灌木、小灌木或灌木，一年生、二年生或多年生。无毛或被长柔毛，有时具刺毛，常有乳汁或有色液汁。基生叶通常莲座状，茎生叶互生，全缘或分裂。花单生或排列成总状花序、聚伞花序或圆锥花序。花两性，规则的辐射对称至极不规则的两侧对称；萼片 2，偶尔为 3 或 4，通常分离，覆瓦状排列，早落；花瓣数目通常二倍于花萼，4~8 枚（有时 12~16 枚）排列成 2 轮，覆瓦状排列，有时花瓣外面的 2 或 1 枚呈囊状或成距，分离或顶端黏合，大多具鲜艳的颜色；雄蕊多数，分离，排列成数轮，花药直立，2 室，纵裂；子房上位，由 2 至多数合生心皮组成，1 室，侧膜胎座，胚珠多数。蒴果。实习地常见的罂粟科植物有白屈菜（*Chelidonium majus* L.）、紫堇（*Corydalis edulis* Maxim.）、秃疮花 [*Dicranostigma leptopodum*（Maxim.）Fedde]、柱果绿绒蒿（*Meconopsis oliverana* Franch et Prain.）和四川金罂粟 [*Stylophorum sutchuense*（Franch.）Fedde] 等（图 10-76~图 10-80）。

图 10-76　白屈菜的花序

图 10-77　秃疮花的花

图 10-78　秃疮花的花纵剖

图 10-79　柱果绿绒蒿的花

12. 领春木科 Eupteleaceae　落叶灌木或乔木。叶互生，圆形或近卵形，边缘有锯齿，具羽状脉，有较长叶柄。花先叶开放，小，两性，6～12 朵，各单生在苞片腋部，有花梗；无花被；雄蕊多数，1 轮，花丝条形，花药侧缝开裂，药隔延长成 1 附属物；花托扁平；心皮多数，离生，子房 1 室，有 1～3 个倒生胚珠。果实周围有翅；种子 1～3 个。实习地分布有领春木（*Euptelea pleiospermum* Hook. f. et Thoms.）。

图 10-80　紫堇的花序

13. 清风藤科 Sabiaceae　乔木、灌木或攀缘木质藤本。叶互生，单叶或奇数羽状复叶。花两性或杂性异株，通常排成腋生或顶生的聚伞花序或圆锥花序；萼片 5 片，很少 3 或 4 片，分离或基部合生，花瓣 5 片，很少 4 片，大小相等，或内面 2 片远比外面的 3 片小；雄蕊 5 枚，稀 4 枚，与花瓣对生，基部附着于花瓣上或分离，全部发育或外面 3 枚不发育；子房上位，通常 2 室，很少 3 室。核果由 1 或 2 个成熟心皮组成。实习地常见的植物有泡花树（*Meliosma cuneifolia* Franch.）。

14. 水青树科 Tetracentraceae　乔木，具长枝与短枝。单叶，具掌状脉，边缘具齿。花小，两性，呈穗状花序，苞片极小，花被片 4，覆瓦状排列；雄蕊 4，与花被片对生，与心皮互生；雌蕊单一，子房上位，心皮 4，沿腹缝合生，侧膜胎座，每室有胚珠 4（～10）。蓇葖果，背缝开裂，宿存花柱位于果基部；种子条状长圆形，小，有棱脊。实习地分布有国家 II 级重点保护野生植物水青树（*Tetracentron sinense* Oliv.）。

15. 连香树科 Cercidiphyllaceae　落叶乔木。叶纸质，具掌状脉。花单性，雌雄异株，先叶开放；每花有 1 苞片；无花被；雄花丛生，近无梗，雄蕊 8～13，花丝细长，花药条形，红色，药隔延长成附属物；雌花4～8朵，具短梗；心皮4～8，离生，花柱红紫色，每心皮有数胚珠。蓇葖果2～4个，有几个种子，具宿存花柱及短果梗；种子扁平，一端或两端有翅。实习地分布有国家Ⅱ级重点保护野生植物连香树（*Cercidiphyllum japonicum* Sieb. et Zucc.）。

16. 金缕梅科 Hamamelidaceae　　常绿或落叶乔木和灌木，具星状毛。叶互生。花排成头状花序、穗状花序或总状花序，两性，或单性而雌雄同株；异被，或缺花瓣，少数无花被；萼筒与子房分离或多少合生，萼裂片4或5数，花瓣与萼裂片同数，线形、匙形或鳞片状；雄蕊4或5数，或为不定数；子房2室，花柱2，胚珠多数，着生于中轴胎座上。蒴果。实习地分布有山白树（*Sinowilsonia henryi* Henryi）。

17. 杜仲科 Eucommiaceae　　落叶乔木。叶互生，单叶，具羽状脉，边缘有锯齿。花雌雄异株，无花被，先叶开放。雄花簇生，有短柄，具小苞片；雄蕊5～10个，线形，花丝极短，花药4室，纵裂。雌花单生于小枝下部，有苞片，具短花梗；子房1室，由合生心皮组成，有子房柄，扁平，顶端2裂，柱头位于裂口内侧，先端反折，胚珠2个，并立、倒生，下垂。翅果先端2裂；种子1个。杜仲科为单属单种的科，杜仲（*Eucommia ulmoides* Oliver）原为"秦岭三宝"之一，但现在秦岭的野生杜仲几乎绝迹，常见的植株多为栽培（图10-81，图10-82）。

图10-81　杜仲的雄花序

图10-82　杜仲的幼果

18. 榆科 Ulmaceae　　乔木或灌木，韧皮纤维发达。单叶，常绿或落叶，互生，常两列，有锯齿或全缘，基部偏斜或对称，羽状脉或基部3出脉。单被花两性，稀单性或杂性，排成聚伞花序，或单生；花被裂片常4～8；雄蕊常与花被裂片同数而对生，花丝明显，花药2室，纵裂，外向或内向；雌蕊由2心皮连合而成，花柱极短，柱头2，条形，子房上位，通常1室，胚珠1枚，倒生。果为翅果、核果、小坚果。实习地常见的榆科植物有榆树（*Ulmus pumila* L.）、青檀（*Pteroceltis tatarinowii* Maxim.）等（图10-83，图10-84）。

图10-83　榆树的果实

图10-84　青檀的果枝

19. 桑科 Moraceae　　乔木或灌木，藤本，稀为草本，通常具乳汁。叶互生，稀对生。花小，单性，雌雄同株或异株，无花瓣；总状花序，圆锥状、头状、穗状或壶状，稀为聚伞状，花序托有时肉质而为隐头花序。雄花：花被片 2～4 枚，宿存；雄蕊通常与花被片同数而对生，花药具尖头，或小而二浅裂无尖头。雌花：花被片 4；子房 1，稀为 2 室，上位、下位或半下位，每室有倒生或弯生胚珠 1 枚。果为瘦果或核果状，陷于发达的花序托内形成隐花果，或形成大型的聚花果。实习地常见的桑科植物有构树［*Broussonetia papyrifera*（Linn.）L'Hér. ex Vent.］、桑（*Morus alba* L.）、鸡桑（*Morus australis* Poir.）、无花果（*Ficus carica* L. ）和异叶榕（*Ficus heteromorpha* Hemsl.）（异叶天仙果）等（图 10-85～图 10-90）。

图 10-85　构树的雄花序

图 10-86　构树的雌花序及果序

图 10-87　桑的雄花序

图 10-88　鸡桑的果实

图 10-89　异叶榕的果枝

图 10-90　无花果的果实

20. 荨麻科 Urticaceae　　　一年生至多年生草本。茎直立或匍匐上升。叶互生，叶片通常分裂或多裂，1～4 回羽状分裂的复叶，或 1～2 回三出式羽状分裂的复叶，很少为单叶。花小，常单性、稀两性或杂性，成顶生或腋生的复伞形花序或单伞形花序；花萼与子房贴生，萼齿 5 或无；花瓣 5；雄蕊 5，与花瓣互生。子房下位，2 室，每室有一个倒悬的胚珠，花柱 1，柱头头状。多瘦果。实习地常见的荨麻科植物有赤麻［*Boehmeria silvestrii*（Pamp.）W. T. Wang］等（图 10-91，图 10-92）。

图 10-91　赤麻的雄花序　　　图 10-92　赤麻的雌花序

21. 胡桃科 Juglandaceae　　落叶或半常绿乔木或小乔木，具树脂。叶互生或稀对生，奇数或稀偶数羽状复叶；小叶对生或互生，边缘具锯齿或稀全缘。花单性，雌雄同株，雄花序常葇荑花序，雄花花被片 1~4 枚，雄蕊 3~40 枚，1 至多轮排列，花丝极短或不存在。雌花序穗状，顶生，具少数雌花而直立，雌花花被片 2~4 枚，雌蕊 1，由 2 心皮合生，子房下位，初时 1 室，后来基部发生 1 或 2 不完全隔膜而成不完全 2 室或 4 室，有 1 直立的无珠柄的直生胚珠。果实假核果或坚果状；外果皮肉质，内果皮（果核）骨质；种子大型，具 1 层膜质的种皮，无胚乳。实习地常见的胡桃科植物有野核桃（*Juglans cathayensis* Dode）、胡桃（*Juglans regia* L.）、化香树（*Platycarya strobilacea* Sieb. et Zucc.）和枫杨（*Pterocarya stenoptera* C. DC.）等（图 10-93~图 10-99）。

图 10-93　野胡桃的雌花序及果序

图 10-94　胡桃的雄花序

图 10-95　胡桃的雌花序及果序

图 10-96　化香树的雄花序

图 10-97　化香树的幼果

图 10-98　枫杨的雄花序　　　　图 10-99　枫杨的果序

22. 壳斗科 Fagaceae　　　常绿或落叶乔木。单叶，互生，全缘或齿裂。花单性同株，稀异株；雄花序下垂或直立，整序脱落，由多数单花或小花束簇生于花序轴（或总花梗）的顶部呈球状，或散生于总花序轴上呈穗状；雌花序直立，花单朵散生或 3 数朵聚生成簇。花被 1 轮，4～6（～8）片，基部合生，干膜质。雄花有雄蕊 4～12 枚，花药基着或背着，2 室，纵裂；雌花 1-3-5 朵聚生于一壳斗内，有时伴有可育或不育的短小雄蕊，子房下位，花柱与子房室同数，柱头面线状，近于头状，或浅裂的舌状，3～6 室，每室有倒生胚珠 2 颗，仅 1 颗发育。由总苞发育而成的壳斗（cupula）脆壳质，木质、角质或木栓质，形状多样。坚果。实习地常见的壳斗科植物有栗（*Castanea mollissima* Bl.）（板栗）和锐齿槲栎（锐齿栎）（*Quercus aliena* Bl. var. *acuteserrata* Maxim. ex Wenz.）等（图 10-100，图 10-101）。

图 10-100　栗的雄花序　　　　图 10-101　栗的雌花序

23. 桦木科 Betulaceae　　　落叶乔木或灌木。单叶，互生，叶缘具重锯齿或单齿，叶脉羽状，侧脉直达叶缘或在近叶缘处向上弓曲，相互网结成闭锁式；托叶分离早落。花单性，雌雄同株。雄花序顶生或侧生，有花被（桦木族）或无（榛族）；雄蕊 2～20 枚（很少 1 枚），花丝短，花药 2 室，纵裂；雌花序为球果状、穗状、总状或头状，直立或下垂，具多数苞鳞（果时称果苞），每苞鳞内有雌花 2 或 3 朵，无花被（桦木族）或具花被并与子房贴生（榛族）；子房 2 室或不完全 2 室，每室具 1 个倒生胚珠或 2 个倒生胚珠而其中的 1 个败育；花柱 2 枚，分离，宿存。果序球果状、穗状、总状或头状。实习地常见的桦木科植物有亮叶桦（*Betula luminifera* H. Winkl.）、千金榆（*Carpinus cordata* Bl.）、红桦（*Betula albosinensis* Burk.）和榛（*Corylus heterophylla* Fisch.）等（图 10-102～图 10-105）。

图 10-102　亮叶桦的茎

图 10-103　亮叶桦的雄花序

图 10-104　千金榆的果序

图 10-105　榛的果实

24. 杨柳科 Salicaceae　落叶乔木或直立、匍匐灌木。单叶互生，全缘、锯齿缘或齿牙缘。花单性，雌雄异株。荑荑花序，直立或下垂，先叶开放；基部有杯状花盘或腺体；雄蕊 2 至多数，花丝分离至合生；雌花的雌蕊由 2～4（5）心皮合成，子房 1 室，侧膜胎座，胚珠多数，花柱不明显至很长，柱头 2～4 裂。蒴果 2～4（5）瓣裂。种子微小，种皮薄，基部围有多数白色丝状长毛。实习地常见的杨柳科植物有旱柳（*Salix matsudana* Koidz.）和垂柳（*Salix babylonica* L.）（图 10-106）。

图 10-106　垂柳的雄花序

25. 蓼科 Polygonaceae　草本，稀灌木或小乔木。茎直立，平卧、攀缘或缠绕，通常具膨大的节。托叶鞘膜质。叶为单叶，互生，边缘通常全缘。花序穗状、总状、头状或圆锥状，顶生或腋生；花较小，两性，稀单性，雌雄异株或雌雄同株，辐射对称；花梗通常具关节；花被 3～5 深裂，覆瓦状，或花被片 6 成 2 轮，宿存，内花被片有时增大，背部具翅、刺或小瘤；雄蕊 6～9，花丝离生或基部贴生，花药背着，2 室，纵裂；子房上位，1 室，心皮通常 3，合生，胚珠 1，直生，极少倒生。瘦果卵形或椭圆形，具 3 棱或双凸镜状，有时具翅或刺。实习地分布有陕西省重点保护野生植物翼蓼（*Pteroxygonum giraldii* Damm. et Diels）。常见的蓼科植物有毛脉蓼 [*Fallopia multiflora*（Thunb.）Harald. var. *cillinerve*（Nakai）A. J. Li]、长鬃蓼（*Polygonum longisetum* de Br.）、杠板归（*Polygonum perfoliatum* L.）和药用大黄（*Rheum officinale* Baill.）（大黄）等（图 10-107～图 10-112）。

图 10-107　毛脉蓼的植株

图 10-108　毛脉蓼的花

图 10-109　长鬃蓼的托叶鞘

图 10-110　杠板归的枝条（示托叶）

图 10-111　杠板归的果序

图 10-112　药用大黄的托叶

　　本科有 40 属 800 种，主要分布在北温带。中国有 11 属 180 多种，分布于南北各省；秦岭产 8 属 52 种 6 变种。

蓼科分属检索表（引自《秦岭植物志》）

1. 无叶灌木，茎扁化，绿色；托叶鞘退化为一横线…………………………竹节蓼属 *Homalocladium* L. H. Bailey
1. 有叶草本或半灌木；托叶鞘正常而显著……………………………………………………………………………2
2. 花被 4 或 6 片，排列为 2 轮；雄蕊 6 或 9 枚，稀 5～8 枚……………………………………………………3
2. 花被 4 或 5，稀 6 裂；雄蕊 8 枚，稀 2～8 枚……………………………………………………………………6
3. 花被 4 片，花柱 2 个，果实扁圆形…………………………………………………………山蓼属 *Oxyria* Hill
3. 花被 6 片；花柱通常 3 个；果实三棱形…………………………………………………………………………4
4. 果实有翅；柱头头状；雄蕊 9 枚；花被片果时不增大……………………………………大黄属 *Rheum* Linn.
4. 果实无翅；柱头画笔状；雄蕊通常 6 枚；内花被片常随果实增大………………………酸模属 *Rumex* Linn.
5. 花柱宿存，2 深裂，先端弯成钩状………………………………………………金线草属 *Antenoron* Rafin.
5. 花柱不宿存，2 或 3 裂，先端不呈钩状…………………………………………………………………………6

6. 果实有翅，基部具 3 个角状物·······································翼蓼属 *Pteroxygonum* Damm. et Diels
6. 果实无翅且无角状物···7
7. 果实与花被等长或微露出；胚位于胚乳的一侧，子叶小，扁平，直立···············蓼属 *Polygonum* Linn.
7. 果实比花被长 1～2 倍；胚在胚乳中央，子叶发达，合并成 "S" 形弯曲··········荞麦属 *Fagopyrum* Mill.

　　大黄属（*Rheum* Linn.）　　本属约 35 种，分布于亚洲。中国有 26 种，分布于东北、西北、西南地区；秦岭产 2 种。

大黄属分种检索表（引自《秦岭植物志》）

1. 叶片掌状深裂，裂片深达叶片长的一半·······································掌叶大黄 *R. palmatum* L.
1. 叶片掌状浅裂或仅具缺刻，裂片深为叶片长的 1/4～1/3··························大黄 *R. officinale* Baill.
　　（*注：《中国植物志》中，大黄的中文名修订为药用大黄）

　　26. 商陆科 Phytolaccaceae　　草本或灌木，稀为乔木，直立。单叶互生，全缘。花小，两性或有时退化成单性（雌雄异株），辐射对称，排列成总状花序或聚伞花序、圆锥花序、穗状花序；花被片 4 或 5，分离或基部连合，叶状或花瓣状，绿色或有时变色，宿存；雄蕊数目变异大，4、5 或多数，花丝线形或钻状，分离或基部略相连，通常宿存，花药背着，2 室，平行，纵裂；子房上位，球形，心皮 1 至多数，分离或合生，每心皮有 1 胚珠，花柱宿存。果实肉质，浆果或核果。实习地常见的植物有商陆（*Phytolacca acinosa* Roxb.）（图 10-113，图 10-114）。

图 10-113　商陆的花序　　　　　　图 10-114　商陆的幼小果序

　　27. 石竹科 Caryophyllaceae　　一年生或多年生草本。茎节通常膨大，具关节。单叶对生，全缘。花辐射对称，两性，排列成聚伞花序或聚伞圆锥花序；萼片 5，稀 4，草质或膜质，宿存，覆瓦状排列或合生成筒状；花瓣 5，稀 4，瓣片全缘或分裂，通常花瓣爪和瓣片之间具 2 片状或鳞片状副花冠片；雄蕊 10，两轮排列；雌蕊 1，由 2～5 合生心皮构成，子房上位，3 室或基部 1 室，上部 3～5 室，特立中央胎座或基底胎座，具 1 至多数胚珠。果实为蒴果。实习地石竹科植物较多，常见的有狗筋蔓（*Cucubalus baccifer* L.）、瞿麦（*Dianthus superbus* L.）、剪红纱花（*Lychnis senno* Sieb. et Zucc.）（剪秋罗）和石生蝇子草（*Silene tatarinowii* Regel）（紫萼女娄菜）等（图 10-115～图 10-123）。

图 10-115　狗筋蔓的花

图 10-116 狗筋蔓的花纵剖

图 10-117 狗筋蔓的子房横切
（示特立中央胎座）

图 10-118 狗筋蔓的果实

图 10-119 瞿麦的花

图 10-120 剪红纱花的花

图 10-121 石生蝇子草的花

图 10-122 石生蝇子草的花纵剖

图 10-123 石生蝇子草的雌蕊

　　本科遍布全球，尤以温带和寒带最多，特别在北温带的高山地带种类繁多，热带种类较少，约有 80 属 2000 种。中国有 31 属 300 种以上；秦岭产 15 属 41 种。

石竹科分属检索表（引自《秦岭植物志》）

1. 叶具膜质托叶，很少托叶不显（大爪草亚科 Paronychioideae Vierch.）⋯⋯⋯⋯⋯⋯⋯⋯⋯⋯⋯⋯⋯⋯⋯⋯⋯⋯⋯⋯⋯⋯⋯⋯⋯⋯⋯⋯牛漆姑草属* Spergularia J. et C. Presl
1. 叶不具托叶⋯⋯⋯⋯⋯⋯⋯⋯⋯⋯⋯⋯⋯⋯⋯⋯⋯⋯⋯⋯⋯⋯⋯⋯⋯⋯⋯⋯⋯⋯⋯⋯⋯⋯⋯⋯ 2
2. 萼片离生，稀基部连合；花瓣近无爪，稀缺花瓣；雄蕊通常周位生，稀下位生；蒴果（繁缕亚科 Alsinoideae Vierh.）⋯⋯⋯⋯⋯⋯⋯⋯⋯⋯⋯⋯⋯⋯⋯⋯⋯⋯⋯⋯⋯⋯⋯⋯⋯⋯⋯⋯ 3
2. 萼片合生；花瓣通常具爪；雄蕊下位生；蒴果或浆果（石竹亚科 Silenoideae Vierh.）⋯⋯⋯⋯⋯ 9
3. 蒴果果瓣先端不裂⋯⋯⋯⋯⋯⋯⋯⋯⋯⋯⋯⋯⋯⋯⋯⋯⋯⋯⋯⋯⋯⋯⋯⋯⋯⋯⋯⋯⋯⋯⋯⋯⋯ 4
3. 蒴果果瓣先端多少 2 裂⋯⋯⋯⋯⋯⋯⋯⋯⋯⋯⋯⋯⋯⋯⋯⋯⋯⋯⋯⋯⋯⋯⋯⋯⋯⋯⋯⋯⋯⋯⋯ 5
4. 心皮 4 或 5 个；花单生；叶线形⋯⋯⋯⋯⋯⋯⋯⋯⋯⋯⋯⋯⋯⋯⋯⋯⋯⋯⋯漆姑草属 Sagina Linn.
4. 心皮 2 个，稀为 3 个；花多集为开展疏松的圆锥状花序；叶线状披针形或披针形⋯⋯⋯⋯⋯⋯⋯⋯⋯⋯⋯⋯⋯⋯⋯⋯⋯⋯⋯⋯⋯⋯⋯⋯⋯⋯⋯⋯⋯⋯⋯⋯⋯薄蒴草属 Lepyrodiclis Fenzl.
5. 花瓣先端不裂，有时显微凹或缫状，有时无花冠；蒴果 6 齿裂⋯⋯⋯⋯⋯⋯⋯蚤缀属* Arenaria Linn.
5. 花瓣先端深 2 裂，有时为浅 2 裂⋯⋯⋯⋯⋯⋯⋯⋯⋯⋯⋯⋯⋯⋯⋯⋯⋯⋯⋯⋯⋯⋯⋯⋯⋯⋯ 6
6. 花柱 3~5 个，如为 5 个时则必与萼片互生⋯⋯⋯⋯⋯⋯⋯⋯⋯⋯⋯⋯⋯⋯⋯⋯⋯⋯⋯⋯⋯⋯ 7
6. 花柱 5 个，稀 3 或 4 个，常与萼片对生；蒴果具大小相等的 10 裂齿，先端偏斜或直立；花瓣裂达其长的 1/3 或全缘⋯⋯⋯⋯⋯⋯⋯⋯⋯⋯⋯⋯⋯⋯⋯⋯⋯⋯⋯⋯⋯⋯⋯⋯卷耳属 Cerastium Linn.
7. 心皮 5 个；花柱 5 个⋯⋯⋯⋯⋯⋯⋯⋯⋯⋯⋯⋯⋯⋯⋯⋯⋯⋯⋯⋯⋯⋯鹅肠菜属* Malachium Fries
7. 心皮 3 个，稀 2 个；花柱通常 3 个，稀为 2⋯⋯⋯⋯⋯⋯⋯⋯⋯⋯⋯⋯⋯⋯⋯⋯⋯⋯⋯⋯⋯ 8
8. 具根状块茎；花二型，茎上部的花受精后不结果，茎下部的闭锁花能结实⋯⋯⋯⋯⋯⋯⋯⋯⋯⋯⋯⋯⋯⋯⋯⋯⋯⋯⋯⋯⋯⋯⋯⋯⋯⋯⋯⋯⋯⋯⋯⋯孩儿参属 Pseudostellaria Pax
8. 无根状块茎；花不为二型⋯⋯⋯⋯⋯⋯⋯⋯⋯⋯⋯⋯⋯⋯⋯⋯⋯⋯⋯⋯繁缕属 Stellaria Linn.
9. 萼外面有明显的肋棱；果为 1 室或不完全 2 或 3 室⋯⋯⋯⋯⋯⋯⋯⋯⋯⋯⋯⋯⋯⋯⋯⋯⋯⋯ 10
9. 萼外面无肋棱；果实 1 室⋯⋯⋯⋯⋯⋯⋯⋯⋯⋯⋯⋯⋯⋯⋯⋯⋯⋯⋯⋯⋯⋯⋯⋯⋯⋯⋯⋯ 13
10. 果实为浆果，不开裂或不规则的崩裂；花柱 3 个⋯⋯⋯⋯⋯⋯⋯⋯⋯⋯狗筋蔓属 Cucubalus Linn.
10. 果实为蒴果，先端齿裂；花柱 3~5 个⋯⋯⋯⋯⋯⋯⋯⋯⋯⋯⋯⋯⋯⋯⋯⋯⋯⋯⋯⋯⋯⋯⋯ 11
11. 蒴果基部数室⋯⋯⋯⋯⋯⋯⋯⋯⋯⋯⋯⋯⋯⋯⋯⋯⋯⋯⋯⋯⋯⋯⋯⋯⋯⋯鹤草属* Silene Linn.
11. 蒴果基部 1 室⋯⋯⋯⋯⋯⋯⋯⋯⋯⋯⋯⋯⋯⋯⋯⋯⋯⋯⋯⋯⋯⋯⋯⋯⋯⋯⋯⋯⋯⋯⋯⋯ 12
12. 蒴果裂齿与花柱同为 5 个⋯⋯⋯⋯⋯⋯⋯⋯⋯⋯⋯⋯⋯⋯⋯⋯⋯⋯⋯⋯⋯剪秋罗属 Lychnis Linn.
12. 蒴果裂齿为 10 个而花柱则为 5 个⋯⋯⋯⋯⋯⋯⋯⋯⋯⋯⋯⋯⋯⋯⋯⋯女娄菜属* Melandrium Roehl.
13. 萼上脉与脉间呈膜质，基部无鳞状苞⋯⋯⋯⋯⋯⋯⋯⋯⋯⋯⋯⋯⋯⋯⋯⋯⋯霞菜属* Gypsophila Linn.
13. 萼上脉与脉间全为草质⋯⋯⋯⋯⋯⋯⋯⋯⋯⋯⋯⋯⋯⋯⋯⋯⋯⋯⋯⋯⋯⋯⋯⋯⋯⋯⋯⋯⋯14
14. 萼下有鳞状苞；萼管状或钟状，无角棱⋯⋯⋯⋯⋯⋯⋯⋯⋯⋯⋯⋯⋯⋯⋯⋯石竹属 Dianthus Linn.
14. 萼下无鳞状苞；萼基部膨大，先端狭窄，具五角棱⋯⋯⋯⋯⋯⋯⋯⋯⋯王不留行属* Vaccaria Medic.

（* 注：《中国植物志》中，牛漆姑草属的中文名修订为拟漆姑属，蚤缀属的中文名修订为无心菜属，鹅肠菜属的拉丁名修订为 Myosoton Moench，鹤草属的中文名修订为蝇子草属，女娄菜属归并在蝇子草属，霞菜属的中文名修订为石头花属，王不留行属的中文名修订为麦蓝菜属）

石竹属（*Dianthus* Linn.）　本属约 300 种，亚、欧、美、非四洲皆有，主要分布于北温带。中国近 20 种，南北均有分布；秦岭产两种。

石竹属分种检索表（引自《秦岭植物志》）

1. 花瓣先端齿裂；苞片常为 4 片，为萼片的一半⋯⋯⋯⋯⋯⋯⋯⋯⋯⋯⋯⋯⋯⋯⋯石竹 D. chinensis L.
1. 花瓣先端丝状深裂；苞片常 4~6 片，为萼长的 1/4⋯⋯⋯⋯⋯⋯⋯⋯⋯⋯⋯⋯瞿麦 D. superbus L.

28. 藜科 Chenopodiaceae 一年生草本、半灌木、灌木，较少为多年生草本或小乔木，全株被白粉。叶互生或对生。花为单被花，两性，较少为杂性或单性；花被膜质、草质或肉质，3（1～2）～5深裂或全裂，花被片果时常常增大，变硬，或在背面生出翅状、刺状、疣状附属物；雄蕊与花被片（裂片）同数对生或较少；子房上位，卵形至球形，由2～5个心皮合成，离生；柱头通常2；胚珠1个。果实为胞果。实习地常见的有灰绿藜（*Chenopodium glaucum* L.）。

29. 苋科 Amaranthaceae 一年或多年生草本。叶全缘。花小，两性或单性同株或异株，或杂性，有时退化成不育花，花簇生在叶腋内，成疏散或密集的穗状花序、头状花序、总状花序或圆锥花序；花被片3～5，干膜质，常和果实同脱落；雄蕊常和花被片等数且对生，花丝分离，或基部合生成杯状或管状；子房上位，1室，具基生胎座，胚珠1个或多数。果实为胞果或小坚果，少数为浆果，种子1个或多数。实习地常见的有苋（*Amaranthus tricolor* L.）。

30. 猕猴桃科 Actinidiaceae 乔木、灌木或藤本，毛被发达。叶为单叶，互生，无托叶。花序腋生，聚伞式或总状式，或简化至1花单生。花两性或雌雄异株，辐射对称；萼片5片，稀2或3片；花瓣5片或更多，分离或基部合生；雄蕊10（～13），分2轮排列，或无数，花药背部着生，纵缝开裂或顶孔开裂；心皮多数或少至3枚，子房多室或3室，胚珠每室无数或少数，中轴胎座。果为浆果或蒴果。实习地常见的猕猴桃科植物有中华猕猴桃（*Actinidia chinensis* Planch.）、黑蕊猕猴桃（*Actinidia melanandra* var. *melanandra*）和葛枣猕猴桃［*Actinidia polygama* (Sieb. et Zucc.) Maxim.］（图10-124～图10-126）。

图10-124 黑蕊猕猴桃的花

图10-125 中华猕猴桃的花枝及果实

31. 杜鹃花科 Ericaceae 灌木或乔木。叶革质，全缘或有锯齿，被各式毛或鳞片。花单生或组成总状、圆锥状或伞形总状花序，顶生或腋生，两性，辐射对称或略两侧对称；具苞片；花萼4或5裂，宿存；花瓣合生成钟状、坛状、漏斗状或高脚碟状，稀离生，花冠通常5裂；雄蕊为花冠裂片的2倍，花丝分离；花盘盘状，具厚圆齿；子房上位或下位，（2～）5（～12）室，每室有胚珠多数，稀1枚；花柱和柱头单一。蒴果或浆果。实习地常见的有照山白（*Rhododendron micranthum* Turcz.）。

图10-126 葛枣猕猴桃的叶及果实

32. 鹿蹄草科 Pyrolaceae 常绿草本状小半灌木，或为多年生腐生肉质草本植物。无叶绿素，全株无色，半透明。叶为单叶，基生，互生。花单生或聚成总状花序、伞房花序或伞形花序，两性花，整齐；萼5（2～4或6）全裂或无萼片；花瓣5，稀3、4或6，雄蕊10，稀6～8及12；子房上位，5（4）心皮合生，胚珠多数，中轴胎座或侧膜胎座，花柱单一，柱头多少浅裂或圆裂。果为蒴果或浆果。实习地常见的有喜冬草（*Chimaphila japonica* Miq.）、毛花松下兰（*Monotropa hypopitys* Linn. var. *hirsuta* Roth）。

33. 山矾科 Symplocaceae　　灌木或乔木。单叶，互生，通常具锯齿、腺质锯齿或全缘。花辐射对称，两性稀杂性，排成穗状花序、总状花序、圆锥花序或团伞花序；萼3～5深裂或浅裂，通常宿存；花冠裂片分裂至近基部或中部，裂片3～11片；雄蕊通常多数，着生于花冠筒上，花丝呈各式连生或分离；子房下位或半下位，顶端常具花盘和腺点，2～5室；胚珠每室2～4颗。核果，顶端冠以宿存的萼裂片。实习地常见的有白檀 [*Symplocos paniculata*（Thunb.）Miq.]（图10-127，图10-128）。

图 10-127　白檀的花序

图 10-128　白檀的果实

图 10-129　椴树科的一种（示总苞）

34. 椴树科 Tiliaceae　　乔木、灌木或草本。单叶基部偏斜，互生，稀对生，具基出脉，全缘或有锯齿，有时浅裂。苞片大而宿存，或早落（图10-129），花两性或单性，辐射对称，聚伞花序或圆锥花序；萼片通常5数，分离或多少连生；花瓣与萼片同数，分离；内侧常有腺体，或有花瓣状退化雄蕊；雌雄蕊柄存在或缺；雄蕊多数，稀5数，离生或基部连生成束，花药2室；子房上位，2～6室，每室有胚珠1至数颗，中轴胎座。果为核果、蒴果、裂果。实习地常见的有华椴（*Tilia chinensis* Maxim.）。

35. 锦葵科 Malvaceae　　草本、灌木至乔木。被星状毛，叶互生，单叶或分裂。花腋生或顶生，单生、簇生、聚伞花序至圆锥花序；花两性，辐射对称；萼片3～5片，分离或合生；其下面有副萼3至多数；花瓣5片，彼此分离，但与雄蕊管的基部合生；雄蕊多数，连合成一管，单体雄蕊；子房上位，2至多室，每室被胚珠1至多枚，花柱与心皮同数或为其2倍。蒴果或分果。实习地常见的有苘麻（*Abutilon theophrasti* Medicus）和蜀葵 [*Althaea rosea*（Linn.）Cavan.] 等（图10-130～图10-132）。

图 10-130　苘麻的果实

图 10-131　蜀葵的花

36. 大风子科 Flacourtiaceae　　常绿或落叶乔木或灌木。单叶，互生。花通常小，稀较大，两性或单性，雌雄异株或杂性同株；单生或簇生，排成顶生或腋生的总状花序、圆锥花序、聚伞花序；花梗常在基部或中部处有关节；萼片 2～7 片或更多，分离或在基部连合成萼管；花瓣 2～7 片，稀更多或缺，稀为有翼瓣片，通常花瓣与萼片相似而同数；雄蕊通常多数，花丝分离；雌蕊由 2～10 个心皮形成；通常 1 室；果实为浆果和蒴果。

图 10-132　蜀葵的花及果实结构

37. 旌节花科 Stachyuraceae　　灌木或小乔木，落叶或常绿。单叶互生，膜质至革质，边缘具锯齿。总状花序或穗状花序腋生，直立或下垂，先叶开花；花小，整齐，两性或雌雄异株；萼片 4，覆瓦状排列；花瓣 4，覆瓦状排列，分离或靠合；雄蕊 8，2 轮，花丝钻形，花药丁字着生，内向纵裂；子房上位，4 室，胚珠多数，着生于中轴胎座上；花柱短而单一，柱头头状，4 浅裂。果实为浆果，外果皮革质。实习地常见的有中国旌节花（*Stachyurus chinensis* Franch.）。

38. 堇菜科 Violaceae　　多年生草本、半灌木或小灌木，稀为一年生草本、攀缘灌木或小乔木。叶为单叶，通常互生；托叶小或叶状。花两性或单性，辐射对称或两侧对称，单生或组成穗状、总状或圆锥状花序；萼片 5，同形或异形，宿存；花瓣 5，异形，下面 1 枚通常较大，基部囊状或有距（图 10-133）；雄蕊 5，花药直立，药隔延伸于药室顶端成膜质附属物，花丝很短或无，下方两枚雄蕊基部有距状蜜腺；子房上位，完全被雄蕊覆盖，1 室，由 3～5 心皮连合构成。果实为沿室背弹裂的蒴果或为浆果状。实习地常见的有紫花地丁（*Viola philippica* Cav. Icons et Descr.）等（图 10-133～图 10-135）。

图 10-133　紫花地丁的花（侧面观）

图 10-134　紫花地丁的花

图 10-135　紫花地丁的花纵剖
（示雄蕊及雌蕊）

39. 葫芦科 Cucurbitaceae　　一年生或多年生草质或木质藤本。茎通常具纵沟纹，匍匐或借助卷须攀缘。具卷须或极稀无卷须。叶互生；叶片不分裂，或掌状浅裂至深裂，边缘具锯齿或稀全缘。花单性（罕两性），雌雄同株或异株，单生、簇生或集成总状花序、圆锥花序或近伞形花序。雄花：花萼辐状、钟状或管状，5 裂；花冠插生于花萼筒的檐部，基部合生成筒状或钟状，或完全分离，5 裂；雄蕊 5 或 3，插生在花萼筒基部、近中部或檐部，花丝分离或合生成柱状，花药分离或靠合。雌花：花萼与花冠同雄花；退化雄蕊有或无；子房下位或稀半下位，通常由 3 心皮合生而成，3 室或 1（～2）室，侧膜胎座，胚珠通常多数。果实大型至小型，瓠果，常为肉质浆果状。实习地葫芦科植物资源丰富（包括栽培），常见的有黄瓜（*Cucumis sativus* L.）、赤瓟（*Thladiantha dubia* Bunge）、南赤瓟（*Thladiantha nudiflora* Hemsl. ex Forbes et Hemsl.）等（图 10-136～图 10-141）。

图 10-136　黄瓜的雌花

图 10-137　赤瓟的雌花

图 10-138　赤瓟的雌花纵剖
（示子房下位）

图 10-139　赤瓟的雄花

图 10-140　南赤瓟的雄花序

图 10-141　南赤瓟的雄花纵剖

秦岭产 12 属 21 种 1 变种。

葫芦科分属检索表（引自《秦岭植物志》）

1. 雄蕊花丝结合成柱；小叶 3～7·······························绞股蓝属 *Gynostemma* Bl.
1. 雄蕊离生或仅基部合生；单叶不分裂、浅裂或深裂······································· 2
2. 雄蕊 5··· 3
2. 雄蕊 3，稀 2 或多于 3··· 4
3. 花较小，花冠裂片长不及 1 cm；叶基部裂片先端有 1～2 对突起的腺体；果实成熟后先端盖裂；种子先端具膜质翅·····························假贝母属 *Bolbostemma* Franquet
3. 花较大，花冠裂片长约 2 cm；叶基部无腺体；果实为不开裂的浆果；种子无翅·····

···赤瓟属 *Thladiantha* Bunge
4. 药室直或弯曲··裂瓜属 *Schizopepon* Maxim.
4. 药室弯曲成"S"形或"U"形··5
5. 花冠辐状，5 深裂或 5 瓣分离···6
5. 花冠钟状，5 中裂··南瓜属 *Cucurbita* Linn.
6. 花瓣边缘细裂成流苏状···栝楼属 *Trichosanthes* Linn.
6. 花瓣全缘··7
7. 雄花萼筒伸长；花药通常结合成头状；叶柄先端具 2 腺体···················葫芦属 *Lagenaria* Ser.
7. 雄花萼筒短；花药分离或不坚固结合；叶柄先端无腺体···································8
8. 雄蕊贴合在萼筒喉部；果实肉质，3 瓣裂；种子具鲜红色肉质假种皮·············苦瓜属 *Momordica* Linn.
8. 雄蕊着生于萼筒上；果实盖裂或不开裂；种子无肉质假种皮·····························9
9. 雄花呈总状花序；成熟果实干燥，先端盖裂，药室扭曲成"S"形·················丝瓜属 *Luffa* Mill.
9. 雄花单生或簇生；果实肉质不开裂，药室"U"形·······································10
10. 花萼裂片叶状，边缘具牙齿并反折··冬瓜属 *Benincasa* Savi
10. 花萼裂片钻状全缘··11
11. 卷须 2 或 3 叉；药隔先端不延长···西瓜属 *Citrullus* Schrad.
11. 卷须单一；药隔先端伸长超出花药··甜瓜属 *Cucumis* Linn.

赤瓟属（*Thladiantha* Bge.） 秦岭产 4 种。

赤瓟属分种检索表（引自《秦岭植物志》）

1. 卷须单一；雄花单生···赤瓟 *T. dubia* Bunge
1. 卷须分叉；雄花组成密集头状或总状花序···2
2. 雄花密集于总花梗先端呈头状花序··头花赤瓟 *T. capitata* Cogn.
2. 雄花生于疏散的总状花序上···3
3. 植株近无毛···鄂赤瓟 *T. oliveri* Cogn. ex Mottet
3. 植株密被长柔毛状硬毛···南赤瓟 *T. nudiflora* Hemsl. ex Forbes et Hemsl.

40. 秋海棠科 Begoniaceae 多年生肉质草本，稀为亚灌木。单叶互生，偶为复叶，通常基部偏斜，两侧不相等。花单性，雌雄同株，通常组成聚伞花序；花被片花瓣状；雄花被片 2～4（～10），离生，极稀合生，雄蕊多数，花丝离生或基部合生；雌花被片 2～5（～6～10），离生，稀合生；雌蕊由 2～5（～7）枚心皮形成；子房下位，稀半下位，1 室，花柱离生或基部合生；柱头多样，呈螺旋状、头状、肾状及"U"形，并带刺状乳头。蒴果，有时呈浆果状；种子极多数。

41. 十字花科 Brassicaceae（Cruciferae） 一年生、二年生或多年生植物，常具辛辣气味，植株具有各式的毛，多数是草本。茎直立或铺散，有时茎短缩。叶有二型：基生叶呈旋叠状或莲座状；茎生叶通常互生，有柄或无柄，单叶全缘、有齿或分裂。花整齐，两性；花多数聚集成一总状花序，顶生或腋生；萼片 4 片，分离，排成 2 轮；花瓣 4 片，分离，成"十"字形排列，花瓣白色、黄色、粉红色、淡紫色、淡紫红色或紫色；雄蕊通常 6 个，四强雄蕊排列成 2 轮，外轮的 2 个，具较短的花丝，内轮的 4 个，具较长的花丝；在花丝基部常具蜜腺；雌蕊 1 个，子房上位，由于假隔膜的形成，子房 2 室，每室有胚珠 1 至多个。果实为长角果或短角果。实习地常见的十字花科植物有芸薹（*Brassica campestris* L.）（油菜）、大叶碎米荠

图 10-142 芸薹（油菜）的花序

（*Cardamine macrophylla* Willd.）、光头山碎米荠（*Cardamine engleriana* O. E. Schulz）、白花碎米荠［*Cardamine leucantha*（Tausch）O. E. Schulz］和萝卜（*Raphanus sativus* L.）等（图 10-142～图 10-150）。

图 10-143　芸薹的花

图 10-144　芸薹的四强雄蕊（去花被）

图 10-145　芸薹的长角果

图 10-146　光头山碎米荠的花序

图 10-147　白花碎米荠的花序

图 10-148　大叶碎米荠的花序

图 10-149　萝卜的花

图 10-150　萝卜的花纵剖

　　本科有 300 属以上，约 3000 种，主要分布于北温带，特别是地中海地区。中国有 57 属 300 种；秦岭有 23 属 42 种 21 变种。

十字花科分属检索表（引自《秦岭植物志》）

1. 果实成熟后不开裂……………………………………………………………………………… 2
1. 果实成熟后开裂…………………………………………………………………………………… 4
2. 果实为长角果……………………………………………………………………………………… 3
2. 果实为周围有翅的短角果……………………………………………………菘蓝属 *Isatis* Linn.
3. 长角果较长，具长喙（宿存花柱）；叶提琴状羽裂；花较大…………………萝卜属 *Raphanus* Linn.
3. 长角果较短，具短喙；叶羽状分裂；花较小…………………离子芥属 *Chorispora* R. Br. ex DC.
4. 果实为短角果……………………………………………………………………………………… 5
4. 果实为长角果…………………………………………………………………………………… 10
5. 植株无毛或有单毛………………………………………………………………………………… 6
5. 植株具分枝毛或无毛……………………………………………………………………………… 8
6. 花黄色，较大………………………………………………………………………蔊菜属 *Rorippa* Scop.
6. 花白色，较小……………………………………………………………………………………… 7
7. 短角果较大，倒卵形或倒心形，周围有翅，每室含 2 至数颗种子…………………菥蓂属 *Thlaspi* Linn.
7. 短角果较小，圆形、长圆形或倒卵形，仅在近顶端有狭翅，每室含一颗种子……独行菜属 *Lepidium* Linn.
8. 花黄色；短角果椭圆形或纺锤形……………………………………………葶苈属 *Draba* Linn.
8. 花白色……………………………………………………………………………………………… 9
9. 叶不裂；短角果长圆状披针形或长圆状卵形…………………………………葶苈属 *Draba* Linn.
9. 叶不裂或羽状分裂；短角果倒三角形至倒心形………………………………荠菜属 *Capsella Medic.
10. 长角果有喙…………………………………………………………………………………………… 11
10. 长角果无喙…………………………………………………………………………………………… 13
11. 种子每室 2 列；角果较短；花瓣黄色，有紫色脉纹……………………芝麻菜属 *Eruca* Mill.
11. 种子每室一列；角果较长；花瓣黄色、紫色或淡红色，无脉纹……………………………… 12
12. 花黄色；长角果圆形而稍扁，果瓣突出，1～3 脉；种子无翅，小球形………………芸薹属 *Brassica* Linn.
12. 花紫色或淡红色；长角果近四棱形，果瓣扁平，1 脉；种子有时有狭翅，扁压状……………………………………………………………………………诸葛菜属 *Orychophragmus* Bunge.
13. 植株无毛或有单毛，有时杂有腺毛……………………………………………………………… 14
13. 植株有分枝毛，有时杂有单毛或腺毛………………………………………………………………21
14. 花黄色…………………………………………………………………………………………………15
14. 花白色、红色或紫红色………………………………………………………………………………16
15. 长角果线形；果瓣有 3 脉……………………………………………………大蒜芥属 *Sisymbrium* Linn.
15. 长角果球形至线形；果瓣有一脉………………………………………………蔊菜属 *Rorippa* Scop.
16. 长角果圆柱形而较短，果瓣有明显的龙骨状突起；种子较大，无翅…………山萮菜属 *Eutrema* R. Br.
16. 长角果线形或长椭圆形，果瓣无明显的龙骨瓣状突起；种子较小，无翅或有翅…………17
17. 草本，较小…………………………………………………………………………………………18
17. 草本，较大…………………………………………………………………………………………20
18. 叶常羽状或掌状分裂；草本有块茎、鳞茎或珠芽；长角果稍扁平…………碎米荠属 *Cardamine* Linn.
18. 叶全缘或分裂；草本无块茎、鳞茎或珠芽；长角果圆柱状…………………………………19
19. 水生或湿地生草本；长角果近圆柱形……………………………………豆瓣菜属 *Nasturtium* R. Br.
19. 陆生草本；长角果线形、长圆形或长椭圆形，串珠状……………………高山芥属 *Braya Sternb. et Hoppe
20. 长雄蕊成对合生；果瓣拱突，有明显的中脉…………………………花旗竿属 *Dontostemon Andrz.

20. 雄蕊离生；果瓣不拱突，中脉多不明显·····································南芥属 *Arabis* Linn.

21. 毛中杂有腺毛；长角果线形，串珠状，直立、弯曲或扭曲·············串珠芥属 * *Torularia* O. E. Schulz

21. 毛中不杂有腺毛···22

22. 叶 2～3 回羽状分裂；花黄色·······························播娘蒿属 *Descurainia* Webb. et Berth.

22. 叶多不分裂···23

23. 小草本；花白色、紫色或淡红色···24

23. 草本较大；花黄色·······································糖芥属 *Erysimum* Linn.

24. 茎生叶基部常抱茎·······································南芥属 *Arabis* Linn.

24. 茎生叶少，基部不抱茎···25

25. 茎生叶线形，全缘，近无柄；长角果略圆柱形；果梗细长·············拟南芥属 * *Arabidopsis* Heynh.

25. 茎生叶狭卵形，边缘有浅裂，具短柄；长角果略具四棱；果梗粗短·········离蕊芥属 * *Malcolmia* R. Br.

　　[* 注：《中国植物志》中，荠菜属的中文名修订为荠属，高山芥属的中文名修订为肉叶荠属，花旗竿属（*Dontostemon*）修订为花旗杆属（*Dontostemon* Andrz. ex Ledeb.），串珠芥属的中文名修订为念珠芥属，拟南芥属的中文名修订为鼠耳芥属，离蕊芥属的中文名修订为涩荠属]

　　42. 海桐花科 Pittosporaceae　　常绿乔木或灌木。叶互生或偶为对生，多数革质，全缘。花通常两性，除子房外，花的各轮均为 5 数，单生或为伞形花序、伞房花序或圆锥花序；萼片常分离；花瓣分离或连合，白色、黄色、蓝色或红色；雄蕊与萼片对生；子房上位，心皮 2 或 3 个，有时 5 个，通常 1 室或不完全 2～5 室，倒生胚珠通常多数，侧膜胎座、中轴胎座或基生胎座，花柱短，简单或 2～5 裂。蒴果或浆果。

　　43. 景天科 Crassulaceae　　草本、半灌木或灌木，常有肥厚、肉质的茎、叶。叶不具托叶，互生、对生或轮生，常为单叶，全缘或稍有缺刻。聚伞花序，或为伞房状、穗状、总状或圆锥状花序。花两性，或为单性而雌雄异株，辐射对称，花各部常为 5 数或其倍数；萼片自基部分离，宿存；花瓣分离，或多少合生；雄蕊 1 或 2 轮，与萼片或花瓣同数或为其 2 倍，分离，或与花瓣或花冠筒部多少合生；心皮常与萼片或花瓣同数，分离或基部合生，常在基部外侧有腺状鳞片 1 枚。蓇葖果有膜质或革质的皮，稀为蒴果。实习地常见的植物有费菜 [*Phedimus aizoon*（L.）'t Hart]、大苞景天（*Sedum amplibracteatum* K. T. Fu）、细叶景天（*Sedum elatinoides* Franch.）等（图 10-151～图 10-155）。

图 10-151　费菜的花序

图 10-152　大苞景天的花序

图 10-153　大苞景天的花纵剖

　　本科有约 33 属 1200 多种，广布于全球，但主产于南非、南欧、南美及中国西南。中国有 11 属约 230 种；秦岭有 5 属 28 种 7 变种。

图 10-154　细叶景天的花	图 10-155　细叶景天的幼果

景天科分属检索表（引自《秦岭植物志》）

1. 植株肉质；蓇葖果离生或基部合生，沿腹缝线纵裂；花具明显的花冠与花萼 ························ 2
1. 植株不为肉质；蓇葖果合生超过中部，沿离生部分的基部横缝线开裂（帽状脱落）；花瓣不明显或无 ·········
·· 扯根菜属 *Penthorum* Linn.
2. 雄蕊为萼片、花瓣或心皮的 2 倍，稀同数；叶互生、对生或轮生 ····························· 3
2. 雄蕊与萼片、花瓣或心皮同数；叶互生 ························· 石莲花属 *Sinocrassula* Berger
3. 花序为密集的总状或圆锥形；不育茎基部的叶呈莲座状排列 ·········· 瓦松属 *Orostachys* (DC.) Fisch.
3. 花序聚伞状或伞房状，稀 1 花，永不为上述类型；茎基部叶不呈莲座状排列 ····················· 4
4. 多年生，露出地面木质、粗壮的主轴或根状茎（花序枝即从那里生出）为真正的茎，先端具退化为鳞片
状的叶；花雌雄异株或两性；种子具宽翅 ·· 红景天属 *Rhodiola* Linn.
4. 一年生至多年生，花枝为真正的茎（从其上生出花序或花梗），基部裸露，不具退化为鳞片的叶；花两
性；种子无翅或具狭翅 ··· 景天属 *Sedum* Linn.

（*注：《中国植物志》中，将扯根菜属并入虎耳草科，石莲花属的中文名修订为石莲属）

44. 虎耳草科 Saxifragaceae　　草本（通常为多年生）、灌木、小乔木或藤本。单叶或复叶，互生或对生。聚伞状、圆锥状或总状花序，稀单花；花两性，稀单性，下位或多少上位；花被片 4 或 5 基数；萼片有时花瓣状；花冠辐射对称，稀两侧对称，花瓣一般离生；雄蕊（4～）5～10，或多数，一般外轮对瓣，或为单轮，如与花瓣同数，则与之互生，花丝离生，花药 2 室，有时具退化雄蕊；心皮 2，稀 3～5（～10），通常多少合生；子房上位、半下位至下位，多室而具中轴胎座，或 1 室且具侧膜胎座。蒴果、浆果、小蓇葖果或核果。实习地常见的虎耳草科植物有多花落新妇（多花红升麻，《秦岭植物志》）（*Astilbe rivularis* Buch.-Ham. ex D. Don var. *myriantha*）、大叶金腰（*Chrysosplenium macrophyllum* Oliv.）、莼兰绣球（长柄八仙花）（*Hydrangea longipes* Franch.）、鸡［月君］梅花草（苍耳七）（*Parnassia wightiana* Wall. ex Wight & Arn.）、虎耳草（*Saxifraga stolonifera* Curt.）和球茎虎耳草（楔基虎耳草）（*Saxifraga sibirica* L.）等（图 10-156～图 10-163）。

图 10-156　多花落新妇的花序	图 10-157　大叶金腰的植株

图 10-158 虎耳草的植株及花

图 10-159 纯兰绣球的花序

图 10-160 鸡［月君］
梅花草的植株及花

图 10-161 鸡［月君］梅花草的花
（去花瓣示雄蕊、退化雄蕊及雌蕊）

图 10-162 鸡［月君］梅花草的花纵剖

图 10-163 球茎虎耳草的花

本科有 80 属 1200 种，多分布于北温带。中国约有 27 属 401 种，南北各省均有；秦岭产 12 属 54 种及 9 变种。

虎耳草科分属检索表（引自《秦岭植物志》）

1. 草本……………………………………………………………………………………………………2
1. 木本……………………………………………………………………………………………………8
2. 多年生大型草本；叶为掌状复叶或 2～3 回羽状复叶，小叶边缘有锯齿…………………………3
2. 多年生，稀为一年生小草本；叶为单叶，全缘，偶有浅齿……………………………………4
3. 叶为掌状复叶；根茎粗壮，为块根状，横卧生长，直径 2.5～5 cm；花两性，无花瓣…………………
…………………………………………………………………………索骨丹属 *Rodgersia* Gary
3. 叶为 2～3 回羽状复叶；根须状；花两性或单性，有花瓣…………红升麻属 *Astilbe* Buch.-Ham. ex D. Don
4. 花单生；心皮合生；发育雄蕊 5 枚，另有 5 枚扁平、顶端分裂的退化雄蕊……苍耳七属 *Parnassia* Linn.
4. 花少数或多数；雄蕊 8～10 枚，均发育……………………………………………………………5

5. 茎匍匐，稀直立，通常富含水汁；无花瓣，雄蕊通常 8 枚·········金腰子属 *Chrysosplenium* Tourn. ex L.

5. 茎直立；花有花瓣，雄蕊 10 枚···6

6. 基生叶掌状分裂，有时为 3 小叶；蒴果上部分离为长短不等而扁平的 2 个角······黄水枝属 *Tiarella* Linn.

6. 单叶不分裂；蒴果卵形或椭圆形，深裂或浅裂···7

7. 根粗壮；叶大而有腺状的小窝点；花较大，粉红紫色；心皮离生，基部结合

···岩白菜属 *Bergenia* Moench

7. 根纤细；叶无窝点；花小型，黄色、白色；心皮多少结合并与花托合生···············

···虎耳草属 *Saxifraga* Tourn. ex Linn.

8. 叶互生；果实为浆果···茶藨子属 *Ribes* Linn.

8. 叶对生；果实为蒴果···9

9. 花二型，花序边缘有大型不育的花·································八仙花属 *Hydrangea* Linn.

9. 花同型，均发育···10

10. 花 7～10 数；花柱 10 个；匍生灌木·································赤壁木属 *Decumaria* Linn.

10. 花 4 或 5 数，稀为 6 数···11

11. 植物体有星状毛；花 5 数，雄蕊 10 枚；花丝扁平，顶端有齿·················溲疏属 *Deutzia* Thunb.

11. 植物体无星状毛；花 4 数，雄蕊多数·································山梅花属 *Philadelphus* Linn.

（* 注：《中国植物志》中，索骨丹属的中文名修订为鬼灯檠属，红升麻属的中文名修订为落新妇属，苍耳七属的中文名修订为梅花草属，金腰子属的中文名修订为金腰属，八仙花属的中文名修订为绣球属）

　　八仙花属（*Hydrangea* Linn.）　　本属有 80 种，分布于亚洲及南、北美洲。中国约有 25 种，主要分布于西部和西南部；秦岭产 7 种及 1 变种。

八仙花属分种检索表（引自《秦岭植物志》）

1. 直立亚灌木或灌木···2

1. 木质藤本，枝平卧或攀缘，常有气根·································蔓生八仙花 *H. anomala* D. Don

2. 子房和蒴果半上位；蒴果为卵状椭圆形···3

2. 子房和蒴果全部下位；蒴果为半球形，顶端平截···4

3. 枝较细弱，二年生枝皮淡灰色或灰褐色，片状脱落；叶长卵形至长圆状宽披针形，边缘具尖锐细锯齿，背面密被长柔毛·································东陵八仙花 *H. bretschneideri* Dipp.

3. 枝较粗壮，二年生枝皮栗褐色，不脱落，有显著皮孔；叶倒卵状椭圆形，边缘有粗锯齿，背面脉上有伏生粗毛，脉腋内有束生毛·································黄脉八仙花 *H. xanthoneura* Diels

4. 小枝和叶柄具锈色或淡褐色长毛；不育花萼片 4 或 5·································锈毛八仙花 *H. fulvescens* Rehd.

4. 小枝和叶柄具短伏生毛或稀疏短曲柔毛···5

5. 叶披针形、长圆状披针形或长椭圆形；叶柄长 1.5～3 cm·································腊莲八仙花 *H. strigosa* Rehd.

5. 叶卵形或倒卵形；叶柄长 4～15 cm···6

6. 小枝淡绿色；叶纸质，边缘具小锯齿及复细锯齿，背面网脉显著·················线苞八仙花 *H. rosthornii* Diels

6. 小枝褐色；叶膜质，边缘具宽三角形锯齿，背面网脉微显著·················长柄八仙花 *H. longipes* Franch.

　　[* 注：《中国植物志》中，八仙花属的中文名修订为绣球属，蔓生八仙花的中文名修订为冠盖绣球，东陵八仙花的中文名修订为东陵绣球，黄脉八仙花的中文名修订为挂苦绣球，腊莲八仙花的中文名修订为蜡莲绣球，线苞八仙花的中文名修订为乐思绣球，长柄八仙花的中文名修订为莼兰绣球，锈毛八仙花修订为锈毛绣球 *H. longipes* Franch. var. *fulvescens*（Rehd.）W. T. Wang ex Wei，为莼兰绣球的变种]

　　45. 蔷薇科 Rosaceae　　草本、灌木或乔木，落叶或常绿，有刺或无刺。冬芽常具数个鳞片，有时仅具 2 个。叶互生，稀对生，单叶或复叶，有明显托叶，稀无托叶。花两性，稀单性。通常整齐，周位花或上位花；花轴上端发育成碟状、钟状、杯状或圆筒状的花托（又称萼筒），

在花托边缘着生萼片、花瓣和雄蕊；萼片和花瓣同数，通常 4 或 5，覆瓦状排列，稀无花瓣，萼片有时具副萼；雄蕊 5 至多数，稀 1 或 2，花丝离生，稀合生；心皮 1 至多数，离生或合生，有时与花托连合，每心皮有 1 至数个直立的或悬垂的倒生胚珠；花柱与心皮同数，有时连合，顶生、侧生或基生。果实为蓇葖果、瘦果、梨果或核果，稀蒴果。实习地蔷薇科植物资源丰富，常

图 10-164 蛇莓的花

见的有蛇莓 [Duchesnea indica（Andr.）Focke]、草莓（Fragaria × ananassa Duch.）、柔毛路边青（柔毛水杨梅）（Geum japonicum Thunb. var. chinense F. Bolle）、海棠花 [Malus spectabilis（Ait.）Borkh.]、中华绣线梅（Neillia sinensis Oliv.）、白毛银露梅（华西银腊梅，《秦岭植物志》）[Potentilla glabra Lodd. var. mandshurica（Maxim.）Hand.-Mazz.]、火棘 [Pyracantha fortuneana（Maxim.）Li]、峨眉蔷薇（Rosa omeiensis Rolfe）、喜阴悬钩子（Rubus mesogaeus Focke）及粉花绣线菊渐尖叶变种（尖叶绣线菊）（Spiraea japonica L. f. var. acuminata Franch.）等（图 10-164～图 10-178）。

图 10-165 蛇莓的果实

图 10-166 草莓的花

图 10-167 草莓的果实

图 10-168 柔毛路边青的花

图 10-169 柔毛路边青的花纵剖

图 10-170 柔毛路边青的果实

图 10-171 海棠花的花

图 10-172 白毛银露梅的花

图 10-173 白毛银露梅的花纵剖

图 10-174 中华绣线梅的花序

图 10-175 峨眉蔷薇的花

图 10-176 峨眉蔷薇的果枝

图 10-177 喜阴悬钩子的果枝

图 10-178 粉花绣线菊渐尖叶变种的花序

　　本科有 124 属 3300 余种，广布世界各地，以温带较多。中国有 55 属 1000 余种，遍布全国；秦岭产 33 属。

蔷薇科分属检索表（引自《秦岭植物志》）

1. 果实为开裂的蓇葖果或蒴果；心皮 1～5（12）个；托叶通常无，稀有（Ⅰ. 绣线菊亚科 Spiraeoideae）…2

1. 果实为不开裂的瘦果、核果或梨果；全有托叶··········6
2. 心皮 5 个，合生；蒴果 5 室，每室含 1 或 2 颗具翅的种子；花大，直径在 3 cm 以上，白色··········
···白鹃梅属 *Exochorda* Lindl.
2. 心皮 1～5 个，离生或基部稍合生；蓇葖果含多数无翅的种子；花小，直径不超过 1.5 cm，白色或粉红色
···3
3. 单叶··········4
3. 羽状复叶··········5
4. 心皮 1 或 2 个，蓇葖果 1 或 2 个；总状花序或圆锥花序；花粉红色或白色；萼筒管状，果实包于宿存的
萼筒内···绣线梅属 *Neillia* D. Don
4. 心皮 5 个，蓇葖果 5 个；伞形花序、伞形总状花序、复伞房花序或圆锥花序；花白色，少数粉红色；萼
筒钟状或杯状···绣线菊属 *Spiraea* Linn.
5. 落叶灌木，羽状复叶；花两性，呈顶生圆锥花序；心皮 5 个，中部以下稍合生
···珍珠梅属 *Sorbaria* (Ser.) A. Br. ex Aschers.
5. 多年生草本，2～3 回三出羽状复叶；花单性异株，顶生穗状圆锥花序；心皮 3 或 4 个，离生··········
···假升麻属 *Aruncus* Adans.
6. 子房下位，稀半下位；心皮 5，稀为 2 个，背部与杯状花托内壁多少连合；萼筒和花托在果实时变成肉
质的梨果（Ⅱ．梨亚科 *Pomoides*）··········7
6. 子房上位，少数（*Rosa*）下位；心皮多数，稀 1～5 个；果实为瘦果或核果··········19
7. 心皮（内果皮）在果熟时骨质；果实内含 1～5 颗坚果状小核··········8
7. 心皮（内果皮）在果熟时革质或纸质，稀软骨质；梨果 1～5 室，每室含 1 至数颗种子··········11
8. 单叶，全缘或具锯齿和裂片··········9
8. 羽状复叶，小叶全缘···石积木属 *Osteomeles* Lindl.
9. 枝无枝刺；叶全缘···枸子属 *Cotoneaster* B. Ehrhart
9. 枝有枝刺；叶缘有锯齿或裂片··········10
10. 叶常绿；心皮 5 个，各具成熟的胚珠 2 颗；复伞房花序·····················火棘属 *Pyracantha* Roem.
10. 叶凋落，稀半常绿；心皮 1～5 个，各具成熟的胚珠 1 颗；伞房花序，稀花单生···山楂属 *Crataegus* Linn.
11. 伞房花序、复伞房花序或圆锥花序··········12
11. 伞形花序或总状花序，有时花单生或簇生··········15
12. 心皮部分离生；花柱 2～5 个；离生或合生··········13
12. 心皮完全合生；花柱 5 个；离生···枇杷属 *Eriobotrya* Lindl.
13. 子房在果熟时上半部分与萼筒分离，胞背裂开成 5 瓣·····················红果树属 *Stranvaesia* Lindl.
13. 子房在果熟时仅顶端与萼筒分离，不裂开··········14
14. 叶常绿或凋落，单叶有锯齿，稀全缘；花梗多具疣点；萼宿存·····················石楠属 *Photinia* Lindl.
14. 叶凋落，羽状复叶或单叶，叶缘有锯齿或浅裂片，稀近于全缘；花梗不具疣点；萼脱落或宿存
···花楸属 *Sorbus* Linn.
15. 子房 2～5 室，每室含种子 1 或 2 颗··········16
15. 子房 5 室，每室含种子多数··········18
16. 子房（果实）具不完全的 4～10 室，每室含胚珠（种子）1 颗；总状花序；花瓣狭长圆形，基部楔形
···唐棣属 *Amelanchier* Medic.
16. 子房（果实）2～5 室，每室含胚珠（种子）2 颗；伞形总状花序；花瓣圆形或倒卵形，基部具短爪··········
···17
17. 花柱离生；果实含多数石细胞···梨属 *Pyrus* Linn.
17. 花柱基部合生；果实不含石细胞，稀含少数石细胞···苹果属 *Malus* Mill.
18. 花柱离生，萼宿存；叶全缘；枝无枝刺；花单生···榅桲属 *Cydonia* Mill.
18. 花柱基部合生；萼脱落；叶缘有锯齿；枝有枝刺或无；花单生或簇生·········木瓜属 *Chaenomeles* Lindl.

19. 心皮多数，着生于膨大的花托上，稀仅 1 或 2 个心皮着生于宿萼内，每心皮含 1 或 2 颗胚珠；果实为瘦果，稀为核果；萼宿存；复叶，稀为单叶（III . 蔷薇亚科 Rosoideae）·················20

19. 心皮 1，稀 2 个；果实为核果；萼脱落，稀宿存；单叶（IV . 李亚科 Prunoideae）·················32

20. 瘦果着生于杯状或壶状花托内·················21

20. 瘦果或小核果，着生于扁平、突起或微凹的花托上·················24

21. 心皮多数；花托成熟时肉质而具色泽；羽状复叶，稀为单叶；灌木，枝有皮刺········蔷薇属 Rosa Linn.

21. 心皮 1～4 个；花托成熟时干燥，坚硬；草本·················22

22. 花 5 基数，成狭总状花序；花瓣黄色；萼筒口缘具钩状刺毛·········龙芽草属 Agrimonia Linn.

22. 花 4 基数，成穗状花序或伞房状聚伞花序；花瓣无；萼筒口无钩状刺毛·················23

23. 花杂性，成穗状花序；萼片花瓣状，无副萼；雄蕊 4～12 枚；羽状复叶·······地榆属 Sanguisorba Linn.

23. 花两性，成伞房状聚伞花序；有萼片和副萼；雄蕊常 4 枚；单叶·······斗蓬草属 *Alchemilla Linn.

24. 托叶与叶柄离生；心皮 4～8 个，着生于扁平或微凹的花托基部·················25

24. 托叶常与叶柄合生；心皮数个至多数，稀少数，着生于球形或圆柱形突起的花托上·················26

25. 叶互生；花 5 基数；花瓣黄色；无副萼；心皮 5～8 个，各含 1 颗胚珠·········棣棠花属 Kerria DC.

25. 叶对生；花 4 基数；花瓣白色；有副萼；心皮 4 个，各含 2 颗胚珠······鸡麻属 Rhodotypos Sieb. et Zucc.

26. 心皮各含 2 颗胚珠；果实为聚合核果；无副萼；灌木，有刺，稀无刺；很少为草本·················悬钩子属 Rubus Linn.

26. 心皮各含 1 颗胚珠；果实为聚合瘦果；有副萼；草本，稀为无刺灌木·················27

27. 花柱顶生，宿存或脱落；胚珠直立·················28

27. 花柱侧生或基生，脱落或宿存；胚珠下垂·················29

28. 花柱羽状，宿存·················水杨梅属 *Geum Linn.

28. 花柱脱落·················无尾果属 Coluria R. Br.

29. 花托在果熟时肉质；草本·················30

29. 花托在果熟时干燥；草本或灌木·················31

30. 花白色，成伞房花序；萼片常全缘，副萼片比萼片小·················草莓属 Fragaria Linn.

30. 花黄色，单生叶腋；副萼片先端 3 裂，比萼片大·················蛇莓属 Duchesnea J. E. Smith

31. 雄蕊 5 枚，稀 10 枚；心皮 5～15 个；花小，黄色或紫红色；小叶先端常 3～5 裂；草本·················山金梅属 *Sibbaldia Linn.

31. 雄蕊和心皮均多数，在 10 枚以上；花大，黄色或白色，稀紫红色；小叶锯齿或全缘；草本，稀为灌木·················委陵菜属 Potentilla Linn.

32. 萼片 10；花瓣缺·················假稠李属 *Maddenia Hook. f. et Thoms.

32. 萼片 5；花瓣有而显著·················李属 Prunus Linn.

（*注：《中国植物志》中，石积木属的中文名修订为小石积属，斗蓬草属的中文名修订为羽衣草属，水杨梅属的中文名修订为路边青属，山金梅属的中文名修订为山莓草属，假稠李属的中文名修订为臭樱属，梨亚科以为苹果亚科 Maloideae）

水杨梅属（*Geum* Linn. ）　　本属约有 50 种，分布于南北两半球的温带。中国有 3 种，分布于东北至西南各省（自治区）；秦岭产 1 种及 2 变种。

水杨梅属分种检索表（引自《秦岭植物志》）

1. 植株被开展的长硬毛或近于无毛；果时花托具短毛·················水杨梅 *G. aleppicum Jacq.

1. 植株密被开展的淡黄色短柔毛和长柔毛；果时花托具长硬毛·················
·················柔毛水杨梅 *G. japonicum Thunb. var. chinense F. Bolle

（*注：《中国植物志》中，水杨梅的中文名修订为路边青，柔毛水杨梅的中文名修订为柔毛路边青）

46. 豆科 Fabaceae（Leguminosae） 乔木、灌木、亚灌木或草本，直立或攀缘，常有能固氮的根瘤。叶常绿或落叶，通常互生，一回或二回羽状复叶，少数为掌状复叶或3小叶，或单叶；托叶有时叶状或变为棘刺。花两性，稀单性，辐射对称或两侧对称，通常排成总状花序、聚伞花序、穗状花序、头状花序或圆锥花序；花被2轮；萼片（3~）5（6），分离或连合成管，有时二唇形；花瓣（0~）5（6），常与萼片的数目相等，稀较少或无，分离或连合成具花冠裂片的管，有时为蝶形花冠；雄蕊通常10枚，单体或二体雄蕊，花药2室，纵裂或有时孔裂；雌蕊通常由单心皮所组成，子房上位，1室。果为荚果。实习地的豆科植物也较多，有国家Ⅱ级重点保护野生植物野大豆（*Glycine soja* Sieb. et Zucc.）。常见的植物有杭子梢 [*Campylotropis macrocarpa*（Bunge）Rehd.]、紫荆（*Cercis chinensis* Bunge）、圆锥山蚂蝗（总状花序山蚂蝗）（*Desmodium elegans* DC.）、绿叶胡枝子（*Lespedeza buergeri* Miq.）、美丽胡枝子 [*Lespedeza thunbergii* subsp. *formosa*（Vogel）H. Ohashi]、天蓝苜蓿（*Medicago lupulina* L.）、紫苜蓿（*Medicago sativa* L.）、葛（野葛）[*Pueraria lobata*（Willd.）Ohwi]、刺槐（*Robinia pseudoacacia* Linn.）、紫藤（栽培）[*Wisteria sinensis*（Sims）Sweet]（图 10-179~图 10-191）。

图 10-179 紫荆的花

图 10-180 圆锥山蚂蝗的花序及果实

图 10-181 野大豆的果实

图 10-182 绿叶胡枝子的花序

图 10-183 天蓝苜蓿的花序

图 10-184 紫苜蓿的花序

图 10-185 杭子梢的花序和果实

图 10-186 美丽胡枝子的花序

图 10-187 刺槐的花序

图 10-188 紫藤的花

图 10-189 紫藤的花冠

图 10-190 紫藤的二体雄蕊

图 10-191 紫藤的果实

秦岭产 51 属 159 种 15 变种 1 变型。

豆科分亚科检索表（引自《秦岭植物志》）

1. 花辐射对称；花瓣镊合状排列，分离或于基部合生；雄蕊有定数或无定数········含羞草亚科 Mimosoideae
1. 花两侧对称；花瓣覆瓦状排列；雄蕊有定数··2
2. 花冠不为蝶形；最上面一花瓣在最里面，其他各瓣相似；雄蕊通常分离········云实亚科 Caesalpinioideae
2. 花冠蝶形；最上面一花瓣（旗瓣）在最外面，其他四瓣成对生的两对 [但紫穗槐属（Amorpha）的各瓣退化，只有一旗瓣]；雄蕊通常合生成两体或单体····················蝶形花亚科 Papilionoideae

（1）含羞草亚科（Mimosoideae） 秦岭产 2 属 3 种。

含羞草亚科分属检索表（引自《秦岭植物志》）

1. 乔木；雄蕊无定数；荚果不开裂···合欢属 Albizia Durazz.

1.草本；雄蕊与花瓣同数或为其二倍；荚果横裂为数节⋯⋯⋯⋯⋯⋯⋯⋯⋯⋯含羞草属 *Mimosa* Linn.

（2）云实亚科（Caesalpinioideae）　秦岭产 4 属 5 种 1 变种。

云实亚科分属检索表（引自《秦岭植物志》）

1.单叶，全缘，或先端 2 裂，或二分至基部而成 2 小叶⋯⋯⋯⋯⋯⋯⋯⋯⋯⋯⋯⋯⋯⋯⋯⋯2
1.羽状复叶⋯⋯⋯⋯⋯⋯⋯⋯⋯⋯⋯⋯⋯⋯⋯⋯⋯⋯⋯⋯⋯⋯⋯⋯⋯⋯⋯⋯⋯⋯⋯⋯⋯3
2.花于老干上簇生或成总状花序，具不相等的花瓣，而为假蝶形花冠（即旗瓣在芽中位于最内方）；荚果于腹缝线上具狭翅；单叶，全缘⋯⋯⋯⋯⋯⋯⋯⋯⋯⋯⋯⋯紫荆属 *Cercis* Linn.
2.花于当年生枝条上聚生成总状或圆锥花序，花瓣稍不相等，直立或展开而不呈蝶形；荚果于腹缝线上不具翅；叶通常 2 裂，或沿中脉全裂为 2 小叶⋯⋯⋯⋯⋯⋯⋯羊蹄甲属 *Bauhinia* Linn.
3.花杂性以至雌雄异株；种子含多量角质胚乳⋯⋯⋯⋯⋯⋯⋯⋯⋯⋯⋯皂荚属 *Gleditsia* Linn.
3.花两性，种子无胚乳⋯⋯⋯⋯⋯⋯⋯⋯⋯⋯⋯⋯⋯⋯⋯⋯⋯云实属 *Caesalpinia* Linn.

（3）蝶形花亚科（Papilionatae）　秦岭产 45 属 151 种 14 变种 1 变型。

蝶形花亚科分属检索表（引自《秦岭植物志》）

1.雄蕊 10，分离或仅基部合生⋯⋯⋯⋯⋯⋯⋯⋯⋯⋯⋯⋯⋯⋯⋯⋯⋯⋯⋯⋯⋯⋯⋯⋯⋯2
1.雄蕊 10，合生成单体或两体，除紫穗槐属（*Amorpha*）外，多数具显著的雄蕊管⋯⋯⋯⋯6
2.乔木或灌木，稀草木；羽状复叶；萼具 5 齿⋯⋯⋯⋯⋯⋯⋯⋯⋯⋯⋯⋯⋯⋯⋯⋯⋯⋯⋯3
2.灌木或草本；掌状复叶，具 3 小叶；萼具 5 裂⋯⋯⋯⋯⋯⋯⋯⋯⋯⋯⋯⋯⋯⋯⋯⋯⋯⋯5
3.荚果圆筒形，含种子少数至多数，种子间缢缩呈串珠状⋯⋯⋯⋯⋯⋯⋯槐属 *Sophora* Linn.
3.荚果扁平，含种子 1 至数粒，不为串珠状⋯⋯⋯⋯⋯⋯⋯⋯⋯⋯⋯⋯⋯⋯⋯⋯⋯⋯⋯⋯4
4.芽单生，具芽鳞，不为叶柄基部所覆盖；小叶对生或近对生；花序直立⋯⋯⋯⋯⋯⋯⋯⋯
⋯⋯⋯⋯⋯⋯⋯⋯⋯⋯⋯⋯⋯⋯⋯⋯⋯⋯⋯马鞍树属 *Maackia* Rupr. et Maxim.
4.芽叠生，不具芽鳞，但为叶柄基部所覆盖；小叶互生；花序直立或下垂⋯⋯香槐属 *Cladrastis* Rafin.
5.木本植物；托叶合生⋯⋯⋯⋯⋯⋯⋯⋯⋯⋯⋯黄花木属 *Piptanthus* D. Don ex Sweet.
5.草本植物；托叶分离⋯⋯⋯⋯⋯⋯⋯⋯⋯⋯⋯⋯⋯⋯野决明属 *Thermopsis* R. Br.
6.荚果如含种子 2 粒以上时，不在种子间裂为节荚，通常为二瓣开裂或不开裂⋯⋯⋯⋯⋯⋯7
6.当荚果为含 2 粒种子以上时，则于种子间横裂或紧缩为 2 至数节，各节荚常具网状纹，含 1 粒种子而不开裂，或有时荚果退化仅具 1 节⋯⋯⋯⋯⋯⋯⋯⋯⋯⋯⋯⋯⋯⋯⋯⋯⋯⋯⋯⋯39
7.草本植物；荚果含 1 至多数种子，开裂或不开裂⋯⋯⋯⋯⋯⋯⋯⋯⋯⋯⋯⋯⋯⋯⋯⋯⋯8
7.乔木、灌木或木质藤本；荚果通常含 1 或 2 粒种子，不开裂⋯⋯⋯⋯黄檀属 *Dalbergia* Linn. f.
8.雄蕊合生成单体；花药二型，即有长短两种交互而生，长者为基着，较短者为背着⋯⋯⋯⋯
⋯⋯⋯⋯⋯⋯⋯⋯⋯⋯⋯⋯⋯⋯⋯⋯⋯⋯⋯⋯猪屎豆属 *Crotalaria* Linn.
8.雄蕊合生为单体，或成为 9 与 1 的两组；花药［除补骨脂属（*Psoralea*）、油麻藤属*（*Mucuna*）等外］通常一式⋯⋯⋯⋯⋯⋯⋯⋯⋯⋯⋯⋯⋯⋯⋯⋯⋯⋯⋯⋯⋯⋯⋯⋯⋯⋯⋯⋯⋯⋯9
9.叶为羽状复叶或有时为具 3 小叶的掌状复叶；花序常呈伞形或头状，其下托以叶状苞片 1 至数片⋯⋯
⋯⋯⋯⋯⋯⋯⋯⋯⋯⋯⋯⋯⋯⋯⋯⋯⋯⋯⋯⋯⋯⋯⋯⋯⋯⋯百脉根属 *Lotus* Linn.
9.叶为羽状或掌状复叶，稀为单叶；花序有各种形式，如为伞形或头状花序时，其下亦不托以叶状苞片［有时车轴草属（*Trifolium*）例外］⋯⋯⋯⋯⋯⋯⋯⋯⋯⋯⋯⋯⋯⋯⋯⋯⋯⋯10

第十章 被子植物 135

10. 叶为 4 片乃至多数小叶所成的复叶，稀为 1~3 片小叶 ……………………………………………24

11. 叶为掌状或羽状复叶；小叶边缘通常有锯齿，托叶常与叶柄贴生；子房基部不包鞘状花盘；草本，但
    苜蓿属（Medicago）可为半灌木或灌木 …………………………………………………………………12

11. 叶为羽状或有时为掌状复叶；小叶全缘或有裂片，托叶不与叶柄贴生；子房基部为鞘状花盘所包 ……16

12. 叶为具 3 小叶的掌状复叶 ………………………………………………………车轴草属 Trifolium Linn.

12. 叶为具 3 小叶的羽状复叶 ………………………………………………………………………………13

13. 荚果弯曲成马蹄铁形或卷成螺旋形，稀为镰刀形，有刺或否，含种子 1 至数粒，不开裂；花序总状或
    穗状 ……………………………………………………………………………………苜蓿属 Medicago Linn.

13. 荚果劲直或微弯，但从不弯作马蹄铁形或镰刀形 ……………………………………………………14

14. 龙骨瓣等长或稍短于翼瓣；荚果小，卵形，先端无喙，含种子 1 或 2，不开裂或迟开裂；花排成细长总
    状花序 …………………………………………………………………………草木樨属 Melilotus Miller

14. 龙骨瓣甚为短小；荚果长或短，先端有喙，含种子 1 至多数，不开裂或 1 或 2 瓣开裂；花单生，或排
    成头状花序，或腋生成短总状花序 ……………………………………………………………………15

15. 荚果圆柱状，通常线形，膨胀或稍扁，先端具长喙；花单生，或成短总状花序 ……………………
    …………………………………………………………………………………胡卢巴属 Trigonella Linn.

15. 荚果扁平，椭圆形至狭长圆形，先端具短喙或喙不明显；花序通常短总状 ……………………………
    ………………………………………………………………………………扁蓿豆属 *Melissitus Medic.

16. 花单生或簇生，但常为总状花序，其花轴延续一致而无节瘤；花柱无毛；小托叶有或否 ……………17

16. 花亦常为总状花序，但其花轴于花的着生处常突出为节，或隆起如瘤；花柱具毛茸或否；小托叶通常
    存在 ……………………………………………………………………………………………………20

17. 叶下面常具腺体斑点；小托叶通常不存在；苞片无或早落 ……………………鹿藿属 Rhynchosia Lour.

17. 叶下面不具腺体斑点；小托叶通常存在；苞片［除大豆属（Glycine）外］宿存 ……………………18

18. 子房基部不具由鞘状腺体构成的花盘或花盘很不发达 ………………………大豆属 Glycine Willd.

18. 子房基部有由鞘状腺体构成的花盘 ………………………………………………………………19

19. 花分有花瓣和无花瓣两种类型；萼不倾斜，萼齿明显 ………………两型豆属 Amphicarpaea Elliot

19. 花为一种类型；萼倾斜，萼管截形，无萼齿，或近无萼齿 ………………山黑豆属 Dumasia DC.

20. 花柱不具须毛，稀于其下部具须毛 ………………………………………………………………21

20. 花柱上部的后方具纵列须毛，或柱头周围具茸毛 ………………………………………………22

21. 龙骨瓣较其他各瓣为长 ………………………………………………油麻藤属 *Mucuna Adans.

21. 所有各花瓣长度几相等 ……………………………………………………葛藤属 *Pueraria DC.

22. 龙骨瓣先端具螺旋卷曲的长喙 …………………………………………菜豆属 Phaseolus Linn.

22. 龙骨瓣先端近截形或具喙，但不为螺旋卷曲 ……………………………………………………23

23. 柱头倾斜，其下方（即花柱后方）具须毛 ………………………………豇豆属 Vigna Savi

23. 柱头顶生，其周围或在其下方具须毛 ……………………………………扁豆属 *Dolichos Linn.

24. 叶通常为偶数羽状复叶，叶轴先端多半具卷须或少数变为刚毛状 ………………………………25

24. 叶为奇数羽状复叶，如为偶数复叶时，则先端不具卷须，仅叶的中肋（即小叶轴）有时延伸作刺状；
    稀［如补骨脂属（Psoralea）］为单叶或具 3~5 小叶的掌状复叶 ………………………………28

25. 花柱圆柱形，上部四周被长柔毛或顶端外面被一束髯毛 ………………………野豌豆属 Vicia Linn.

25. 花柱扁，上部里面被刷状长柔毛 ……………………………………………………………………26

26. 花柱向外面纵折；托叶大于小叶；雄蕊管口截形 …………………………豌豆属 Pisum Linn.

26. 花柱不纵折；托叶或多或少小于小叶；雄蕊管口斜形 …………………………………………27

27. 种子双凸镜状；萼较花瓣稍长⋯⋯⋯⋯⋯⋯⋯⋯⋯⋯⋯⋯⋯⋯⋯兵豆属 *Lens* Mill.

27. 种子不为双凸镜状；萼较花瓣短⋯⋯⋯⋯⋯⋯⋯⋯⋯⋯⋯⋯⋯山黧豆属 *Lathyrus* Linn.

28. 植株被贴生的丁字毛；药隔顶端通常具腺体或延伸而成小毫毛⋯⋯⋯⋯木蓝属 *Indigofera* Linn.

28. 植株不具上述毛茸；药隔顶端不具任何附属体⋯⋯⋯⋯⋯⋯⋯⋯⋯⋯⋯⋯⋯⋯⋯⋯⋯⋯⋯29

29. 叶常具腺点或透明小点；雄蕊合生为单体；荚果通常含 1 种子而不开裂⋯⋯⋯⋯⋯⋯⋯30

29. 叶不具腺点；雄蕊通常为 9 与 1 的两组；荚果大都含种子 2 粒乃至多数，两瓣开裂，亦可不裂或迟裂

⋯⋯⋯⋯⋯⋯⋯⋯⋯⋯⋯⋯⋯⋯⋯⋯⋯⋯⋯⋯⋯⋯⋯⋯⋯⋯⋯⋯⋯⋯⋯⋯⋯⋯⋯⋯⋯⋯⋯31

30. 草本或半灌木；花为蝶形花冠；单叶⋯⋯⋯⋯⋯⋯⋯⋯⋯⋯⋯⋯补骨脂属 *Psoralea* Linn.

30. 灌木；花仅有一旗瓣，不为蝶形花冠；奇数羽状复叶⋯⋯⋯⋯⋯紫穗槐属 *Amorpha* Linn.

31. 花序通常为总状，顶生或腋生，有时与叶对生，或生于老干上⋯⋯⋯⋯紫藤属 *Wisteria* Nutt.

31. 花序为总状或穗状，亦可为伞形或头状；稀花单生或簇生，但通常腋生⋯⋯⋯⋯⋯⋯⋯⋯32

32. 荚果扁平⋯⋯⋯⋯⋯⋯⋯⋯⋯⋯⋯⋯⋯⋯⋯⋯⋯⋯⋯⋯⋯⋯刺槐属 *Robinia* Linn.

32. 荚果膨大，或圆筒形⋯⋯⋯⋯⋯⋯⋯⋯⋯⋯⋯⋯⋯⋯⋯⋯⋯⋯⋯⋯⋯⋯⋯⋯⋯⋯⋯⋯⋯⋯33

33. 旗瓣常较宽而开展或向后翻，花柱后方具纵列须毛⋯⋯⋯⋯⋯⋯⋯⋯⋯⋯⋯⋯⋯⋯⋯⋯⋯⋯34

33. 旗瓣常较窄狭，或近圆形及倒卵形，直立或开展，花柱通常无毛⋯⋯⋯⋯⋯⋯⋯⋯⋯⋯⋯35

34. 灌木；总状花序，花黄色⋯⋯⋯⋯⋯⋯⋯⋯⋯⋯⋯⋯⋯⋯⋯膀胱豆属 *Colutea* Linn.

34. 草本或半灌木；总状花序，花蓝紫色或红色⋯⋯⋯⋯⋯⋯苦马豆属 *Swalnsonia* Salisb.

35. 落叶灌木；叶通常为偶数羽状复叶，其中肋常延伸呈刺状而宿存，稀为掌状复叶而中肋不延伸⋯⋯⋯

⋯⋯⋯⋯⋯⋯⋯⋯⋯⋯⋯⋯⋯⋯⋯⋯⋯⋯⋯⋯⋯⋯⋯锦鸡儿属 *Caragana* Fabr.

35. 草本或灌木；叶通常为奇数羽状复叶，其中肋常与小叶一同脱落，如宿存，亦不呈刺状，但棘豆属

（*Oxytropis*）的少数种类例外⋯⋯⋯⋯⋯⋯⋯⋯⋯⋯⋯⋯⋯⋯⋯⋯⋯⋯⋯⋯⋯⋯⋯⋯⋯⋯36

36. 花成总状或穗状花序；药室顶端合生；花药不同大，其中 5 个较小；植株常被腺毛；荚果光滑或常具

刺与瘤状突起⋯⋯⋯⋯⋯⋯⋯⋯⋯⋯⋯⋯⋯⋯⋯⋯⋯⋯⋯甘草属 *Glycyrrhiza* Linn.

36. 花常成头状花序；药室顶端不合生；花药同型⋯⋯⋯⋯⋯⋯⋯⋯⋯⋯⋯⋯⋯⋯⋯⋯⋯⋯⋯37

37. 龙骨瓣先端具一锐利尖头；荚果 1 室，有时腹缝线伸入纵隔为 2 室⋯⋯⋯棘豆属 *Oxytropis* DC.

37. 龙骨瓣先端钝圆或稍尖锐⋯⋯⋯⋯⋯⋯⋯⋯⋯⋯⋯⋯⋯⋯⋯⋯⋯⋯⋯⋯⋯⋯⋯⋯⋯⋯⋯38

38. 龙骨瓣与翼瓣近等长；荚果常以背缝线的深入纵隔为 2 室⋯⋯⋯⋯⋯黄芪属 *Astragalus* Linn.

38. 龙骨瓣长度约及翼瓣之半；荚果 1 室⋯⋯⋯⋯⋯⋯⋯⋯⋯米口袋属 *Gueldenstaedtia* Fisch.

39. 雄蕊合生为单体，或为 5 与 5 的两组⋯⋯⋯⋯⋯⋯⋯⋯⋯⋯⋯⋯⋯⋯⋯⋯⋯⋯⋯⋯⋯⋯40

39. 雄蕊通常合生为 9 与 1 的两组，其后方的 1 枚雄蕊完全分离，亦可仅其基部分离，余则仍与雄蕊管多

少合生，在后者情形中有如山蚂蝗属（*Desmodium*）等，有时亦被认为雄蕊合生为单体⋯⋯⋯41

40. 草本或灌木；叶为奇数或偶数羽状复叶；雄蕊合生为单体，但其雄蕊管常于最后时期在前后两方纵裂

开，而将雄蕊分为 5 与 5 的两组，花药一式⋯⋯⋯⋯⋯⋯⋯⋯合萌属 *Aeschynomene* Linn.

40. 一年生草本；叶为偶数复叶；雄蕊合生为单体，花药有长短两式，交互而生⋯⋯落花生属 *Arachis* Linn.

41. 叶为具多数小叶的羽状复叶；小托叶通常不存在⋯⋯⋯⋯⋯⋯⋯岩黄耆属 *Hedysarum* Linn.

41. 叶为具 3 小叶［或在山蚂蝗属（*Desmodium*）中有时为多数小叶］的羽状复叶，或为单叶⋯⋯⋯42

42. 小托叶通常存在；荚果 2 至数节，稀 1 节含 1 种子⋯⋯⋯⋯⋯山蚂蝗属 *Desmodium* Desv.

42. 小托叶不存在；荚果通常 1 节含 1 种子⋯⋯⋯⋯⋯⋯⋯⋯⋯⋯⋯⋯⋯⋯⋯⋯⋯⋯⋯⋯⋯43

43. 托叶大型，膜质，宿存；一年生草本⋯⋯⋯⋯⋯⋯⋯⋯⋯⋯⋯鸡眼草属 *Kummerowia* Schindl.

43. 托叶细小，锥形，脱落性；灌木或草本⋯⋯⋯⋯⋯⋯⋯⋯⋯⋯⋯⋯⋯⋯⋯⋯⋯⋯⋯⋯⋯44

44. 苞片宿存，其腋间通常具 2 花；花梗不具关节⋯⋯⋯⋯⋯⋯⋯胡枝子属 *Lespedeza* Michx.

44. 苞片通常脱落，其腋间仅具 1 花；花梗于萼下具关节⋯⋯⋯⋯杭子梢属 *Campylotropis* Bunge

（*注：《中国植物志》中，扁蓿豆属 *Melissitus* 为胡卢巴属 *Trigonella* 的异名，油麻藤属的中文名修订为黧豆属，扁豆属的中文名修订为镰扁豆属，葛藤属的中文名修订为葛属，膀胱豆的中文名修订为鱼鳔槐属，*Swalnsonia* 作为苦马豆属 *Sphaerophysa* DC. 的异名，黄芪属的中文名修订为黄耆属）

1）山蚂蝗属（*Desmodium* Desv.）：秦岭产 4 种。

山蚂蝗属分种检索表（引自《秦岭植物志》）

1. 荚果线形，节间稍缩，无细长果柄····················总状花序山蚂蝗 *D. elegans* DC.（*D. spicatum* Rehd.）
1. 荚果自背缝线深裂至腹缝线，荚节半倒卵状三角形或半菱形；有果柄······················2
2. 小叶狭披针形，宽 1～1.5 cm；果柄长 3 mm；花长 5 mm····四川山蚂蝗 *D. szechuenense*（Craib）Schindl.
2. 小叶宽，圆菱形或椭圆状菱形；果柄长 3～5 mm；花长约 4 mm·······················3
3. 小叶圆菱形；果柄长 5 mm·····························圆菱叶山蚂蝗 *D. podocarpum* DC.
3. 小叶椭圆状菱形；果柄长 3～4 mm······················山蚂蝗 *D. racemosum*（Thunb.）DC.

{* 注：中国植物志中，总状花序山蚂蝗的中文名修订为圆锥山蚂蝗；四川山蚂蝗和圆菱叶山蚂蝗均置于长柄山蚂蝗属（*Podocarpium*），四川山蚂蝗修订为四川长柄山蚂蝗 [*Podocarpium podocarpum*（DC.）Yang et Huang var. *szechuenense*（Craib）Yang et Huang]，圆菱叶山蚂蝗修订为长柄山蚂蝗 [*Podocarpium podocarpum*（DC.）Yang et Huang]}

2）胡枝子属（*Lespedeza* Michx.）：秦岭产 10 种。

胡枝子属分种检索表（引自《秦岭植物志》）

1. 花不具无瓣花；萼 4 裂···2
1. 花具无瓣花；萼 5 裂···5
2. 花序一般较叶长···3
2. 花序一般较叶短···4
3. 萼裂不超过 1/2，旗瓣较龙骨瓣长······················胡枝子 *L. bicolor* Turcz.
3. 萼裂超过 1/2，旗瓣较龙骨瓣短···················美丽胡枝子 *L. formosa*（Vog.）Koehne
4. 小叶先端钝圆；花紫色·····························短梗胡枝子 *L. cyrtobotrya* Miq.
4. 小叶先端急尖或渐尖；花黄色或白色，仅基部紫色········绿叶胡枝子 *L. buergeri* Miq.
5. 花紫色···多花胡枝子 *L. floribunda* Bunge
5. 花黄绿色、淡黄色、白色至淡红色···································6
6. 总状花序较叶长···7
6. 总状花序较叶短···8
7. 小叶长 1.5～6 cm，两面被白色柔毛；总花梗粗壮，萼较荚果长；荚果倒卵状椭圆形，密被白色短柔毛，网脉不明显··································山豆花 *L. tomentosa*（Thunb.）Sieb. ex Maxim.
7. 小叶长 1～3 cm，上面无毛，仅下面被贴伏白毛；总花梗纤细，萼较荚果短；荚果卵圆形或近圆形，无毛或微被白色短柔毛，网脉明显·····················细梗胡枝子 *L. virgata*（Thunb.）DC.
8. 小叶长 1～4.2 cm；花黄绿色·······················达乌里胡枝子 *L. davurica*（Laxm.）Schindl.
8. 小叶长 0.7～2.5 cm；花白色或淡红色，具紫色斑纹·······························9
9. 小叶楔状长圆形或近长圆形，先端平截，基部楔形，宽 4～6 mm；花白色至淡红色··································截叶铁扫帚 *L. cuneata*（Dum.-Cours.）G. Don
9. 小叶长圆形，先端钝圆，基部宽楔形，宽 4～15 mm；花白色···白指甲花 *L. inschanica*（Maxim.）Schindl.

[* 注：《中国植物志》中，山豆花的中文名修订为绒毛胡枝子，达乌里胡枝子 *L. davurica*（Laxm.）Schindl. 修订为兴安胡枝子 *L. daurica*（Laxm.）Schindl.，白指甲花的中文名修订为阴山胡枝子]

47. 牻牛儿苗科 Geraniaceae 草本。叶片通常掌状或羽状分裂。聚伞花序；花两性，辐射对称；萼片 5；花瓣 5，覆瓦状排列；雄蕊 10～15，2 轮，花药丁字着生，纵裂；蜜腺 5；子房上位，心皮 2-3-5，3～5 室，每室具 1～2 个倒生胚珠。蒴果，由中轴延伸成喙，室间开裂，每果瓣具 1 粒种子，成熟时果瓣通常爆裂，开裂的果瓣由基部向上反卷或成螺旋状卷曲，顶部通常附着于中轴顶端。实习地常见的牻牛儿苗科植物有湖北老鹳草（血见愁老鹳草）（*Geranium rosthornii* R. Knuth）、鼠掌老鹳草（*Geranium sibiricum* L.）（图 10-192～图 10-197）。

图 10-192   湖北老鹳草的花

图 10-193   湖北老鹳草的花纵剖

图 10-194   湖北老鹳草的块根

图 10-195   鼠掌老鹳草的花

图 10-196   鼠掌老鹳草的花纵剖

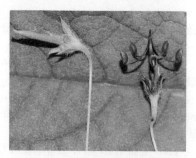
图 10-197   鼠掌老鹳草的果实

秦岭产 3 属 12 种。

牻牛儿苗科分属检索表（引自《秦岭植物志》）

1. 花淡黄色，小型，不全开展；蒴果无尾状喙⋯⋯⋯⋯⋯⋯⋯⋯⋯⋯熏倒牛属 *Biebersteinia* Steph. ex Fisch.
1. 花紫红色、蓝紫色、粉红色或白色；蒴果具尾状喙⋯⋯⋯⋯⋯⋯⋯⋯⋯⋯⋯⋯⋯⋯⋯⋯⋯⋯⋯⋯2
2. 雄蕊仅 5 枚有花药；蒴果成熟时果瓣由基部向上成螺旋状背卷，内面有毛⋯⋯⋯⋯⋯⋯⋯⋯⋯⋯⋯
⋯⋯⋯⋯⋯⋯⋯⋯⋯⋯⋯⋯⋯⋯⋯⋯⋯⋯⋯⋯⋯⋯⋯⋯⋯⋯⋯⋯⋯牻牛儿苗属 *Erodium* L. Her.

2. 雄蕊都有花药；蒴果成熟时果瓣向上背卷，内面无毛……………………老鹳草属 *Geranium* Linn.

48. 旱金莲科 Tropaeolaceae　　　　一年生或多年生草本，肉质有液汁，单叶互生或下部的对生，无托叶。花单生，两性，两侧对称，花萼 5，其中之一延长为距，花瓣 5，果不开裂。实习地常见的植物为栽培的旱金莲（*Tropaeolum majus* L.）（图 10-198，图 10-199）。

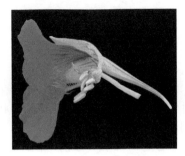

图 10-198　旱金莲的花　　　　　　图 10-199　旱金莲的花纵剖

49. 冬青科 Aquifoliaceae　　　　乔木或灌木；单叶，互生，具锯齿、腺状锯齿或具刺齿。花小，辐射对称，单性，稀两性或杂性，排列成聚伞花序、假伞形花序、总状花序、圆锥花序；花萼 4～6；花瓣 4～6，分离或基部合生，通常圆形，或先端具 1 内折的小尖头；雄蕊与花瓣同数，或 4～12（雌花中退化雄蕊存在，常呈箭头状）；子房上位，心皮 2～5，合生，2 至多室，每室具 1，稀 2 枚胚珠。果通常为浆果状核果，具 2 至多数分核。实习地常见的有猫儿刺（*Ilex pernyi* Franch.）。

50. 卫矛科 Celastraceae　　　　常绿或落叶乔木、灌木。单叶对生或互生。花两性或退化为功能性不育的单性花，杂性同株；聚伞花序 1 至多次分枝；花 4 或 5 数，花萼基部通常与花盘合生，常具明显肥厚花盘，雄蕊与花瓣同数，花药 2 室或 1 室，心皮 2～5，合生，子房下部常陷入花盘而与之合生，子房室与心皮同数或 1 室，具假种皮。多为蒴果，亦有核果、翅果或浆果。实习地常见的卫矛科植物有卫矛 [*Euonymus alatus*（Thunb.）Sieb.]、栓翅卫矛（*Euonymus phellomanus* Loes.）和陕西卫矛（*Euonymus schensianus* Maxim.）等（图 10-200～图 10-203）。

51. 檀香科 Santalaceae　　　　草本或灌木，常为寄生或半寄生。单叶，有时退化呈鳞片状。花小，两性或单性，集成聚伞花序、伞形花序、圆锥花序、总状花序、穗状花序或簇生；花被 1 轮，常稍肉质；雄花花被裂片 3 或 4 枚，稀 5 或 6（～8）枚，内面位于雄蕊着生处有疏毛或舌状物；雄蕊与花被裂片同数且对生；雌花或两性花具下位或半下位子房，子房 1 室或 5～12室；胚珠 1～3，无珠被，着生于特立中央胎座顶端或自顶端悬垂。核果或小坚果。实习地常见的有米面蓊 [*Buckleya lanceolate*（Sieb. et Zucc.）Miq.]。

图 10-200　卫矛的枝条及木栓质翅　　　　图 10-201　卫矛的果枝

图 10-202　陕西卫矛的果实　　　　　　图 10-203　栓翅卫矛的果序

52. 桑寄生科 Loranthaceae　　半寄生性灌木、亚灌木，稀草本，寄生于木本植物的茎或枝上。叶对生，叶片全缘或叶退化成鳞片状。花两性或单性，排成总状、穗状、聚伞状或伞形花序等。副萼短或无；花被片 3～6（～8）枚，花瓣状或萼片状；雄蕊与花被片等数，对生，且着生其上；心皮 3～6 枚，子房下位，1 室，稀 3 或 4 室，特立中央胎座或基生胎座，稀不形成胎座，无胚珠，由胎座或在子房室基部的造孢细胞发育成一至数个胚囊。浆果。

53. 蛇菰科 Balanophoraceae　　一年生或多年生肉质草本，无正常根，靠根茎上的吸盘寄生于寄主植物的根上。花茎圆柱状，出自根茎顶端；鳞片状苞片互生、2 列或近对生；花序肉穗状或头状，花单性，雌雄花同株或异株；雄花常比雌花大，花被存在时 3～6（8～14）裂；雄蕊在无花被花中有 1 或 2 枚，在具花被花中常与花被裂片同数且对生；雌花微小，无花被或花被与子房合生；子房上位，1～3 室，花柱 1～2 枚；胚珠每室 1 枚，无珠被或具单层珠被。坚果。实习地分布有筒鞘蛇菰（鞘苞蛇菰）（*Balanophora involucrata* Hook. f.）。

54. 酢浆草科 Oxalidaceae　　一年生或多年生草本。指状或羽状复叶或小叶萎缩而成单叶，基生或茎生；花两性，单花或组成近伞形花序或伞房花序；萼片 5，离生或基部合生；花瓣 5，有时基部合生，旋转排列；雄蕊 10 枚，2 轮，5 长 5 短，花丝基部通常连合，有时 5 枚无药；雌蕊由 5 枚合生心皮组成，子房上位，5 室，每室有 1 至数颗胚珠，中轴胎座，花柱 5 枚。蒴果或浆果。实习地常见的有酢浆草（*Oxalis corniculata* L.）。

55. 大戟科 Euphorbiaceae　　乔木、灌木或草本；木质根；常有乳状汁液，白色。叶互生，少有对生或轮生，单叶，稀为复叶，边缘全缘或有锯齿；托叶 2，着生于叶柄的基部两侧。花单性，雌雄同株或异株，单花或组成各式花序，通常为聚伞或总状花序，在大戟类中为杯状聚伞花序；萼片分离或在基部合生，有时萼片极度退化或无；花瓣有或无；花盘环状或分裂成为腺体状；雄蕊 1 枚至多数，雄花常有退化雌蕊；子房上位，3 室，每室有 1 或 2 颗胚珠着生于中轴胎座上，柱头二分叉，形状多变，表面平滑或有小颗粒状凸体。果为蒴果，或为浆果状或核果状。实习地常见的大戟科植物有雀儿舌头 [*Leptopus chinensis*（Bunge）Pojark.] 等（图 10-204～图 10-205）。

图 10-204　雀儿舌头的花及果实

56. 鼠李科 Rhamnaceae　灌木、藤状灌木或乔木，稀草本，通常具刺或无刺。单叶互生或近对生，全缘或具齿，托叶小，有时变为刺。花小，整齐，两性或单性，稀杂性，雌雄异株，常排成聚伞花序、穗状圆锥花序、聚伞总状花序、聚伞圆锥花序，4基数；萼钟状或筒状，淡黄绿色，内面中肋中部有时具喙状突起；花瓣极凹，匙形或兜状，基部常具爪；雄蕊与花瓣对生，花药2室，纵裂，花盘明显发育，贴生于萼筒上，杯状、壳斗状或盘状；子房上位、半下位至下位，通常3或2室，稀4室，每室有1基生的倒生胚珠。核果、浆果状核果、蒴果状核果或蒴果。实习地常见的有勾儿茶（Berchemia sinica Schneid.）等。

图 10-205　雀儿舌头的雌花和雄花

57. 葡萄科 Vitaceae　攀缘木质藤本，稀草质藤本，具有卷须与叶对生，或直立灌木，无卷须。单叶、羽状或掌状复叶，互生。花小，两性或杂性，排列成伞房状多歧聚伞花序、复二歧聚伞花序、圆锥状多歧聚伞花序，4或5基数；萼呈碟形或浅杯状，萼片细小；花瓣与萼片同数；雄蕊与花瓣对生，雌花中雄蕊常较小，败育；花盘呈环状或分裂；子房上位，通常2室，每室有2颗胚珠，果实为浆果，有种子1至数颗。实习地常见的葡萄科植物有五叶地锦［Parthenocissus quinquefolia（L.）Planch.］、乌蔹莓［Cayratia japonica（Thunb.）Gagnep.］及栽培植物葡萄（Vitis vinifera L.）等（图 10-206）。

58. 胡颓子科 Elaeagnaceae　常绿或落叶直立灌木或攀缘藤本，全体被银白色或褐色至锈色盾形鳞片或星状绒毛。单叶互生，全缘。花两性或单性，单生或数花组成叶腋生的伞形总状花序，白色或黄褐色，具香气；花萼常连合成筒，顶端4裂，稀2裂，在子房上面通常明显收缩；无花瓣；雄蕊着生于萼筒喉部或上部，与裂片互生；子房上位，包被于花萼管内，1心皮，1室，1胚珠。瘦果或坚果，为增厚的萼管所包围，核果状，红色或黄色。实习地常见的有牛奶子（Elaeagnus umbellata Thunb.）等（图 10-207）。

图 10-206　葡萄的植株、花序及果序

图 10-207　牛奶子的花和果实

59. 凤仙花科 Balsaminaceae　一年生或多年生草本，稀附生或亚灌木。单叶，对生或轮生，边缘具圆齿或锯齿。花两性，雄蕊先熟，两侧对称，总状或假伞形花序；萼片3，稀5，侧生萼片离生或合生，下面倒置的1枚萼片（唇瓣）大，花瓣状，通常呈舟状、漏斗状或囊状，基部渐狭或急收缩成具蜜腺的距；花瓣5，分离，位于背面的1枚花瓣（即旗瓣）离生，小或大，扁平或兜状，背面常有鸡冠状突起，下面的侧生花瓣成对合生成2裂的翼瓣，基部裂片小于上部的裂片；雄蕊5，与花瓣互生，花丝扁平，内侧具鳞片状附属物，在雌蕊上部连合或贴生，环绕子房和柱头，在柱头成熟前脱落；花药2室，缝裂或孔裂；雌蕊由4或5心皮组成；子房上位，4或5室，每室具2至多数倒生胚珠；花柱1，柱头1～5。果实为假浆果或4或5裂片

弹裂的蒴果。实习地常见的凤仙花科植物有裂距凤仙花（*Impatiens fissicornis* Maxim.）、水金凤（*Impatiens noli-tangere* Linn.）、窄萼凤仙花（*Impatiens stenosepala* Pritz. ex Diels）等（图 10-208～图 10-213）。

图 10-208　裂距凤仙花的花纵剖

图 10-209　水金凤的花

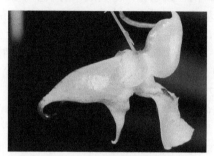

图 10-210　水金凤的花侧面观

图 10-211　水金凤的花纵剖

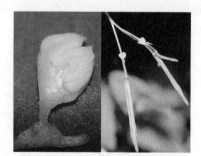

图 10-212　水金凤的雄蕊和果实

图 10-213　窄萼凤仙花的花

秦岭产 1 属 8 种。

凤仙花属（*Impatiens* Linn.）分种检索表（引自《秦岭植物志》）

1. 栽培植物；花 1 至数朵簇生于叶腋，无明显的总花梗；蒴果纺锤形，密被茸毛…………凤仙花 *I. balsamina* L.
1. 野生植物；花 1 至数朵腋生，具明显的总花梗；蒴果长圆形或线形，无毛………………………………………2
2. 萼片 4，线形或线状披针形……………………………………………………窄萼凤仙花 *I. stenosepala* Pritz. ex Diels
2. 萼片 2，宽卵形或近圆形……………………………………………………………………………………………………3
3. 花单生于叶腋………4
3. 花 2～5 朵生于总花梗上，稀单生………………………………………………………………………………………5
4. 花紫红色，唇瓣延伸成细长内弯距………………………………………………翼萼凤仙花 *I. pterosepala* Hook. f.

4. 花黄色，唇瓣延伸呈勾状短距，距 2 裂·················裂距凤仙花 *I. fissicornis* Maxim.

5. 花紫红色，距 2 裂·····························宽角凤仙花*I. platyceras* Maxim.

5. 花黄色，距不裂···6

6. 花小，翼瓣长 0.5 cm；花药先端钝··············西固凤仙花 *I. notolophora* Maxim.

6. 花大，翼瓣长 1 cm 以上；花药先端尖···7

7. 叶卵形或椭圆形，先端钝或具短尖；基生叶叶柄长 2～4 cm············水金凤 *I. noli-tangere* Linn.

7. 叶卵形或长圆形，先端渐尖；叶柄较短··················陇南凤仙花 *I. potaninii* Maxim.

     （*注：《中国植物志》中，宽角凤仙花的中文名修订为宽距凤仙花）

60. 芍药科（毛茛科芍药亚科）Paeoniaceae

图 10-214　牡丹的花

灌木、亚灌木或多年生草本。根圆柱形或具纺锤形的块根。叶通常为二回三出复叶，小叶片不裂而全缘，或分裂、裂片常全缘。单花顶生或数朵生于枝顶；萼片 3～5，宽卵形，大小不等；花瓣 5～13（栽培者多为重瓣），倒卵形；雄蕊多数，离心发育，花丝狭线形，花药黄色，纵裂；花盘杯状或盘状，革质或肉质；心皮多为 2 或 3，稀 4～6 或更多，离生，有毛或无毛，胚珠多数，沿心皮腹缝线排成 2 列。蓇葖果成熟时沿心皮的腹缝线开裂。实习地常见有栽培的牡丹（*Paeonia suffruticosa* Andr.）（图 10-214）。

61. 山茶科 Theaceae

乔木或灌木。叶革质，常绿。花两性，稀雌雄异株，单生或数花簇生；萼片 5 至多片，有时向花瓣过渡；花瓣 5 至多片，基部合生，稀分离，白色或红色及黄色；雄蕊多数，稀为 4 或 5 数，花丝分离或基部合生，子房上位，稀半下位，2～10 室；胚珠每室 2 至多数，中轴胎座。蒴果或核果。实习地常见的有陕西紫茎（*Stewartia shensiensis* Chang）。

62. 藤黄科 Clusiaceae（Guttiferae）

乔木或灌木，稀为草本，在裂生的空隙或小管道内含有树脂或油。叶为单叶，具透明腺点，全缘，对生或轮生，聚伞花序或为单花；小苞片通常生于花萼之紧接下方，与花萼难以区分。花两性或单性，轮状排列或部分螺旋状排列，通常整齐，下位。萼片(2)4～5(6)，覆瓦状排列或交互对生，内部的有时花瓣状。花瓣(2)4～5(6)，离生，覆瓦状排列或旋卷。雄蕊多数，离生或成 4～5（～10）束合生。子房上位，通常有 5 或 3 个多少合生的心皮，1～12 室，具中轴或侧生或基生的胎座。果为蒴果、浆果或核果。实习地藤黄科最常见的植物有黄海棠（*Hypericum ascyron* L.）、贯叶连翘（*Hypericum perforatum* L.）（图 10-215～图 10-220）。

图 10-215　黄海棠的花序

图 10-216　黄海棠的花

秦岭产 1 属 8 种。

图 10-217　黄海棠的花纵剖

图 10-218　黄海棠的多体雄蕊和胎座

图 10-219　贯叶连翘的花

图 10-220　贯叶连翘花的结构及叶局部放大

金丝桃属（*Hypericum* Linn.）分种检索表（引自《秦岭植物志》）

1. 草本···2
1. 灌木···6
2. 茎具 4 棱；叶宽披针形；花柱 5 枚，细长，在中部以上 5 裂·······················黄海棠 *H. ascyron* L.
2. 茎不具 4 棱；花柱 3 枚，分离或花柱细长而顶端 5 裂···3
3. 叶对生，基部完全合生为一体，茎贯穿其中心；花柱 3 枚，分离；蒴果卵圆形，具黄褐色腺点·
··元宝草 *H. sampsonii* Hance
3. 叶对生，基部心形，抱茎；花柱细长，顶端 5 裂；蒴果圆锥形···4
4. 萼片、花瓣边缘及花药顶端不具黑色腺点···········突脉金丝桃 *H. przewalskii* Maxim.
4. 萼片、花瓣边缘及花药顶端均具黑色腺点···5
5. 叶两面及边缘散生黑色腺点；萼片卵形··················赶山鞭 *H. attenuatum* Choisy
5. 叶上面布满透明腺点；萼片披针形·······················贯叶连翘 *H. perforatum* L.
6. 花单独顶生或腋生，通常 1 朵·······················长柱金丝桃 *H. longistylum* Oliv.
6. 花单生枝端或成聚伞花序，通常数朵···7
7. 萼片卵状长圆形；雄蕊与花瓣等长或略长；花柱细长，顶端 5 裂·············金丝桃 *H. chinense* Linn.
7. 萼片卵圆形；雄蕊短于花瓣；花柱 5，分离·············金丝梅 *H. patulum* Thunb. ex Murray
　（*注：《中国植物志》中，金丝桃 *H. chinense* 为金丝桃 *H. monogynum* 的异名）

　　63. 瑞香科 Thymelaeaceae　　落叶或常绿灌木或小乔木；茎通常具发达的韧皮纤维。单叶互生或对生，革质或纸质，边缘全缘。花辐射对称，两性或单性，头状、穗状、总状、圆锥或伞形花序，有时单生或簇生；花萼为花冠状，白色、黄色或淡绿色，稀红色或紫色，常连合成萼筒，裂片 4 或 5；花瓣缺，或鳞片状；雄蕊通常为萼裂片的 2 倍或同数，多与裂片对生；子房上位，心皮 2～5 个合生。浆果、核果或坚果，稀为 2 瓣开裂的蒴果，果皮膜质、革质、木质或肉质。实习地常见的瑞香科植物有黄瑞香（*Daphne giraldii* Nitsche）、唐古特瑞香（甘肃瑞香）（*Daphne tangutica* Maxim.）（图 10-221～图 10-223）。

图 10-221　黄瑞香的花序　　　　　　图 10-222　黄瑞香的果序

64. 柳叶菜科 Onagraceae　　　一年生或多年生草本，有时为半灌木或灌木，稀为小乔木，有的为水生草本。叶互生或对生；托叶小或不存在。花两性，稀单性，辐射对称或两侧对称，单生于叶腋或排成顶生的穗状花序、总状花序或圆锥花序。花通常 4 数，稀 2 或 5 数；花管存在或不存在；萼片 4 或 5，花瓣 4 或 5；雄蕊(2～)4，或 8 或 10 排成 2 轮；花药丁字着生；子房下位，(1～2～)4～5 室，每室有少数或多数胚珠，中轴胎座。果为蒴果、浆果或坚果。实习地常见的柳叶菜科植物有露珠草（*Circaea cordata* Royle，牛泷草）、秃梗露珠草［*Circaea glabrescens*（Pamp.）Hand.-Mazz.］、光滑柳叶菜［*Epilobium amurense* Hausskn. subsp. *cephalostigma*（Hausskn.）C. J. Chen］、待宵草（*Oenothera stricta* Ledeb. et Link）等（图 10-224～图 10-229）。

图 10-223　唐古特瑞香的植株

图 10-224　露珠草的花及幼果

图 10-225　秃梗露珠草的花

图 10-226　光滑柳叶菜的花

图 10-227　光滑柳叶菜的胎座

图 10-228　待宵草的花

图 10-229　待宵草的花纵剖
[示雄蕊(1)和雌蕊(2)]

秦岭产 7 属 15 种。

柳叶菜科分属检索表（引自《秦岭植物志》）

1. 萼具 2 裂片，花瓣 2；雄蕊 2，子房 2 室，每室有 1 胚珠；果坚果状，有钩状毛⋯⋯ 露珠草属 Circaea L.
1. 萼具 4～6 裂片，花瓣（0）4～6，雄蕊在 4 枚以上，子房 4 或 5 室，每室有一至多数胚珠⋯⋯⋯⋯⋯⋯ 2
   2. 子房每室有 1 胚珠；果核果状（栽培）⋯⋯⋯⋯⋯⋯⋯⋯⋯⋯⋯⋯⋯⋯⋯ 山桃草属 Gaura L.
   2. 子房每室有多数胚珠⋯⋯⋯⋯⋯⋯⋯⋯⋯⋯⋯⋯⋯⋯⋯⋯⋯⋯⋯⋯⋯⋯⋯⋯⋯⋯⋯⋯⋯⋯ 3
      3. 花大，红色、紫色或部分白色，常垂生，雄蕊及花柱伸出花外；灌木状草本；浆果⋯⋯
      ⋯⋯⋯⋯⋯⋯⋯⋯⋯⋯⋯⋯⋯⋯⋯⋯⋯⋯⋯⋯⋯⋯⋯⋯⋯⋯⋯⋯⋯⋯⋯ 倒挂金钟属 Fuchsia L.
      3. 花小或大，黄色或紫红色，直立，雄蕊及花柱多不伸出花外；草本；蒴果⋯⋯⋯⋯⋯⋯ 4
         4. 种子具束毛⋯⋯⋯⋯⋯⋯⋯⋯⋯⋯⋯⋯⋯⋯⋯⋯⋯⋯⋯⋯⋯⋯⋯⋯⋯⋯⋯⋯⋯⋯⋯⋯⋯⋯⋯ 5
         4. 种子不具束毛⋯⋯⋯⋯⋯⋯⋯⋯⋯⋯⋯⋯⋯⋯⋯⋯⋯⋯⋯⋯⋯⋯⋯⋯⋯⋯⋯⋯⋯⋯⋯⋯⋯⋯ 6
            5. 花辐射对称；雄蕊 2 轮⋯⋯⋯⋯⋯⋯⋯⋯⋯⋯⋯⋯⋯⋯⋯⋯⋯⋯⋯⋯⋯ 柳叶菜属 Epilobium L.
            5. 花两侧对称；雄蕊 1 轮⋯⋯⋯⋯⋯⋯⋯⋯⋯⋯⋯⋯⋯⋯⋯ 柳兰属 *Chamaenerion Seguier
            6. 花梗顶端无苞片，花瓣大，显著，黄色、白色或玫瑰红色；果室背开裂（栽培）⋯⋯ 月见草属 Oenothera L.
            6. 花梗顶端有 2 苞片，花瓣小，黄色，或缺；果室间开裂⋯⋯⋯⋯⋯⋯⋯ 丁香蓼属 Ludwigia L.

（*注：《中国植物志》中，将柳兰属归并入柳叶菜属柳兰组）

65. 苦木科 Simaroubaceae　　落叶或常绿的乔木或灌木；树皮通常有苦味。叶互生，羽状复叶，少数单叶。花序腋生，成总状、圆锥状或聚伞花序；花小，单性、杂性或两性；萼片 3～5；花瓣 3～5，少数退化；花盘环状或杯状；雄蕊与花瓣同数或为花瓣的 2 倍，花丝分离，通常在基部有一鳞片；子房 2～5 室，或者心皮分离，每室有胚珠 1 或 2 颗，中轴胎座。翅果、核果或蒴果。实习地常见的植物有臭椿 [Ailanthus altissima（Mill.）Swingle] 等。

66. 楝科 Meliaceae　　乔木或灌木。叶互生，通常羽状复叶，很少 3 小叶或单叶。花两性或杂性异株，通常组成圆锥花序，间为总状花序或穗状花序；通常 5 基数；萼小，常浅杯状或短管状，4 或 5 齿裂；花瓣 4 或 5，少有 3～7 枚的，分离或下部与雄蕊管合生；雄蕊 4～10，花丝合生成一短于花瓣的圆筒形、圆柱形、球形或陀螺形等不同形状的管或分离；子房上位，2～5 室，每室有胚珠 1 或 2 颗或更多；果为蒴果、浆果或核果。实习地常见的植物有香椿 [Toona sinensis（A. Juss.）Roem.] 等（图 10-230）。

67. 漆树科 Anacardiaceae　　乔木或灌木，韧皮部具裂生性树脂道，具乳汁。叶互生，稀对生，单叶、掌状 3 小叶或奇数羽状复叶。花小，辐射对称，两性或多为单性或杂性，圆锥花序；通常为双被花，花萼多少合生，3～5 裂；花瓣 3～5，分离或基部合生；雄蕊着生于花盘外面基部，与花瓣同数或为其 2 倍；心皮 1～5，稀较多，分离或合生，子房上位，通常 1 室。果多为核果。实习地常见的漆树科植物有毛黄栌（*Cotinus coggygria* Scop. var. *pubescens* Engl.）、盐肤木（*Rhus chinensis* Mill.）、漆（漆树）[*Toxicodendron vernicifluum*（Stokes）F. A. Barkl.]等（图 10-231）。

图 10-230 香椿的果序　　　　　　　　图 10-231 漆的果实

68. 马桑科 Coriariaceae　　　灌木或多年生亚灌木状草本；小枝具棱角。单叶，全缘。花两性或单性，小，单生或排列成总状花序；萼片 5，小；花瓣 5，比萼片小，里面龙骨状，肉质，宿存，花后增大而包于果外；雄蕊 10，分离或与花瓣对生的雄蕊贴生于龙骨状突起上；心皮 5～10，分离，子房上位，每心皮有 1 个胚珠。浆果状瘦果。实习地常见的有马桑（*Coriaria nepalensis* Wall.）等。

69. 省沽油科 Staphyleaceae　　　乔木或灌木。叶对生或互生，奇数羽状复叶或稀为单叶，叶有锯齿。花整齐，两性或杂性，圆锥花序；萼片 5，分离或连合；花瓣 5；雄蕊 5，花丝扁平；花盘通常明显，且多少有裂片；子房上位，3 室，稀 2 或 4，每室有 1 至几个倒生胚珠。果实为蒴果状，常为多少分离的蓇葖果或不裂的核果或浆果。实习地常见的省沽油科植物有膀胱果（*Staphylea holocarpa* Hemsl.）等（图 10-232）。

70. 无患子科 Sapindaceae　　　乔木或灌木，有时为草质或木质藤本。羽状复叶或掌状复叶。聚伞圆锥花序顶生或腋生；花通常小，单性，很少杂性或两性，辐射对称或两侧对称；雄花萼片 4 或 5，离生或基部合生；花瓣 4 或 5，或只有 1～4 个发育不全的花瓣，离生，内面基部通常有鳞片或被毛；花盘肉质，环状、碟状、杯状；雄蕊 5～10，花丝分离，花药背着，纵裂，退化雌蕊很小，常密被毛；雌花花被与雄花相同，不育雄蕊的外貌与雄花中能育雄蕊常相似，但花丝较短，花药有厚壁，不开裂；雌蕊由 2～4 心皮组成，子房上位，通常 3 室；胚珠每室 1 或 2 颗，生于中轴胎座上。蒴果，或不开裂而浆果状或核果状。实习地常见的无患子科植物有全缘叶栾树[*Koelreuteria bipinnata* Franch. var. *integrifoliola*（Merr.）T. Chen]等（图 10-233）。

图 10-232 膀胱果的果实　　　　　　图 10-233 全缘叶栾树的花序、
　　　　　　　　　　　　　　　　　　　　　　雄花、雌花和果实

71. 槭树科 Aceraceae　乔木或灌木。叶对生，具叶柄，无托叶，单叶稀羽状或掌状复叶。花序伞房状、穗状或聚伞状；花小，绿色或黄绿色，稀紫色或红色，整齐，两性、杂性或单性，雄花与两性花同株或异株；萼片5或4；花瓣5或4；花盘环状、褥状或现裂纹；雄蕊4～12；2心皮，子房上位，2室，花柱2裂；子房每室具2胚珠，每室仅1枚发育。双翅果。实习地常见的槭树科植物有青榨槭（*Acer davidii* Franch.）、色木槭（五角槭）（原变种）（*Acer mono* Maxim. var. *mono*）、金钱槭（*Dipteronia sinensis* Oliv.）等（图10-234～图10-237）。

图10-234　青榨槭的茎

图10-235　青榨槭的果序

图10-236　色木槭（原变种）的花

图10-237　金钱槭的果序

72. 七叶树科 Hippocastanaceae　乔木、稀灌木，落叶、稀常绿。叶对生，为3～9枚小叶组成的掌状复叶。聚伞圆锥花序，侧生小花序为蝎尾状聚伞花序或二歧式聚伞花序。花杂性，雄花常与两性花同株；萼片4或5，基部连合成钟形或管状，抑或完全离生；花瓣4或5，大小不等，基部爪状；雄蕊5～9，着生于花盘内部，长短不等；花盘全部发育成环状或仅一部分发育；子房上位，3室，每室有2胚珠，花柱1。蒴果。实习地常见的有七叶树（*Aesculus chinensis* Bunge）等（图10-238）。

73. 芸香科 Rutaceae　常绿或落叶乔木、灌木或草本，稀攀缘性灌木。通常有油点，有或无刺，无托叶。叶互生或对生。单叶或复叶。花两性或单性，辐射对称；聚伞花序，稀总状或穗状花序；萼片4或5片，离生或部分合生；花瓣4或5片，离生；雄蕊4或5枚，或为花瓣数的倍数，花丝分离或部分连生成多束，花药纵裂，药隔顶端常有油点；雌蕊通常由4或5个心皮组成，心皮离生或合生，子房上位，中轴胎座。果为蓇葖果、蒴果、翅果、核果或具革质果皮的浆果。实习地常见的芸香科植物有臭檀吴萸（臭檀）[*Evodia daniellii*（Benn.）Hemsl.]、花椒（*Zanthoxylum bungeanum* Maxim.）等（图10-239）。

图 10-238　七叶树的花序、两性花及雄花　　　　图 10-239　花椒的果实

74. 五加科 Araliaceae　　乔木、灌木或木质藤本，稀多年生草本，有或无刺。叶互生，单叶、掌状复叶或羽状复叶；托叶通常与叶柄基部合生成鞘状。花整齐，两性或杂性，聚生为伞形花序、头状花序、总状花序或穗状花序；萼筒与子房合生，边缘波状或有萼齿；花瓣 5～10，通常离生；雄蕊与花瓣同数而互生，有时为花瓣的两倍；花丝线形或舌状；花药丁字状着生；子房下位，2～15 室。果实为浆果或核果，外果皮通常肉质，内果皮骨质、膜质或肉质而与外果皮不易区别。实习地常见的五加科植物有蜀五加（*Acanthopanax setchuenensis* Harms ex Diels）、楤木（刺龙袍）（*Aralia chinensis* L.）、大叶三七 [*Panax pseudoginseng* Wall. var. *japonicus*（C. A. Mey.）Hoo et Tseng] 等（图 10-240～图 10-242）。

图 10-240　蜀五加的果序

图 10-241　楤木的花序　　　　图 10-242　大叶三七的植株

秦岭有 8 属 14 种 8 变种及 1 变型。

五加科分属检索表（引自《秦岭植物志》）

1. 掌状复叶，轮生；草本植物··人参属 *Panax* Linn.
1. 单叶或复叶，互生；木本植物，如为草本植物即为羽状复叶··························2
2. 单叶，不分裂或掌状深裂，稀在同一株上偶有掌状复叶·······························3
2. 掌状复叶或羽状复叶··6
3. 攀缘灌木，有气生根···常春藤属 *Hedera* Linn.
3. 直立乔木或灌木，无气生根···4

4. 落叶乔木，植物体有刺……………………………………………………刺楸属 *Kalopanax* Miq.
4. 常绿乔木或灌木，植物体无刺…………………………………………………………………5
5. 叶大，掌状深裂，花瓣 4…………………………………………通脱木属 *Tetrapanax* K. Koch
5. 叶小，不分裂或掌状深裂，有时同一株上有掌状复叶；花瓣 5……………梁王茶属 *Nothopanax* Miq.
6. 羽状复叶…………………………………………………………………楤木属 *Aralia* Linn.
6. 掌状复叶……………………………………………………………………………………7
7. 植物体常有刺；花无关节…………………………………………五加属 *Acanthopanax* Miq.
7. 植物体无刺；花有关节……………………………………………………大参属 *Macropanax* Miq.

75. 伞形科 Apiaceae（Umbelliferae） 一年生至多年生草本。茎直立或匍匐上升，通常圆形，稍有棱和槽。叶互生，叶片通常分裂或多裂，1 回掌状分裂或 1～4 回羽状分裂的复叶，或 1～2 回三出式羽状分裂的复叶，很少为单叶；叶柄的基部有叶鞘，通常无托叶。花小，两性或杂性，复伞形花序或单伞形花序，很少为头状花序；伞形花序的基部有总苞片，全缘、齿裂；花萼与子房贴生，萼齿 5 或无；花瓣 5，基部窄狭，有时成爪或内卷成小囊，顶端钝圆或有内折的小舌片或顶端延长如细线；雄蕊 5，与花瓣互生。2 心皮，子房下位，2 室，每室有 1 个胚珠。双悬果。实习地伞形科植物有当归[*Angelica sinensis*（Oliv.）Diels]、北柴胡（*Bupleurum chinense* DC.）、鸭儿芹（*Cryptotaenia japonica* Hassk.）、锐叶茴芹（*Pimpinella arguta* Diels）、芫荽（*Coriandrum sativum* L.）等（图 10-243～图 10-245）。

图 10-243 芫荽的花序

图 10-244 芫荽的果序

图 10-245 锐叶茴芹的幼果

秦岭有 37 属 91 种 16 变种 2 变型。

伞形科分属检索表（引自《秦岭植物志》）

1. 花序聚为头状，不呈伞形，伞辐和花梗均不明显……………………………刺芹属 *Eryngium* L.
1. 花序为明显的伞形，伞辐和花梗均明显…………………………………………………………2
2. 花序为单伞形或不规则伸展的复伞形花序；叶为单叶………………………………………3
2. 花序为复伞形花序；叶为一至数回羽状或三出式羽状全裂或深裂的复叶，稀单叶…………5
3. 叶不裂或掌状浅裂；花序为单伞形；内果皮木质化；无油管，如有则位于棱上；果实无毛…………4
3. 叶为掌状或三出式 3 裂；花序为单伞形或为不规则伸展的复伞形，稀近总状；内果皮柔软；有油管，规则或不规则排列；果实被刺状、片状、鳞状、瘤状物或钩状刚毛⋯⋯⋯⋯⋯⋯⋯⋯变豆菜属 *Sanicula* L.

4. 总苞缺或不显著；分果背棱中棱尖锐或平钝，侧棱相互紧贴和围绕着合生面，次棱不显也不呈网状⋯⋯⋯
⋯⋯⋯⋯⋯⋯⋯⋯⋯⋯⋯⋯⋯⋯⋯⋯⋯⋯⋯⋯⋯⋯⋯⋯⋯⋯⋯⋯⋯天胡荽属 *Hydrocotyle* L.

4. 总苞片 2，明显，卵形或近圆形；分果背棱中棱线形，侧棱相互稍离开，次棱 2~4 呈网纹状⋯⋯⋯⋯
⋯⋯⋯⋯⋯⋯⋯⋯⋯⋯⋯⋯⋯⋯⋯⋯⋯⋯⋯⋯⋯⋯⋯⋯⋯⋯⋯⋯⋯⋯积雪草属 *Centella* L.

5. 果实或子房有刚毛、刺毛或小瘤⋯⋯⋯⋯⋯⋯⋯⋯⋯⋯⋯⋯⋯⋯⋯⋯⋯⋯⋯⋯⋯⋯⋯⋯⋯⋯6

5. 果实或子房光滑或被柔毛⋯⋯⋯⋯⋯⋯⋯⋯⋯⋯⋯⋯⋯⋯⋯⋯⋯⋯⋯⋯⋯⋯⋯⋯⋯⋯⋯⋯10

6. 果实和子房的刚毛钩刺状或仅为小瘤；果实上面不尖细，呈圆锥形⋯⋯⋯⋯⋯⋯⋯⋯⋯⋯⋯⋯⋯7

6. 果实和子房的刺毛不呈钩状；果实顶端尖细呈喙状⋯⋯⋯⋯⋯⋯⋯⋯⋯⋯⋯⋯⋯⋯⋯⋯⋯⋯⋯9

7. 果实和子房有海绵状小瘤；花杂性，顶生的复伞形花序两性，侧生的雄性⋯⋯防风属 *Ledebouriella Wolff

7. 果实和子房具钩刺毛；花两性⋯⋯⋯⋯⋯⋯⋯⋯⋯⋯⋯⋯⋯⋯⋯⋯⋯⋯⋯⋯⋯⋯⋯⋯⋯⋯8

8. 总苞片和小总苞片狭窄，全缘；分果的主棱线形，次棱上及棱槽有刺毛⋯⋯⋯窃衣属 *Torilis* Adans.

8. 总苞片和小总苞片羽状分裂；分果的主棱不显，有刚毛，次棱具狭翅和刺毛⋯⋯⋯胡萝卜属 *Daucus* L.

9. 果实基部圆钝；分果主棱平坦，刚毛成一环位于果实基部；小总苞片薄膜质，向外反折，宿存⋯⋯⋯
⋯⋯⋯⋯⋯⋯⋯⋯⋯⋯⋯⋯⋯⋯⋯⋯⋯⋯⋯⋯⋯⋯⋯⋯⋯峨参属 *Anthriscus*（Pers.）Hoffm.

9. 果实基部尖细呈尾状；分果主棱尖锐，刚毛贴伏及散布棱间；小总苞片叶质，凋落或缺⋯⋯⋯⋯
⋯⋯⋯⋯⋯⋯⋯⋯⋯⋯⋯⋯⋯⋯⋯⋯⋯⋯⋯⋯⋯⋯⋯⋯⋯香根芹属 *Osmorhiza* Rafin.

10. 果实和子房的横切面圆形或侧扁；果棱无翅⋯⋯⋯⋯⋯⋯⋯⋯⋯⋯⋯⋯⋯⋯⋯⋯⋯⋯⋯⋯11

10. 果实和子房的横切面背扁或略背扁；果棱一部或全部有翅⋯⋯⋯⋯⋯⋯⋯⋯⋯⋯⋯⋯⋯⋯⋯27

11. 果实球形、圆卵形或心形⋯⋯⋯⋯⋯⋯⋯⋯⋯⋯⋯⋯⋯⋯⋯⋯⋯⋯⋯⋯⋯⋯⋯⋯⋯⋯⋯12

11. 果实线形、长圆形或椭圆形⋯⋯⋯⋯⋯⋯⋯⋯⋯⋯⋯⋯⋯⋯⋯⋯⋯⋯⋯⋯⋯⋯⋯⋯⋯⋯23

12. 小伞形花序的外缘花具辐射瓣；果实球形，坚硬，成熟后的悬果不易分离；油管不显⋯⋯⋯
⋯⋯⋯⋯⋯⋯⋯⋯⋯⋯⋯⋯⋯⋯⋯⋯⋯⋯⋯⋯⋯⋯⋯⋯⋯芫荽属 *Coriandrum* L.

12. 小伞形花序的外缘花不具辐射瓣；果实非球形，柔软，成熟后分离；油管显著⋯⋯⋯⋯13

13. 根较肥厚，不分枝，呈纺锤状或芜菁状球根；胚乳的腹面凹陷成槽状⋯⋯⋯⋯⋯⋯⋯⋯⋯14

13. 根不肥厚，正常，分枝；胚乳的腹面平直或略凹陷⋯⋯⋯⋯⋯⋯⋯⋯⋯⋯⋯⋯⋯⋯⋯⋯15

14. 花瓣基部狭窄成爪；分果棱 5，与棱槽的界限分明；叶 2~3 回羽状分裂⋯⋯⋯东俄芹属 *Tongoloa* Wolff

14. 花瓣基部非爪形；分果棱 9~11，与棱槽的界限不明显；叶为一回羽状复叶⋯⋯矮泽芹属 *Chamaesium* Wolff

15. 花瓣先端内折；果实圆卵形或卵状心形，通常呈双悬心瓣状，稀长圆状卵形；棱槽中有油管 2 或 3 条
或更多，稀不明显⋯⋯⋯⋯⋯⋯⋯⋯⋯⋯⋯⋯⋯⋯⋯⋯⋯⋯⋯⋯⋯⋯⋯⋯⋯⋯⋯⋯⋯16

15. 花瓣先端略向内弯，但不内折；果实圆形、长圆体形、狭倒圆锥形；棱槽中有油管 1 条⋯⋯⋯18

16. 总苞片和小总苞片均发达，大而宿存，薄膜质，淡绿色⋯⋯⋯⋯紫茎芹属 *Nothosmyrnium Miq.

16. 总苞片和小总苞片不甚发达，小而脱落或缺⋯⋯⋯⋯⋯⋯⋯⋯⋯⋯⋯⋯⋯⋯⋯⋯⋯⋯⋯17

17. 花柱开展或外弯，花柱基全部靠拢；果实卵状心形，常呈双悬心瓣状，稀长圆状卵形；棱槽中有油管 2
或 3 条，显著⋯⋯⋯⋯⋯⋯⋯⋯⋯⋯⋯⋯⋯⋯⋯⋯⋯⋯⋯⋯⋯⋯⋯⋯⋯茴芹属 *Pimpinella* L.

17. 花柱反曲或反折，花柱基几叉到基部；果实长圆形；棱槽中油管不显⋯⋯⋯羊角芹属 *Aegopodium* L.

18. 萼齿细小或缺⋯⋯⋯⋯⋯⋯⋯⋯⋯⋯⋯⋯⋯⋯⋯⋯⋯⋯⋯⋯⋯⋯⋯⋯⋯⋯⋯⋯⋯⋯19

18. 萼齿大而明显⋯⋯⋯⋯⋯⋯⋯⋯⋯⋯⋯⋯⋯⋯⋯⋯⋯⋯⋯⋯⋯⋯⋯⋯⋯⋯⋯⋯⋯⋯21

19. 花绿色，极稀白色；叶 1~2 回羽状全裂，最终裂片较宽大，倒卵形或近圆形;果实圆形⋯⋯芹属 *Apium* L.

19. 花黄色或金黄色；叶 3~4 回羽状全裂，最终裂片线形或丝状；果实长圆形或卵形⋯⋯⋯⋯20

20. 花金黄色；茎有强烈的茴香气味；叶的最终裂片丝状；栽培植物⋯⋯⋯⋯茴香属 *Foeniculum* Mill.

20. 花黄色；茎无茴香气味；叶的最终裂片短线形或长线形；野生植物⋯⋯⋯邪蒿属 *Seseli L.

21. 水生植物；果实光滑无毛⋯⋯⋯⋯⋯⋯⋯⋯⋯⋯⋯⋯⋯⋯⋯⋯⋯⋯⋯⋯⋯⋯⋯⋯⋯⋯⋯22

21. 旱地或岩生植物；果实或子房有柔毛，至少有糙毛······岩风属 Libanotis Hill

22. 根具横隔膜髓；分果棱不木栓化；果实成熟后心皮柄叉开······毒芹属 Cicuta L.

22. 根不具横隔膜髓；分果棱木栓化；心皮柄缺······水芹属 Oenanthe L.

23. 果实上端尖锐成喙状；小总苞片薄膜质，缘有柔毛······迷果芹属 Sphallerocarpus Bess. ex DC.

23. 果实上端不尖锐，圆锥形；小总苞片叶质，无缘毛······24

24. 叶为单叶，全缘；叶脉平行······柴胡属 Bupleurum L.

24. 叶为复叶，呈各式分裂；叶脉羽状······25

25. 叶为三出复叶，小叶宽大；伞辐和花梗均长短参差不等，因而花序呈圆锥状······
······鸭儿芹属 Cryptotaenia DC.

25. 叶 1～3 回三出式或多回羽状分裂，最终裂片狭小；伞辐和花梗几等长，花序正常······26

26. 小伞形花序有 1～4 花；花瓣基部以上向外隆起成囊状······囊瓣芹属 Pternopetalum Franch.

26. 小伞形花序有多数花；花瓣基部狭窄不隆起······页蒿属 *Carum L.

27. 分果的背部略扁平；果棱均具翅或背棱、中棱具翅而侧棱无翅······28

27. 分果的背部极扁平；背棱、中棱线形或不显著，偶尔有极狭翅，侧棱发展成宽翅······32

28. 总苞片和小总苞片均发达，通常羽状分裂，边缘白色薄膜质······棱子芹属 Pleurospermum Hoffm.

28. 总苞片和小总苞片均不发达，或仅小总苞片存在，但全缘稀分裂，边缘也不为薄膜质······29

29. 花柱基矮圆锥形或平压，花柱短；分果背棱、中棱有翅，侧棱无翅······羌活属 Notopterygium de Boiss.

29. 花柱基圆锥形，花柱比花柱基长 1～3 倍；分果背棱、中棱及侧棱均有翅，稀狭翅状······30

30. 花序与果实均被粗毛；叶革质······珊瑚菜属 Glehnia Fr. Schmidt ex Miq.

30. 花序与果实光滑无毛；叶膜质或纸质······31

31. 分果的棱均锐利呈狭翅状或为等宽的狭翅······藁本属 Ligusticum L.

31. 分果的棱均有较等宽的翅，或侧棱的翅比背棱、中棱的略宽······蛇床属 Cnidium Cuss.

32. 分果的背棱、中棱平坦，不突出······33

32. 分果的背棱、中棱显著突出，有时发展成极狭翅······34

33. 小伞形花序的外缘花不具辐射瓣；花瓣先端内弯而不叉状凹缺；油管的长度与果体等长；栽培植物······
······欧防风属 Pastinaca L.

33. 小伞形花序的外缘花具显著的大辐射瓣；花瓣上部叉状凹缺；油管的长度不及或仅达果体的一半或稍过半；野生植物······独活属 Heracleum L.

34. 分果的侧翅宽而薄，互相离开，成熟后从合生面易于分开······当归属 Angelica L.

34. 分果的侧翅较狭而厚，互相接触，成熟后从合生面不易分开······35

35. 一年生植物，具强烈的茴香气味；小总苞片常缺；叶最终裂片丝形······莳萝属 Anethum L.

35. 多年生植物，不具强烈的茴香气味；小总苞片常存在；叶最终裂片各式，但不为丝形······36

36. 花黄色；果实长 9～14 mm，光滑无毛；花为异花同株，仅中央花序能育······阿魏属 Ferula L.

36. 花白色，稀紫红色；果实长 3～6 mm，常有毛；花两性，稀具少数雄花······前胡属 Peucedanum L.

（* 注：《中国植物志》中，防风属 Ledebouriella 为防风属 Saposhnikovia Schischk. 的异名，紫茎芹属的中文名修订为白苞芹属，页蒿属的中文名修订为葛缕子属，邪蒿属的中文名修订为西风芹属）

76. 八角枫科 Alangiaceae

落叶乔木或灌木。单叶互生，全缘或掌状分裂，基部两侧常不对称。花序腋生，聚伞状，小花梗常分节；花两性，淡白色或淡黄色，通常有香气，花萼小，萼管钟形与子房合生，具 4～10 齿状的小裂片，花瓣 4～10，线形，基部常互相黏合或否，花开后花瓣的上部常向外反卷；雄蕊与花瓣同数或为花瓣数目的 2～4 倍，花丝略扁，线形，内侧常有微毛；花盘肉质，子房下位，1（～2）室，胚珠单生。核果。实习地常见的八角枫科植物有瓜木 [Alangium platanifolium (Sieb. et Zucc.) Harms] 等（图 10-246，图 10-247）。

图 10-246 瓜木的花及幼果 图 10-247 瓜木的花纵剖

77. 山茱萸科（四照花科）Cornaceae 落叶乔木或灌木，稀常绿或草本。单叶对生，稀互生或近于轮生，通常叶脉羽状，稀为掌状叶脉，边缘全缘或有锯齿；无托叶或托叶纤毛状。花两性或单性异株，为圆锥、聚伞、伞形或头状等花序；花常 4 数；花萼管状，与子房合生，先端有齿状裂片 3～5；花瓣 3～5，通常白色，稀黄色、绿色及紫红色；雄蕊与花瓣同数而与之互生，生于花盘的基部；子房下位，1～4（～5）室，每室有 1 枚胚珠。果为核果或浆果状核果。实习地常见的山茱萸科植物有山茱萸（*Cornus officinalis* Sieb. et Zucc.）、四照花 [*Dendrobenthamia japonica*（DC.）Fang var. *chinensis*（Osborn.）Fang]、梾木 [*Swida macrophylla*（Wall.）Soják]、青荚叶 [*Helwingia japonica*（Thunb.）Dietr.] 等（图 10-248～图 10-251）。

图 10-248 山茱萸的花序 图 10-249 四照花的花序及果序

图 10-250 青荚叶的叶及果实 图 10-251 梾木的果序

78. 报春花科 Primulaceae 多年生或一年生草本，稀为亚灌木。茎直立或匍匐，具互生、对生或轮生之叶。花单生或组成总状、伞形或穗状花序，两性，辐射对称；花萼通常 5 裂，稀 4 或 6～9 裂，宿存；花冠下部合生成短或长筒，上部通常 5 裂，稀 4 或 6～9 裂；雄蕊多少贴生于花冠上，与花冠裂片同数而对生，花丝分离或下部连合成筒；子房上位，1 室；胚珠通常多数，生于特立中央胎座上。蒴果通常 5 齿裂或瓣裂。实习地常见的报春花科植物有虎尾草（狼尾花）（*Lysimachia barystachys* Bunge）、过路黄（*Lysimachia christinae* Hance）等（图 10-252～图 10-256）。

图 10-252　虎尾草的花序

图 10-253　虎尾草的花

图 10-254　虎尾草的花纵剖

图 10-255　过路黄的花

图 10-256　过路黄的花纵剖

秦岭有 4 属 35 种及 2 变种。

报春花科分属检索表（引自《秦岭植物志》）

1. 花序穗形总状、伞房状或圆锥状；花冠檐部裂片在花蕾中旋转排列⋯⋯⋯⋯⋯⋯⋯⋯⋯珍珠菜属 *Lysimachia* L.
1. 花序伞形或层叠伞形，或单独腋生；花冠檐部裂片在花蕾中覆瓦状或镊合状排列⋯⋯⋯⋯⋯⋯⋯⋯⋯⋯⋯ 2
2. 雄蕊着生于花冠筒之周围；花药钝形、圆形或心形⋯⋯⋯⋯⋯⋯⋯⋯⋯⋯⋯⋯⋯⋯⋯⋯⋯⋯⋯⋯⋯⋯⋯⋯⋯ 3
2. 雄蕊着生于花冠基部；花药渐尖⋯⋯⋯⋯⋯⋯⋯⋯⋯⋯⋯⋯⋯⋯⋯⋯⋯⋯⋯⋯假报春花属 *Cortusa* L.
3. 花冠筒长于花冠檐部裂片，花冠筒口不紧缩⋯⋯⋯⋯⋯⋯⋯⋯⋯⋯⋯⋯⋯⋯⋯⋯⋯⋯报春花属 *Primula* L.
3. 花冠筒长于花冠檐部裂片，花冠筒口紧缩⋯⋯⋯⋯⋯⋯⋯⋯⋯⋯⋯⋯⋯⋯⋯⋯点地梅属 *Androsace* L.

（*注：《中国植物志》中，假报春花属的中文名修订为假报春属）

79. 龙胆科 Gentianaceae

一年生或多年生草本。茎直立或斜升，有时缠绕。单叶，稀为复叶，对生，少有互生或轮生，全缘，基部合生，筒状抱茎或为一横线所连接；无托叶。聚伞花序或复聚伞花序，有时减退至顶生的单花；花两性，辐射状或在个别属中为两侧对称，一般 4 或 5 数；花冠筒状、漏斗状或辐状，基部全缘，稀有距，裂片在蕾中右向旋转排列；雄蕊着生于冠筒上与裂片互生，花药背着或基着，二室，雌蕊由 2 个心皮组成，子房上位，一室，侧膜胎座，稀中轴胎座；胚珠常多数；蒴果 2 瓣裂，稀不开裂。龙胆科植物是著名的高山花卉，实习地常见的有卵叶扁蕾（糙边扁蕾）[*Gentianopsis paludosa* (Hook. f.) Ma var. *ovato-deltoidea* (Burk.) Ma ex T. N. Ho]、椭圆叶花锚（*Halenia elliptica* D. Don）、双蝴蝶 [*Tripterospermum chinense* (Migo) H. Smith] 等（图 10-257～图 10-266）。

图 10-257 卵叶扁蕾的花　　　图 10-258 卵叶扁蕾的花顶面观

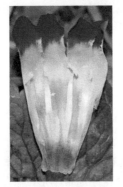

图 10-259 卵叶扁蕾的　　　图 10-260 卵叶扁蕾的　　　图 10-261 椭圆
花纵剖　　　　　　　　　花冠及雄蕊　　　　　　　叶花锚的花序

图 10-262 椭圆叶花锚的花纵剖　　　　图 10-263 双蝴蝶的植株

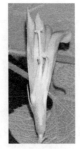
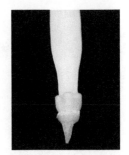

图 10-264 双蝴蝶的花　　　图 10-265 双　　　图 10-266 双蝴蝶的
蝴蝶的花纵剖　　　雌蕊及花盘

秦岭有 8 属 29 种及 3 变种。

龙胆科分属检索表（引自《秦岭植物志》）

1. 陆生草本；叶通常对生，有时轮生，稀互生···2
1. 水生草本；叶互生，仅茎先端的叶对生·······················荇菜属* *Nymphoides* Seguier
2. 茎缠绕··3
2. 茎直立或斜生··4
3. 花 4 数，花冠裂片间无褶··································翼萼蔓属 *Pterygocalyx* Maxim.
3. 花 5 数，花冠裂片间具褶··································双蝴蝶属 *Tripterospermum* Blume
4. 花冠裂片间具褶；筒的基部无蜜腺；蜜腺轮状着生于子房基部··········龙胆属 *Gentiana*（Tourn.）L.
4. 花冠裂片间无褶；蜜腺轮生于冠筒基部··5
5. 花萼裂片成 2 对；冠筒基部具小腺体，无腺窝和距····················扁蕾属 *Gentianopsis* Ma
5. 花萼裂片不成 2 对；冠筒基部有明显的腺窝或距··6
6. 无花柱，柱头沿子房缝线下延····································肋柱花属 *Lomatogonium* A. Br.
6. 柱头生于花柱上，不沿子房下延··7
7. 花 4 或 5（6）数，花冠多少辐状，裂片基部有浅腺窝，腺窝的边缘有毛或细毛；无距··········
   ··獐牙菜属 *Swertia* L.
7. 花 4 数，花冠宽钟状，裂片基部有由腺窝形成的距··········花锚属 *Halenia* Borkh.

（* 注：《中国植物志》中，荇菜属的中文名修订为莕菜属）

80. 萝藦科 Asclepiadaceae 具有乳汁的多年生草本、藤本、直立或攀缘灌木。叶对生或轮生，具柄，全缘，通常无托叶。聚伞花序通常伞形，腋生或顶生；花两性，整齐，5 数；花萼筒短，裂片 5，内面基部通常有腺体；花冠合瓣，辐状、坛状，稀高脚碟状，顶端 5 裂片，副花冠通常存在，为 5 枚离生或基部合生的裂片或鳞片所组成，有时双轮，生在花冠筒上或雄蕊背部

图 10-267 萝藦的花序

或合蕊冠上；雄蕊 5，与雌蕊黏生成合蕊柱；花药连生成一环而腹部贴生于柱头基部的膨大处；花丝合生或离生，药隔顶端通常具有阔卵形而内弯的膜片；每花药有花粉块 2 个或 4 个；无花盘；雌蕊 1，子房上位，由 2 个离生心皮所组成；胚珠多数，生于侧膜胎座上。蓇葖果。实习地常见的萝藦科植物有本科的模式种萝藦 [*Metaplexis japonica*（Thunb.）Makino]、朱砂藤 [*Cynanchum officinale*（Hemsl.）Tsiang et Tsiang et Zhang] 等（图 10-267～图 10-271）。

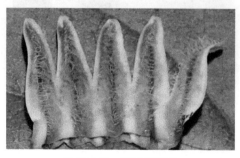

图 10-268 萝藦的花冠

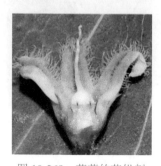

图 10-269 萝藦的花纵剖

图 10-270　朱砂藤的花序和果实　　　　图 10-271　朱砂藤的花（示副花冠和合蕊柱）

81. 旋花科 Convolvulaceae　　　　草本、亚灌木或灌木；植物体常有乳汁；茎缠绕或攀缘，有时平卧或匍匐。叶互生，寄生种类无叶或退化成小鳞片，单叶，全缘，或不同深度的掌状或羽状分裂，叶基常心形或戟形；无托叶，有时有假托叶（为缩短的腋枝的叶）。花单生于叶腋，或组成腋生聚伞花序。花整齐，两性，5 数；花萼分离或仅基部连合，外萼片常比内萼片大，宿存。花冠合瓣，漏斗状、钟状、高脚碟状或坛状；冠檐近全缘或 5 裂；花冠外常有 5 条明显的被毛或无毛的瓣中带。雄蕊与花冠裂片等数互生，着生于花冠管基部或中部稍下；花药 2 室，内向开裂或侧向纵长开裂。子房上位，由 2（稀 3～5）心皮组成，1 或 2 室，或因有发育的假隔膜而为 4 室，中轴胎座。蒴果，或为不开裂的肉质浆果，或果皮干燥呈坚果状。种子三棱形。实习地常见的旋花科植物有旋花（篱打碗花）[*Calystegia sepium* (L.) R. Br.]、金灯藤（日本菟丝子）(*Cuscuta japonica* Choisy) 和栽培农作物番薯（红薯）[*Ipomoea batatas* (L.) Lam.] 等（图 10-272～图 10-278）。

图 10-272　旋花的花　　　　　　　　图 10-273　旋花的花冠和雄蕊

图 10-274　旋花的雌蕊　　　图 10-275　金灯藤的植株　　　图 10-276　金灯藤的花序

图 10-277　金灯藤的幼果　　　　　　图 10-278　番薯的花顶面观

秦岭有 9 属 19 种及 3 变种。

旋花科分属检索表（引自《秦岭植物志》）

1. 无叶绿素寄生植物；茎上无叶或有鳞片状叶；冠筒内面雄蕊下有缝状鳞片；胚卷旋⋯⋯⋯⋯⋯
⋯⋯⋯⋯⋯⋯⋯⋯⋯⋯⋯⋯⋯⋯⋯⋯⋯⋯⋯⋯⋯⋯⋯⋯⋯⋯菟丝子属 *Cuscuta* Linn.

1. 有叶绿素非寄生植物；茎上有叶；冠筒无鳞片；胚直或稍弯⋯⋯⋯⋯⋯⋯⋯⋯⋯⋯⋯⋯⋯⋯2

2. 果期萼片不增大，非干膜质⋯⋯⋯⋯⋯⋯⋯⋯⋯⋯⋯⋯⋯⋯⋯⋯⋯⋯⋯⋯⋯⋯⋯⋯⋯⋯⋯3

2. 果期萼片在外面的 2 或 3 或全部增大，干膜质，翅状，开展，具网状脉⋯⋯飞蛾藤属 *Porana* Burm. f.

3. 柱头 2 裂，裂片线形、长圆形或扁卵圆形⋯⋯⋯⋯⋯⋯⋯⋯⋯⋯⋯⋯⋯⋯⋯⋯⋯⋯⋯⋯⋯⋯4

3. 柱头不分裂，头状，或裂为 2 或 3，球状⋯⋯⋯⋯⋯⋯⋯⋯⋯⋯⋯⋯⋯⋯⋯⋯⋯⋯⋯⋯⋯⋯5

4. 花萼为 2 个大苞片所包被；子房 1 室或不完全 2 室⋯⋯⋯⋯⋯⋯打碗花属 *Calystegia* R. Br.

4. 花萼不为苞片所包被，苞片与花萼远离；子房 2 室⋯⋯⋯⋯⋯⋯旋花属 *Convolvulus* Linn.

5. 花冠钟形或漏斗形；雄蕊内藏⋯⋯⋯⋯⋯⋯⋯⋯⋯⋯⋯⋯⋯⋯⋯⋯⋯⋯⋯⋯⋯⋯⋯⋯⋯⋯6

5. 花冠高脚碟形或漏斗形；雄蕊外露⋯⋯⋯⋯⋯⋯⋯⋯⋯⋯⋯⋯⋯⋯⋯⋯⋯⋯⋯⋯⋯⋯⋯⋯8

6. 花粉不具刺，但有 3 条纵褶或 4～11 条纵纹；冠筒有 5 条纵带，每带有 5 条平行线条⋯⋯⋯⋯
⋯⋯⋯⋯⋯⋯⋯⋯⋯⋯⋯⋯⋯⋯⋯⋯⋯⋯⋯⋯⋯⋯⋯⋯鱼黄藤属 * *Merremia* Dannst.

6. 花粉有刺；冠筒有 5 条纵带，每带有 2 条线条⋯⋯⋯⋯⋯⋯⋯⋯⋯⋯⋯⋯⋯⋯⋯⋯⋯⋯⋯7

7. 子房 2 室，含 4 粒胚珠⋯⋯⋯⋯⋯⋯⋯⋯⋯⋯⋯⋯⋯⋯⋯⋯⋯⋯⋯⋯甘薯属 *Ipomoea* Linn.

7. 子房 3 室，含 6 粒胚珠⋯⋯⋯⋯⋯⋯⋯⋯⋯⋯⋯⋯⋯⋯⋯⋯⋯⋯⋯牵牛属 *Pharbitis* Choisy

8. 花较大，白色；花冠檐部宽而开展；子房通常 2 室，有 4 粒胚珠；叶全缘⋯月光花属 *Calonyction* Choisy

8. 花较小，红色；花冠檐部较狭窄；子房通常 4 室，有 4 粒胚珠；叶常分裂，极稀全缘⋯⋯⋯⋯
⋯⋯⋯⋯⋯⋯⋯⋯⋯⋯⋯⋯⋯⋯⋯⋯⋯⋯⋯⋯⋯⋯⋯⋯茑萝属 *Quamoclit* Mill.

（* 注：《中国植物志》中，鱼黄藤属的中文名修订为鱼黄草属）

　　82. 花葱科 Polemoniaceae　　一年生、二年生或多年生草本或灌木，有时以其叶卷须攀缘。叶通常互生，全缘或分裂或羽状复叶。花通常颜色鲜艳，组成二歧聚伞花序、圆锥花序、穗状或头状花序；花两性，花萼钟状或管状，5 裂，宿存，裂片形成 5 翅；花冠合瓣，高脚碟状、钟状至漏斗状；雄蕊 5，常以不同的高度着生在花冠管上，花丝基部被毛；花盘显著；子房上位，由 3（少有 2 或 5）心皮组成，3（～5）室；中轴胎座。蒴果。实习地常见的花葱科植物有中华花葱（*Polemonium coeruleum* L. var. *chinense* Brand）等。

　　83. 紫草科 Boraginaceae　　多数为草本，一般被有硬毛或刚毛。叶为单叶，互生。花序为聚伞花序或二歧蝎尾状聚伞花序。花两性，辐射对称；花萼具 5 个基部至中部合生的萼片，大多宿存；花冠筒状、钟状、漏斗状或高脚碟状，一般可分筒部、喉部、檐部 3 部分，檐部具 5 裂片，喉部显著，具或不具 5 个附属物（梯形）；雄蕊 5，着生于花冠筒部，内藏；雌蕊由 2 心皮组成，子房 2 室，每室含 2 胚珠，或由内果皮隔成 4 室；核果或小坚果，果皮常具各种附属物。实习地常见的紫草科植物有附地菜 [*Trigonotis peduncularis*（Trev.）Benth. ex Baker et Moore] 等。

84. 马鞭草科 Verbenaceae　　　灌木或乔木，有时为藤本，极少数为草本。叶对生，单叶或掌状复叶；无托叶。聚伞、总状、穗状、伞房状聚伞或圆锥花序；花两性，左右对称或很少辐射对称；花萼宿存，杯状、钟状或管状，稀漏斗状，顶端有 4 或 5 齿或为截头状；花冠管圆柱形，管口裂为二唇形或略不相等的 4 或 5 裂，裂片通常向外开展，全缘或下唇中间 1 裂片的边缘呈流苏状；雄蕊 4，极少 2、5 或 6 枚，着生于花冠管上，花丝分离，花药通常 2 室；子房上位，多为 2 心皮组成，2～4 室。果实为核果、蒴果或浆果状核果。实习地常见的马鞭草科植物有莸（叉枝莸）[*Caryopteris divaricata*（S. et Z.）Maxim.]、臭牡丹（*Clerodendrum bungei* Steud.）、海州常山（*Clerodendrum trichotomum* Thunb.）等（图 10-279～图 10-283）。

图 10-279　莸的花

图 10-280　臭牡丹的花序

图 10-281　海州常山的花序

图 10-282　海州常山的花

85. 木犀科 Oleaceae　　　乔木，直立或藤状灌木。叶对生，稀互生或轮生，单叶、三出复叶或羽状复叶，全缘或具齿。花辐射对称，两性，稀单性或杂性，聚伞花序排列成圆锥花序，或为总状、伞状、头状花序，稀花单生；2 数花，花萼 4 裂，有时多达 12 裂；花冠 4 裂，有时多达 12 裂；雄蕊 2 枚，稀 4 枚，着生于花冠管上或花冠裂片基部，花药纵裂；子房上位，由 2 心皮组成 2 室，每室具胚珠 2 枚，有时 1 或多枚。果为翅果、蒴果、核果、浆果或浆果状核果。实习地常见的木犀科植物有连翘 [*Forsythia suspensa*（Thunb.）Vahl]、木犀（桂花）[*Osmanthus fragrans*（Thunb.）Lour.]、紫丁香（*Syringa oblata* Lindl.）等（图 10-284～图 10-289）。

图 10-283　海州常山的花纵剖

图 10-284 连翘的花

图 10-285 连翘的花侧面观

图 10-286 连翘的花纵剖

图 10-287 连翘的果实

图 10-288 木樨的花枝

图 10-289 紫丁香的花序

86. 唇形科 Lamiaceae（Labiatae） 一年生至多年生草本，半灌木或灌木，极稀乔木或藤本。常具含芳香油的表皮及各种形式的毛，常具有四棱茎和对生或轮生的枝条。叶为单叶，全缘至具有各种锯齿，对生，稀 3～8 枚轮生。轮伞花序，或单歧聚伞花序。花两侧对称，两性，合萼，5 基数，有分离相等或近相等的齿或裂片，花冠合瓣，大小不一，具管状的花冠筒，5 裂，二唇形（2/3式，或较少 4/1 式），稀 5（～4），裂片近相等。雄蕊在花冠上着生，与花冠裂片互生，通常 4 枚，二强雄蕊，有时退化为 2 枚。雌蕊由 2 心皮形成，早期分裂为 4 枚具胚珠的裂片。4 个小坚果。实习地唇形科植物较多（包括栽培），常见的有藿香 [*Agastache rugosa*（Fisch. et Mey.）O. Ktze.]、水棘针（*Amethystea caerulea* L.）、鸡骨柴 [*Elsholtzia fruticosa*（D. Don）Rehd.]、动蕊花 [*Kinostemon ornatum*（Hemsl.）Kudo]、斜萼草（*Loxocalyx urticifolius* Hemsl.）、紫苏 [*Perilla frutescens*（L.）Britt.]、夏枯

图 10-290 藿香的花序

草（*Prunella vulgaris* L.）、丹参（*Salvia miltiorrhiza* Bunge）、甘露子（*Stachys sieboldii* Miq.）、血见愁（微毛变种）［*Teucrium viscidum* Bl. var. *nepetoides*（Levl.）C. Y. Wu et S. Chow］等（图 10-290～图 10-304）。

图 10-291　鸡骨柴的花序

图 10-292　动蕊花的花序

图 10-293　动蕊花的花

图 10-294　斜萼草的花侧面观

图 10-295　紫苏的植株

图 10-296　紫苏的花序

图 10-297　夏枯草的花序

图 10-298　丹参的花序

图 10-299　丹参的花纵剖

图 10-300　丹参的雌蕊
（示子房四深裂）

图 10-301　甘露子的花序　　　　图 10-302　血见愁（微毛变种）的植株

图 10-303　血见愁（微毛变种）的花　　　图 10-304　水棘针的子房

秦岭产 37 属 92 种及 20 变种。

唇形科分属检索表（引自《秦岭植物志》）

1. 花冠单唇或假单唇（上唇不发达），稀二唇形或近辐射对称；小坚果侧腹而相接，背部常多少具皱纹；果脐明显，大，高度超过果轴的 1/2；子房不裂至深裂，花柱着生点常高于子房基部·······2
1. 花冠二唇形；小坚果通常基部着生，侧腹面相接少；果脐小，稀大，高度不超过果轴的 1/2；子房全裂；花柱着生于子房的基部·······6
2. 一年生直立草本；叶 3～5 掌状分裂·······3
2. 一年生至多年生草本，或半灌木至灌木；叶不分裂或为羽状复叶·······4
3. 花萼 5 裂，呈明显的二唇形；花冠白色；小坚果光滑无毛·······掌叶石蚕属 Rubiteucris Kudo
3. 花萼 5 裂片相等；花冠蓝色；小坚果具网状皱纹·······水棘针属 Amethystea Linn.
4. 花冠单唇形（上唇完全退化而不存在）·······香科科属 Teucrium Linn.
4. 花冠假单唇形（上唇不完全退化，稍存或有不明显的 2 裂）·······5
5. 花序为疏松的总状或总状圆锥花序；花萼裂片 5，二唇形；雄蕊花丝长为冠筒的 2 倍，花药 2 室平叉开，一端连合·······动蕊花属 Kinostemon Kudo
5. 花序为密集或下部间断上部密集的穗状花序；萼裂片 5，近相等；雄蕊花丝长不为冠筒的 2 倍，花药 2 室，后横裂贯通为一室·······筋骨草属 Ajuga Linn.
6. 花萼二唇形，唇片全缘，上唇背部具盾片；胚多少横生·······黄芩属 Scutellaria Linn.
6. 花萼二唇形，呈 3/2 式或 1/4 式，稀 5 裂片相等，无盾片；胚直立·······7
7. 花盘裂片与子房裂片对生·······薰衣草属 Lavandula Linn.
7. 花盘裂片与子房裂片互生·······8
8. 花冠二唇形，上唇先端微凹或 2 深裂，下唇 3 裂，稀近辐射对称；雄蕊上升或平展而直伸向前·······9
8. 花冠通常为 4/1 式二唇形，稀多样；雄蕊下倾，平卧于花冠下唇上或包于其内·······36
9. 冠筒内藏；雄蕊、花柱不伸出冠筒外·······夏至草属 Lagopsis Bunge. ex Benth.

9. 冠筒通常不藏于花萼内；雄蕊、花柱伸出冠筒外·····································10
10. 花药非球形，药室平行或叉开，顶部通常不贯通为一室······················11
10. 花药球形，药室通常水平叉开，稀略叉开，顶部通常贯通为一室·············35
11. 花冠裂片各异，上唇外凸，弧形、镰形或盔状·····························12
11. 花冠裂片除下唇中裂片特大外，其余通常几相等，上唇通常直立，扁平或微外凸·····27
12. 雄蕊 2 枚（另 2 枚退化成小棒状、点状或消失），线形药隔与花丝相连成关节······鼠尾草属 *Salvia* Linn.
12. 雄蕊 4 枚，花丝丝状，无关节···13
13. 后对雄蕊长于前对雄蕊···14
13. 后对雄蕊短于前对雄蕊···19
14. 两对雄蕊不平行，通常前对直立上升，后对前倾，或后对上升，前对向前倾·····15
14. 两对雄蕊相互平行，均从花冠上唇下面上升·······························16
15. 叶不分裂；后对雄蕊前倾；花盘裂片相等·················藿香属 *Agastache* Clayt. in Gronov
15. 叶指状 3 裂或羽状深裂；后对雄蕊上升；花盘前对裂片较大·········裂叶荆芥属 *Schizonepeta* Briq.
16. 萼裂间无增厚的瘤状胼胝体；药隔不突出，花药顶生·······················17
16. 萼裂间有增厚的瘤状胼胝体，或多少褶皱；药隔突出成附属器，花药侧生··青兰属 *Dracocephalum* Linn.
17. 花萼在果时不成壶形；花药水平叉开几成 180°，花盘前裂片略大·········荆芥属 *Nepeta* Linn.
17. 花萼在果时成壶形；花药平行或略叉开成锐角；花盘前方具一蜜腺···········18
18. 花较小，长不超过 3 cm；茎通常纤细，上升或匍匐状·············活血丹属 *Glechoma* Linn.
18. 花大，长通常在 3 cm 以上；茎较粗壮，直立·········龙头草属 *Meehania* Britt. ex Small et Vaill.
19. 花萼二唇形，喉部在果实成熟时由于下唇 2 裂片向上斜生而闭合···········夏枯草属 *Prunella* Linn.
19. 花萼 5 裂片近相等，喉部在果实成熟时张开·······························20
20. 花萼裂片钝三角形，或具 3 或 4 个宽裂片，先端无尖头；小坚果先端具斜翅···············
··铃子香属 *Chelonopsis* Briq.
20. 花萼裂片披针形或三角形，先端急尖或锥状，稀针刺状；小坚果无翅···········21
21. 花冠上唇边缘穗状；后对花丝基部多有附属器···············糙苏属 *Phlomis* Linn.
21. 花冠上唇边缘全缘；后对花丝基部无附属器·······························22
22. 花药被毛或其中一室有纤毛···23
22. 花药无毛···24
23. 花冠下唇裂片间有疣状突起；小坚果光滑无毛···········鼬瓣花属 *Galeopsis* Linn.
23. 花冠下唇裂片间无疣状突起；小坚果具疣状突起···········野芝麻属 *Lamium* Linn.
24. 叶 3～5 掌状分裂或深裂···25
24. 叶不分裂，多为卵形至长圆形···26
25. 全株疏被具节短柔毛和糙状毛；花萼漏斗状，具 5 脉；花冠紫红色、粉红色至白色，冠筒内有微柔毛
或毛环···益母草属 *Leonurus* Linn.
25. 全株密被白色绵状绒毛；花萼管状钟形，具 10 脉；花冠黄白色，冠筒内无毛环·····
··脓疮草属 *Panzeria* Moench
26. 花萼具 5～8（10）脉，下唇明显较上唇长，裂片不同形；花丝有疏柔毛；小坚果先端平截，有毛·····
··斜萼草属 *Loxocalyx* Hemsl.
26. 花萼具 10 脉，上、下唇近等长，裂片近同形；花丝无毛；小坚果球形，光滑或具小瘤，无毛·····
··水苏属 *Stachys* Linn.
27. 花萼具 15 脉，上唇中裂片大，卵圆形；花冠下唇中裂片大，圆形，外面中部有白色髯毛···········
··异野芝麻属 *Heterolamium* C. Y. Wu
27. 花萼具 10～13 脉，上唇中裂片不增大；花冠下唇中裂片无白色髯毛···········28
28. 雄蕊沿花冠上唇上升···29
28. 雄蕊不沿花冠上唇上升，而从基部直伸·································30
29. 小苞片通常披针形，短，被短毛；冠筒内通常无毛；花时柱头裂片展开·········蜜蜂花属 *Melissa* Linn.

29. 小苞片刺状，与花萼近等长，被长毛；冠筒内近下唇片处具毛；花时柱头裂片通常不展开···················风轮菜属 *Clinopodium* Linn.
30. 能育雄蕊 4 枚，近等长·····················31
30. 能育雄蕊仅 2 枚···························34
31. 叶通常全缘·····························32
31. 叶缘具锯齿·····························33
32. 叶较大；小苞片卵形或披针形；花萼 15 脉，5 裂片相等；雄蕊药室平叉开或仅稍分开···················牛至属 *Origanum* Linn.
32. 叶通常狭小；苞片小；花萼 10～13 脉，3/2 式二唇形；雄蕊药室平行·······百里香属 *Thymus* Linn.
33. 轮伞花序多花，有时在枝端聚集成头状或圆柱状的穗状花序；花冠近辐射对称，裂片 4；小坚果卵形，无毛，稍具小瘤····················薄荷属 *Mentha* Linn.
33. 轮伞花序 2 花，组成顶生或腋生且偏向一侧的总状花序；花冠 2/3 式二唇形；小坚果球形，具网纹······紫苏属 *Perilla* Linn.
34. 轮伞花序多花，腋生；花冠近辐射对称，4 裂；小坚果倒卵圆状三棱形，背面平，腹面具棱，有腺点···················地笋属 *Lycopus* Linn.
34. 轮伞花序 2 花，在主茎及分枝上组成顶生总状花序；花冠 2/3 式二唇形；小坚果近球形，具网纹或深穴状雕纹·················石荠苎属 *Mosla* Buch.-Ham. ex Maxim.
35. 穗状或总状花序，圆柱形或偏向一侧，有时组成圆锥花序，粗壮，直立；小坚果卵圆形或长圆形，具小瘤或微平滑，先端无喙···············香薷属 *Elsholtzia* Willd.
35. 穗状花序顶生或侧生，纤细，下垂；小坚果三棱状椭圆形，具腺点及稀疏的星状毛，先端具外弯的缘················钩子木属 *Rostrinucula* Kudo
36. 花萼 3/2 式二唇形；花丝基部无附属物···········香茶菜属 *Rabdosia*（Bl.）Hassk.
36. 花萼不呈 3/2 式二唇形，上唇中裂片圆形或倒卵形，其他呈翅状下延；花丝基部具齿或具柔毛簇的附属器···························罗勒属 *Ocimum* Linn.

　　野芝麻属（*Lamium* L.）　　秦岭产 2 种。

野芝麻属分种检索表（引自《秦岭植物志》）

1. 一年生草本；叶圆形或肾形，长 1～2 cm，宽 1.2～2.5 cm，茎生叶无柄抱茎；花长在 2 cm 以下，紫红色至粉红色；雄蕊花丝无毛；小坚果有白色斑点············宝盖草 *L. amplexicaule* L.
1. 多年生草本；叶卵形，长 4～9 cm，宽 2～4.8 cm，茎生叶有柄，不抱茎；花长在 2 cm 以上，白色或淡黄色；雄蕊花丝被毛；小坚果褐色无斑点··········野芝麻 *L. barbatum* Sieb. et Zucc.

　　87. 透骨草科 Phrymaceae　　多年生直立草本。茎 4 棱形。单叶，对生，具齿。穗状花序生于茎顶及上部叶腋，纤细，具苞片及小苞片。花两性，左右对称。花萼合生成筒状，具 5 棱，檐部二唇形。花冠蓝紫色、淡紫色至白色，合瓣、漏斗状筒形，檐部二唇形，上唇直立，近全缘、微凹至 2 浅裂，下唇较大，3 浅裂。雄蕊 4，着生于冠筒内面，内藏；雌蕊由 2 个背腹向心皮合生而成，子房上位，1 室，基底胎座，胚珠 1。瘦果。实习地常见的透骨草科植物有透骨草 [*Phryma leptostachya* L. subsp. *asiatica*（Hara）Kitamura]。

　　88. 玄参科 Scrophulariaceae　　草本、灌木或少有乔木。叶互生、对生或轮生，无托叶。花序总状、穗状或聚伞状，常合成圆锥花序。花常不整齐；萼片下位，常宿存，5 基数；花冠 4 或 5 裂，裂片不等或成二唇形；雄蕊常 4 枚；子房 2 室；胚珠多数。蒴果。实习地玄参科植物也较为丰富，常见的有短腺小米草（*Euphrasia regelii* Wettst.）、四川沟酸浆（*Mimulus szechuanensis* Pai）、毛泡桐 [*Paulownia tomentosa*（Thunb.）Steud.]、薛生马先蒿（*Pedicularis muscicola* Maxim.）、轮叶马先蒿（轮叶亚种）（*Pedicularis verticillata* Linn. subsp. *verticillata*）、松蒿［*Phtheirospermum japonicum*（Thunb.）Kanitz］、疏花婆婆纳（*Veronica laxa* Benth.）、返顾马先蒿（*Pedicularis resupinata* Linn.）、草本威灵仙［*Veronicastrum sibiricum*（L.）Pennell］等（图10-305～图10-317）。

图 10-305　四川沟酸浆的花

图 10-306　四川沟酸浆的花纵剖（示二强雄蕊）

图 10-307　毛泡桐的花

图 10-308　毛泡桐的花纵剖

图 10-309　毛泡桐的雌蕊

图 10-310　毛泡桐的子房横切（示中轴胎座）

图 10-311　藓生马先蒿的花

图 10-312　轮叶马先蒿（轮叶亚种）的花序

图 10-313　轮叶马先蒿（轮叶亚种）的花

图 10-314 松蒿的花序

图 10-315 松蒿的花纵剖

图 10-316 松蒿的雌蕊

图 10-317 疏花婆婆纳的花序

秦岭产 22 属 58 种 5 亚种及 4 变种。

玄参科分属检索表（引自《秦岭植物志》）

1. 花冠有囊或距；蒴果孔裂 ·· 2
1. 花冠无囊或距；蒴果室背开裂 ··· 3
2. 冠筒基部有囊；蒴果基部前后偏斜 ··················· 金鱼草属 *Antirrhinum* Linn.
2. 冠筒基部有长距；蒴果不偏斜 ···························· 柳穿鱼属 *Linaria* Mill.
3. 灌木或乔木；花萼革质 ··· 4
3. 草本；花萼膜质或草质 ··· 5
4. 灌木；冠筒短，檐部唇形明显，上唇比下唇长得多；花萼规则 5 或 2 裂 ····················
    ··· 来江藤属 *Brandisia* Hook. f. et Thoms.
4. 乔木；冠筒长，檐部唇形不明显，裂片近相等；花萼规则 5 裂 ··········· 泡桐属 *Paulownia* Sieb. et Zucc.
5. 花冠上唇或上面 2 裂片不向前弓曲成盔状，直立或向后反卷；花药不全部靠合 ··········· 6
5. 花冠上唇稍成盔状或倒舟状；花药全部靠合 ···17
6. 叶互生；花冠近无筒，辐状；雄蕊 5 或 4 枚 ············· 毛蕊花属 *Verbascum* Linn.
6. 叶对生；花冠有明显的筒部，唇形或辐射对称；雄蕊 2 枚 ······················· 7
7. 花序通常复出，聚伞圆锥花序；能育雄蕊 4 枚，退化雄蕊 1 枚，位于花冠后方 ··········· 8
7. 花单生或呈总状花序；能育雄蕊 4、5 枚或 2 枚，退化雄蕊如存在则为 2 枚，位于花冠前方 ··········· 9
8. 叶卵形、卵圆形至披针形，不退化为鳞片；花药汇合成 1 室，退化雄蕊位于上唇中央，花冠上唇比下唇长 ···
    ··· 玄参属 *Scrophularia* L.
8. 叶倒披针形至线形，常退化为鳞片；花药 2 室，退化雄蕊着生于冠筒基部，极短，花冠上、下唇等长 ·····
    ··· 五蕊花属 *Pentstemon* Mitch.
9. 叶异型（主茎上的卵形、对生，分枝上的内卷为针状而密集丛生）；花丝全部与花冠贴生；蒴果肉质，红色 ··· 鞭打绣球属 *Hemiphragma* Wall.

9. 叶同型；雄蕊花丝游离；蒴果干燥，稀肉质…………………………………………………10
10. 雄蕊 2 枚……………………………………………………………………………………………11
10. 雄蕊 4 或 5 枚………………………………………………………………………………………13
11. 花冠明显唇形；上唇 2 裂或全缘，下唇 3 裂；退化雄蕊 2 枚；多生于水边及低湿处…………
　………………………………………………………………虻眼属 *Dopatricum* Buch.-Ham. ex Benth.
11. 花冠辐射对称；檐部 4 裂；无退化雄蕊；多生于干燥处…………………………………………12
12. 叶对生或上部互生；花序总状、稀穗状；冠筒短或檐部近辐状；蒴果先端常微凹…………………
　…………………………………………………………………………婆婆纳属 *Veronica* Linn.
12. 叶互生，稀轮生；花序穗状；冠筒长；蒴果先端全缘…………腹水草属 *Veronicastrum* Heist. ex Farbic.
13. 花萼多不分裂，具 3～5 翅或明显的棱………………………………………………………14
13. 花萼常近深裂，无翅、无棱或有棱…………………………………………………………15
14. 花萼具 5 翅，少 5 棱，喉部不为截形；果期不膨胀…………………蝴蝶草属 *Torenia* Linn.
14. 花萼具 5 棱，喉部截形或斜截形；果期常膨胀成囊泡状…………沟酸浆属 *Mimulus* Linn.
15. 基生叶成莲座状，茎生叶少而小；花冠大而喇叭状…………地黄属 *Rehmannia* Libosch. ex Fisch. et Mey.
15. 基生叶稀成莲座状，叶多茎生；花冠小而唇形…………………………………………16
16. 花萼钟状，中裂，蒴果短；花丝无附属物…………………………通泉草属 *Mazus* Lour.
16. 花萼 5 深裂几达基部，如浅裂则蒴果披针状狭长；花丝常有附属物…………母草属 *Lindernia* All.
17. 蒴果每室含 1 或 2 粒种子，种子大而平滑；有小苞片，苞片常具芒状长齿或在下部有尖齿，稀全缘；
　花冠上唇边缘密被须毛………………………………………………山萝花属 *Melampyrum L.
17. 蒴果每室含多粒种子，种子细小；有或无小苞片，苞片常全缘；花冠上唇通常无毛…………18
18. 花萼下无小苞片……………………………………………………………………………………19
18. 花萼下有 1 对小苞片………………………………………………阴行草属 *Siphonostegia* Benth.
19. 花冠上唇先端 2 裂，裂片边缘向外反卷………………………………………………………20
19. 花冠上唇先端不裂或 2 裂，裂片边缘伸直而不卷…………………………………………21
20. 叶羽状分裂；蒴果卵状锥形，先端向前弯曲；种子有网纹…………松蒿属 *Phtheirospermum* Bunge.
20. 叶不分裂，具锯齿；蒴果长圆形，稍扁，先端微凹；种子有条纹…………小米草属 *Euphrasia* Linn.
21. 花萼具 4 齿；花冠上唇 2 浅裂，短而不成喙；蒴果长圆形，不偏斜，先端微凹…………………
　……………………………………………………………………………疗齿草属 *Odontites* Ludwig
21. 花萼具 2～5 齿；花冠上唇 2 裂或不裂，常延长至各种形状的喙；蒴果在大多数种类中偏斜，先端尖…
　…………………………………………………………………………马先蒿属 *Pedicularis* Linn.

（*注：《中国植物志》中，山萝花属的中文名修订为山罗花属）

马先蒿属（*Pedicularis* Linn.）　　秦岭产 17 种 3 亚种及 1 变种。

马先蒿属分种检索表（引自《秦岭植物志》）

1. 叶互生或对生…………………………………………………………………………………………2
1. 叶 3 枚以上轮生……………………………………………………………………………………14
2. 花冠前端不狭缩成喙，或偶有极小的凸尖……………………………………………………………3
2. 花冠前端狭缩成喙，喙长短多变，从短而直伸长为象鼻状或 "S" 形弯曲………………………6
3. 冠筒在近端处膝屈，下唇平展；蒴果两室不相等，喙常弯向一侧…………………………………
　………欧氏马先蒿欧氏亚种中国变种（华马先蒿）*P. oederi* Vahl subsp. *oederi* var. *sinensis*（Maxim.）Hurus
3. 冠筒不弯曲，或偶在近基部处弯曲；蒴果两室多相等，喙伸直……………………………………4
4. 植物茎多短缩而不明显；花多聚生于茎基部叶腋中，花冠长 3～3.5 cm，花梗长 6.5 cm……………
　………………………………………………………………………短茎马先蒿 **P. artselaeri* Maxim.
4. 植物有明显直立的茎；花多成顶生花序………………………………………………………………5

5. 花冠长 25～30 mm，黄色，具绛红色脉纹；花丝一对有毛·····················红纹马先蒿 *P. striata* Pall.

5. 花冠长 45 mm，淡黄色；花丝两对均有毛·····················山西马先蒿 *P. shansiensis* Tsoong

6. 盔（花冠的近轴两枚瓣片结合为盔瓣）下缘无长须毛····························7

6. 盔下缘具长须毛···12

7. 花序在开花时伸长而多花，除下部稍有间隔外，连续而无间断·····························8

7. 花序着少数花，近头状，下部花则稀疏远离····································9

8. 花冠黄色，盔紫色，盔从直立部分的先端至有雄蕊部分中间的一段作一半扭旋，使其转向后方，而"S"形的长喙则先向上，再向后，最后再指向上方·····················扭旋马先蒿 *P. torta* Maxim.

8. 花冠紫色或红色，盔的直立部分在自身的轴上扭旋两整转后，又在有雄蕊部分的基部强烈扭折，使喙指向上方·····················扭盔马先蒿 *P. davidii* Franch.

9. 头状花序·····················大拟鼻花马先蒿 *P. rhinanthoidea* Schrenk subsp. *labellata*（Jacq.）Tsoong

9. 总状花序·······································10

10. 盔不在基部向一侧强烈扭折，喙长，花冠筒基部向右扭旋，使盔与下唇成回顾状·····················返顾马先蒿 *P. resupinata* Linn.

10. 盔在基部向一侧强烈扭折·····································11

11. 喙粗壮，近先端处宽 6 mm，有宽而长的鸡冠状突起；萼齿 3 片掌状深裂·····················河南马先蒿 *P. honanensis* Tsoong

11. 喙狭而渐细，近先端处宽约 3 mm，鸡冠状突起较狭而短；萼齿 1 片为针形不裂·····················细裂马先蒿 *P. dissecta*（Bonati）Pennell et Li

12. 盔舟形，在着生含雄蕊部位膨大，喙短；叶线状披针形，长约为宽的 4 倍·····················美观马先蒿 *P. decora* Franch.

12. 盔不为舟形，在含雄蕊部位不膨大，喙较长·····························13

13. 一年生草本；茎多直立；叶羽状浅裂至中裂；花黄色，冠筒长 4.5～5 cm·····················中国马先蒿 *P. chinensis* Maxim.

13. 多年生草本；茎丛生而伸长，叶羽状深裂；花玫瑰色，冠筒长 4～7.5 cm·····················藓生马先蒿 *P. muscicola* Maxim.

14. 花黄色，较大，盔的前缘具明显的内褶·····························15

14. 花多为红色，较小，盔的前缘无或具不明显的内褶·····························16

15. 盔短而粗壮，长 5.5～9 mm，宽 2.5～3.5 mm，与下唇约等长·····················皱褶马先蒿 *P. plicata* Maxim.

15. 盔细长，长达 11 mm，宽在最狭处仅 2 mm，比下唇长 1.5 mm·····················太白山马先蒿 *P. giraldiana* Diels

16. 盔比下唇稍长或稍短，但短不到 1 倍；花萼前方显著分裂，叶长超过宽 2.5～4 倍，裂片 8～15 对·····················轮叶马先蒿 *P. verticillata* L.

16. 盔极短，仅等于或超过下唇的一半；花萼前方不分裂或稍分裂·····························17

17. 一年生草本，高 30～70（90）cm；叶羽状深裂；花萼裂片两两结合成一大裂片；花丝 1 对被毛·····················穗花马先蒿 *P. spicata* Pall.

17. 多年生草本，高 20～40 cm；叶羽状浅裂；花萼裂片分离；花丝两对均被毛·····················条纹马先蒿 *P. lineata* Franch.

　　（* 注：《中国植物志》中，短茎马先蒿的中文名修订为埃氏马先蒿，扭盔马先蒿的中文名修订为大卫氏马先蒿，大拟鼻花马先蒿的中文名修订为拟鼻花马先蒿大唇亚种，细裂马先蒿的中文名修订为全裂马先蒿，太白山马先蒿的中文名修订为奇氏马先蒿）

　　89. 苦苣苔科 Gesneriaceae　　多年生草本，常具根状茎、块茎或匍匐茎。叶多为单叶。花序通常为双花聚伞花序（有 2 朵顶生花）；花两性，通常左右对称。花萼（4～）5 全裂或深裂，花冠紫色、白色或黄色，辐状或钟状，檐部多少二唇形，上唇 2 裂，下唇 3 裂，偶尔上唇 4 裂。雄蕊 4 或 5，与花冠筒多少愈合，通常有 1 或 3 枚退化。花盘环状或杯状。雌蕊由 2 枚心皮构成，子房上位、半下位或完全下位，1 室，胚珠多数。蒴果或为不开裂的浆果。实习地常见的苦苣苔科植物有旋蒴苣苔（猫耳朵）[*Boea hygrometrica*（Bunge）R. Br.]。

90. 车前科 Plantaginaceae　　　一年生、二年生或多年生草本。叶螺旋状互生，近基生，单叶，弧形脉 3～11 条，叶柄基部常扩大成鞘状。穗状花序狭圆柱状、圆柱状至头状；花小，两性，稀杂性或单性。花萼 4 裂，前对萼片与后对萼片常不相等，宿存。花冠干膜质，白色、淡黄色或淡褐色，高脚碟状或筒状，筒部合生，檐部（3～）4 裂，多数于花后反折，宿存。雄蕊 4，稀 1 或 2；雌蕊由 2 心皮合生，子房上位，2 室，中轴胎座；胚珠 1～40 余个。蒴果。实习地常见的车前科植物有车前（*Plantago asiatica* L.）。

91. 狸藻科 Lentibulariaceae　　　一年生或多年生食虫草本，常水生。茎及分枝常变态成根状茎、匍匐枝、叶器和假根。除捕虫堇属外均有捕虫囊。花单生或排成总状花序；花两性，花萼 2、4 或 5 裂，宿存并常于花后增大。花冠合生，左右对称，檐部二唇形，筒部粗短，基部下延成距。雄蕊 2，着生于花冠筒下（前）方的基部，与花冠的裂片互生；雌蕊 1，由 2 心皮构成；子房上位，1 室，特立中央胎座或基底胎座。蒴果。

92. 茄科 Solanaceae　　　一年生至多年生草本、半灌木、灌木或小乔木；直立、匍匐、扶升或攀缘；有时具皮刺。单叶全缘、不分裂或分裂，互生；无托叶。花单生，簇生或为蝎尾式、伞房式、伞状式、总状式、圆锥式聚伞花序；两性，辐射对称或稍微两侧对称，通常 5 基数。花萼通常具 5 齿、果时宿存；花冠具短筒或长筒，辐状、漏斗状、高脚碟状、钟状或坛状，檐部 5 裂；雄蕊与花冠裂片同数而互生，伸出或不伸出花冠；子房通常由 2 枚心皮合生而成，2 室、稀 3～5（～6）室，中轴胎座；胚珠多数。浆果，或为蒴果。实习地常见的茄科植物（包括栽培品种）有辣椒（*Capsicum annuum* L.）、曼陀罗（*Datura stramonium* Linn.）、挂金灯［*Physalis alkekengi* L. var. *franchetii*（Mast.）Makino］、阳芋（*Solanum tuberosum* L.）、酸浆（*Physalis alkekengi* L.）等（图 10-318～图 10-323）。

图 10-318　辣椒的花纵剖

图 10-319　辣椒的花冠和雄蕊群

图 10-320　曼陀罗的花

图 10-321　挂金灯的幼果

图 10-322　阳芋的花及果实　　　　图 10-323　阳芋的花纵剖

93. 马钱科 Loganiaceae　　　乔木、灌木、藤本或草本。植株无乳汁，毛被为单毛、星状毛或腺毛。单叶对生或轮生。花通常两性，辐射对称，单生或组成 2 或 3 歧聚伞花序，再排成圆锥、伞形或伞房、总状或穗状花序，有时也密集成头状花序；花萼 4 或 5 裂，合瓣花冠，4 或 5 裂；雄蕊通常着生于花冠管内壁上，与花冠裂片同数，且与其互生，内藏；子房上位，稀半下位，通常 2 室，胚珠每室多颗。蒴果、浆果或核果。实习地常见的马钱科植物有巴东醉鱼草（*Buddleja albiflora* Hemsl.）（图 10-324）。

94. 茜草科 Rubiaceae　　　乔木、灌木或草本，有时为藤本。含多种生物碱，以吲哚类生物碱最常见；叶对生或有时轮生，有时具不等叶性，通常全缘，极少有齿缺；托叶通常生于叶柄间。花序各式，均由聚伞花序复合而成；花两性、单性或杂性，通常花柱异长；萼通常 4 或 5 裂，裂片通常小或几乎消失；花冠合瓣，管状、漏斗状、高脚碟状或辐状，通常 4 或 5 裂，整齐；雄蕊与花冠裂片同数而互生，着生在花冠管的内壁上，花药 2 室，纵裂或少有顶孔开裂；雌蕊通常由 2 心皮组成，合生，子房下位，子房室数与心皮数相同；胚珠每子房室 1 至多数。浆果、蒴果或核果，或分果。实习地常见的茜草科植物有栀子（*Gardenia jasminoides* Ellis）、鸡矢藤 [*Paederia scandens*（Lour.）Merr.]、茜草（*Rubia cordifolia* L.）等（图 10-325～图 10-327）。

图 10-324　巴东醉鱼草的花序　　　　图 10-325　鸡矢藤的花序

图 10-326　鸡矢藤的花纵剖　　　　图 10-327　鸡矢藤的雌蕊

秦岭产 11 属 27 种及 14 变种。

茜草科分属检索表（引自《秦岭植物志》）

1. 花极多数，密集于球状的花托上，形成球形的头状花序·······························2
1. 花不密集于球状的花托上，不形成球形的头状花序·····························3
2. 直立乔木或灌木；花具小苞片·································水团花属 *Adina* Salisb.
2. 藤本，借钩状不育的总花梗攀缘；花无小苞片·············钩藤属 *Uncaria* Schreber
3. 花萼裂片不等大，有些花的裂片其中 1 片扩大成叶状，白色而宿存于果上··香果树属 *Emmenopterys* Oliv.
3. 花萼裂片等大，不扩大成叶状····························4
4. 子房每室具胚珠 2 至多颗·····································5
4. 子房每室具胚珠 1 颗···6
5. 子房 2 室；果实为孪生状倒卵形或具 2 裂的菱形，中部为萼筒所包围·······蛇根草属 *Ophiorrhiza* Linn.
5. 子房 1 室；果实单生，通常先端具宿存的花萼·············栀子属 *Gardenia* Ellis
6. 直立灌木或缠绕藤本···7
6. 草本···9
7. 缠绕藤本；子房 2 室；果实成熟时分裂为 2 个小坚果·········鸡矢藤属 *Paederia* Linn.
7. 直立灌木；子房 2~5 室；果实为核果或蒴果····················8
8. 落叶灌木；子房 5 室；果实为蒴果·······················野丁香属 *Leptodermis* Wall.
8. 常绿灌木；子房 2 室；果实为核果·············六月雪属 *Serissa* Comm. ex A. L. Jussieu
9. 花冠辐状或短钟状，花 4 或 5 数·······························10
9. 花冠漏斗状，花 4 数·································车叶草属 *Asperula* Linn.
10. 花 5 数；果肉质·····································茜草属 *Rubia* Linn.
10. 花 4 数；果干燥或近干燥·····························拉拉藤属 *Galium* Linn.

（*注：《中国植物志》中，六月雪属的中文名修订为白马骨属）

95. 忍冬科 Caprifoliaceae 灌木或木质藤本，有时为小乔木或小灌木。茎干有皮孔或否，有时纵裂。叶对生，单叶，全缘、具齿或有时羽状或掌状分裂；聚伞或轮伞花序，有时因聚伞花序中央的花退化而仅具 2 朵花，排成总状或穗状花序。花两性；萼筒贴生于子房，萼裂片或萼齿 5 或 4（~2）枚；花冠合瓣，辐状、钟状、筒状、高脚碟状或漏斗状，裂片 5 或 4（~3）枚，有时二唇形，上唇二裂，下唇 3 裂，或上唇 4 裂，下唇单一；雄蕊 5 枚，或 4 枚而二强，着生于花冠筒，花药背着，2 室，纵裂；子房下位，2~5（7~10）室，中轴胎座，每室含 1 至多数胚珠。果实为浆果、核果或蒴果。实习地常见的忍冬科植物有忍冬（*Lonicera japonica* Thunb.）、盘叶忍冬（*Lonicera tragophylla* Hemsl.）、莛子藨（羽裂叶莛子藨）（*Triosteum pinnatifidum* Maxim.）、南方六道木（太白六道木）[*Abelia dielsii* (Graebn.) Rehd.] 等（图 10-328~图 10-331）。

图 10-328 忍冬的花　　　　图 10-329 盘叶忍冬的花序

图 10-330　莛子藨的花序　　　　　图 10-331　莛子藨的果实

秦岭产 9 属 63 种 2 亚种 8 变种及 1 变型。

忍冬科分属检索表（引自《秦岭植物志》）

1. 叶为奇数羽状复叶⋯⋯⋯⋯⋯⋯⋯⋯⋯⋯⋯⋯⋯⋯⋯⋯⋯⋯⋯⋯⋯接骨木属 *Sambucus* Linn.
1. 叶为单叶⋯⋯⋯⋯⋯⋯⋯⋯⋯⋯⋯⋯⋯⋯⋯⋯⋯⋯⋯⋯⋯⋯⋯⋯⋯⋯⋯⋯⋯⋯⋯⋯⋯ 2
2. 草本⋯⋯⋯⋯⋯⋯⋯⋯⋯⋯⋯⋯⋯⋯⋯⋯⋯⋯⋯⋯⋯⋯⋯⋯⋯⋯⋯莛子藨属 *Triosteum* Linn.
2. 灌木，稀藤本或小乔木⋯⋯⋯⋯⋯⋯⋯⋯⋯⋯⋯⋯⋯⋯⋯⋯⋯⋯⋯⋯⋯⋯⋯⋯⋯⋯⋯⋯ 3
3. 花冠辐射对称，通常钟状，若为钟状或筒状，则花柱极短⋯⋯⋯⋯⋯荚蒾属 *Viburnum* Linn.
3. 花冠通常两侧对称，若为辐射对称，则花柱较长⋯⋯⋯⋯⋯⋯⋯⋯⋯⋯⋯⋯⋯⋯⋯⋯⋯ 4
4. 每个总花梗上并生两花，两花的萼筒稍合生⋯⋯⋯⋯⋯⋯⋯⋯⋯⋯⋯⋯⋯⋯⋯⋯⋯⋯⋯ 5
4. 相邻两花的萼筒分离⋯⋯⋯⋯⋯⋯⋯⋯⋯⋯⋯⋯⋯⋯⋯⋯⋯⋯⋯⋯⋯⋯⋯⋯⋯⋯⋯⋯⋯ 6
5. 萼筒外面密被刺刚毛，在子房以上缢缩似颈⋯⋯⋯⋯⋯⋯⋯⋯⋯蝟实属 *Kolkwitzia* Graebn.
5. 萼筒外面无刺刚毛，在子房以上不缢缩似颈⋯⋯⋯⋯⋯⋯⋯⋯⋯⋯⋯忍冬属 *Lonicera* Linn.
6. 萼筒上具有翅状小苞片⋯⋯⋯⋯⋯⋯⋯⋯⋯⋯⋯⋯⋯⋯⋯⋯⋯⋯双盾木属 *Dipelta* Maxim.
6. 萼筒上不具翅状小苞片⋯⋯⋯⋯⋯⋯⋯⋯⋯⋯⋯⋯⋯⋯⋯⋯⋯⋯⋯⋯⋯⋯⋯⋯⋯⋯⋯⋯ 7
7. 穗状花序，生于枝端；花小，长不及 1 cm⋯⋯⋯⋯⋯⋯毛核木属 *Symphoricarpos* Duhamel
7. 聚伞花序具 1～3 花，单生或组成圆锥花序；花大，长超过 1 cm⋯⋯⋯⋯⋯⋯⋯⋯⋯⋯⋯ 8
8. 雄蕊 4⋯⋯⋯⋯⋯⋯⋯⋯⋯⋯⋯⋯⋯⋯⋯⋯⋯⋯⋯⋯⋯⋯⋯⋯⋯⋯六道木属 *Abelia* R. Br.
8. 雄蕊 5⋯⋯⋯⋯⋯⋯⋯⋯⋯⋯⋯⋯⋯⋯⋯⋯⋯⋯⋯⋯⋯⋯⋯⋯锦带花属 *Weigela* Thunb.

六道木属（*Abelia* R. Br.）　　秦岭产 3 种。

六道木属分种检索表（引自《秦岭植物志》）

1. 叶柄基部扩大和连合；枝节膨大；花冠漏斗形，内藏⋯⋯⋯⋯⋯太白六道木 *A. dielsii*（Graebn.）Rehd.
1. 叶柄基部不连合；枝节不膨大；花冠钟状或钟状漏斗形⋯⋯⋯⋯⋯⋯⋯⋯⋯⋯⋯⋯⋯⋯⋯ 2
2. 叶先端渐尖，边缘不反卷⋯⋯⋯⋯⋯⋯⋯⋯⋯⋯⋯⋯短枝六道木 *A. engleriana*（Graebn.）Rehd.
2. 叶先端急尖，边缘反卷⋯⋯⋯⋯⋯⋯⋯⋯⋯⋯⋯⋯⋯⋯⋯小叶六道木 *A. parvifolia* Hemsl.

（* 注：《中国植物志》中，太白六道木的中文名修订为南方六道木）

96. 败酱科 Valerianaceae　　二年生或多年生草本，极少为亚灌木。根茎或根常有陈腐气味、浓烈香气或强烈松脂气味。茎直立。叶对生或基生，通常一回奇数羽状分裂，边缘常具锯齿；基生叶与茎生叶、茎上部叶与下部叶常不同形。花序为聚伞花序组成的顶生密集或开展的伞房花序、复伞房花序或圆锥花序。花小，两性或极少单性；花萼小，萼筒贴生于子房，萼齿小，宿存；花冠钟状或狭漏斗形，黄色、淡黄色、白色、粉红色或淡紫色，冠筒基部一侧囊肿，有时具长距，裂片3～5，稍不等形；雄蕊3或4，有时退化为1或2枚，花丝着生于花冠筒基部；子房下位，3室，仅1室发育，柱头头状或盾状，有时2或3浅裂。果为瘦果。实习地常见的败酱科植物有墓头回（异叶败酱）（*Patrinia heterophylla* Bunge）、缬草（*Valeriana officinalis* L.）等（图10-332，图10-333）。

图 10-332　墓头回（异叶败酱）的花序　　　　图 10-333　缬草的花序

97. 川续断科 Dipsacaceae　　一年生、二年生或多年生草本植物，有时成亚灌木状，稀为灌木。茎光滑、被长柔毛或有刺，少数具腺毛。叶通常对生；无托叶；单叶全缘或有锯齿、浅裂至深裂。花序为一密集具总苞的头状花序或为间断的穗状轮伞花序；花两性，两侧对称，同形或边缘花与中央花异形，每花外围为由2个小苞片结合形成的小总苞副萼；花萼整齐，杯状或不整齐筒状，上口斜裂，边缘有刺或全裂成具5～20条针刺状或羽毛状刚毛，成放射状；花冠合生成漏斗状，4或5裂，裂片稍不等大或成二唇形，上唇2裂片较下唇3裂片为短；雄蕊4枚，有时退化成2枚，着生在花冠管上，和花冠裂片互生；子房下位，2心皮合生，1室，胚珠1枚。瘦果。实习地常见的川续断科植物的代表是日本续断（续断）（*Dipsacus japonicus* Miq.）（图10-334）。

图 10-334　日本续断的花序

98. 桔梗科 Campanulaceae　　一年生或多年生草本，具根状茎或地下块根。稀少为灌木、小乔木或草质藤本。大多数种类具乳汁管，分泌乳汁。叶为单叶，互生，少对生或轮生。有特殊气味，具乳汁，花两性，稀少单性或雌雄异株，大多5数，辐射对称或两侧对称。花萼5裂，筒部与子房贴生。花冠为合瓣的，浅裂或深裂至基部，而成为5个花瓣状的裂片。雄蕊5枚，通常与花冠分离，或贴生于花冠筒下部，彼此间完全分离，或借助于花丝基部的长绒毛而在下部黏合成筒，或花药连合而花丝分离，或完全连合；子房下位，或半下位，2～5（6）室；花柱单一，常在柱头下有毛，柱头2～5（6）裂，胚珠多数，中轴胎座。果通常为蒴果，少为浆果。实习地常见的桔梗科植物有丝裂沙参（*Adenophora capillaris* Hemsl.）、紫斑风铃草（*Campanula punctata* Lam.）、党参 [*Codonopsis pilosula*（Franch.）Nannf.]、石沙参（*Adenophora polyantha* Nakai）等（图10-335～图10-344）。

图 10-335　丝裂沙参的花序

图 10-336　丝裂
沙参的花纵剖

图 10-337　丝裂
沙参的雌蕊

图 10-338　紫斑风铃草的花

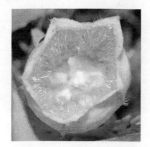
图 10-339　紫斑风铃草的
花顶面观

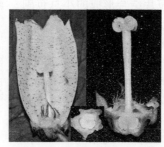
图 10-340　紫斑风铃草的花
结构

图 10-341　党参的植株

图 10-342　党参的
花顶面观

图 10-343　党参的
花纵剖

图 10-344　党参的子房
横切（示中轴胎座）

秦岭产 7 属 23 种 2 变种。

桔梗科分属检索表（引自《秦岭植物志》）

党参属（*Codonopsis* Wall.）　　秦岭产 4 种 1 变种。

党参属分种检索表（引自《秦岭植物志》）

99. 菊科 Asteraceae（Compositae）　　草本、亚灌木或灌木，稀为乔木。有时有乳汁管或树脂道。叶通常互生，稀对生或轮生，全缘或具齿或分裂，无托叶。花两性或单性，整齐或左右对称，5 基数；头状花序单生或数个至多数排列成总状、聚伞状、伞房状或圆锥状；花序托平或突起；萼片不发育，通常形成鳞片状、刚毛状或毛状的冠毛；花冠常辐射对称，管状，或左右对称，二唇形，或舌状，头状花序盘状或辐射状，有同形的小花，全部为管状花或舌状花，或有异形小花，即外围为雌花，舌状，中央为两性的管状花；雄蕊 4 或 5 个，着生于花冠管上，花药内向，合生成筒状，基部钝，锐尖，戟形或具尾；花柱上端两裂，花柱分枝上端有附器或无附器；子房下位，合生心皮 2 枚，1 室，具 1 个直立的胚珠；果为不开裂的瘦果。菊科植物是被子植物中物种最丰富的科，实习地菊科植物很多，如珠光香青 [*Anaphalis margaritacea*（L.）Benth. et Hook. f.]、牛蒡（*Arctium lappa* L.）、茵陈蒿（*Artemisia capillaris* Thunb.）、紫菀（*Aster tataricus* L. f.）、鬼针草（*Bidens pilosa* L.）、大花金挖耳（*Carpesium macrocephalum* Franch. et Sav.）、魁蓟（*Cirsium leo* Nakai et Kitag.）、刺儿菜 [*Cirsium setosum*（Willd.）MB.]、粗毛牛膝菊（*Galinsoga quadriradiata* Ruiz et Pav.）、苦苣菜（*Sonchus oleraceus* L.）、旋覆花（*Inula japonica* Thunb.）、掌叶橐吾 [*Ligularia przewalskii*（Maxim.）Diels]、华蟹甲（羽裂华蟹甲草）[*Sinacalia tangutica*（Maxim.）B. Nord.] 等（图 10-345～图 10-351）。

图 10-345　珠光香青的花序

图 10-346　大花金挖耳的花序

图 10-347　魁蓟的花序

图 10-348　刺儿菜的花序

图 10-349　粗毛牛膝菊的植株及花序

图 10-350　牛蒡的果实

图 10-351　苦苣菜的花序

秦岭有 96 属 329 种 3 亚种 43 变种及 9 变型。

菊科分族检索表（引自《秦岭植物志》）

1. 头状花序具同形或异形的小花，中央的花管状；植株无乳汁··2
1. 头状花序具同形的舌状花；植株具乳汁··菊苣族 * Cichorieae
2. 花药的基部钝或微尖··3
2. 花药基部急尖，戟形或尾形··8
3. 头状花序盘状，具同形的筒状花；花柱上端有棒槌状或稍扁而钝的附器···········1. 泽兰族 Eupatorieae
3. 头状花序辐射状，边缘通常具舌状花或盘状而无舌状花··4
4. 花柱分枝通常一面平或一面突出，上端有尖或三角形附器，有时上端钝···········2. 紫菀族 Astereae
4. 花柱分枝通常截形，无或有尖或三角形附器，有时分枝钻形··5
5. 冠毛不存在，或鳞片状、芒状或冠状；叶对生或互生··6
5. 冠毛通常毛状；叶互生··7. 千里光族 Senecioneae
6. 头状花序辐射状；总苞片叶质··7

6. 头状花序盘状或辐射状；总苞片全部或边缘干膜质·················6. 春黄菊族 Anthemideae

7. 叶通常对生；花序托通常具托片·····································4. 向日葵族 Heliantheae

7. 叶互生；花序托无托片···5. 堆心菊族 Helenieae

8. 花柱上端无被毛的节；头状花序具异形的小花····························9

8. 花柱上端有稍膨大而被毛的节；头状花序具同形的筒状花，有时具不结实的辐射状花·········

···9. 菜蓟族 Cynareae

9. 头状花序具同形的小花，花冠浅裂，不呈二唇状··························10

9. 头状花序具异形的小花，花冠不规则深裂，或作二唇状··········10. 帚菊木族 Mutisieae

10. 头状花序盘状或辐射状；冠毛通常毛状，有时无冠毛··········3. 旋覆花族 Inuleae

10. 头状花序辐射状；冠毛不存在·······························8. 金盏花族 Calenduleae

　　（＊注：《中国植物志》中，菊苣族 Cichorieae 为菊苣族 Lactuceae 的异名）

泽兰族分属检索表（引自《秦岭植物志》）

1. 花药上端截形，无附属体；总苞片基部结合成环状··············下田菊属 Adenostemma J. R. et G. Forst.

1. 花药上端尖，具附属体；总苞片基部不结合·······································2

2. 冠毛膜片状，下部宽，上部渐狭长·······························胜红蓟属 *Ageratum Linn.

2. 冠毛毛状，多数，分离··3

3. 总苞片 1 层···甜叶菊属 Stevia Cav.

3. 总苞片 2 层···泽兰属 Eupatorium Linn.

　　（＊注：《中国植物志》中，胜红蓟属的中文名修订为藿香蓟属）

紫菀族分属检索表（引自《秦岭植物志》）

1. 瘦果先端无冠毛，具少数硬毛或仅有环状痕迹······································2

1. 瘦果先端具冠毛···5

2. 花黄色或黄绿色···3

2. 花蓝紫色、粉红色或白色···4

3. 瘦果无喙；先端无冠毛或两性花瘦果先端具 2 条短硬毛··········鱼眼草属 Dichrocephala DC.

3. 瘦果先端具喙；冠毛为 3～5 条硬毛，易脱落或有时无冠毛··· 秋分草属 Rhynchospermum Reinw. ex Blume.

4. 茎丛生；舌状花白色、粉红色或红色；无冠毛·······················雏菊属 Bellis Linn.

4. 茎不丛生；舌状花通常蓝紫色；瘦果先端具白色环状痕迹··············裸菀属 Gymnaster Kitam.

5. 瘦果先端冠毛仅 1 层···6

5. 瘦果先端通常具冠毛 2 层，极稀 1 层··8

6. 舌状花通常淡蓝紫色、蓝紫色或粉红色··7

6. 舌状花白色···女菀属 Turczaninowia DC.

7. 筒状花先端 5 裂片相等；舌状花和筒状花瘦果先端冠毛均极短而同型·············马兰属 Kalimeris Cass.

7. 筒状花有 1 裂片较其他 4 裂片深裂而不相等；舌状花瘦果先端冠毛极短，而筒状花瘦果先端冠毛较长···

···狗娃花属 Heteropappus Less.

8. 总苞片 2～3 层；雌花多层，极稀 1 层，舌状或丝状管状·······························10

8. 总苞片 3～4 层，极稀 2 层；雌花 1 层，舌状··9

9. 总苞片 2～3 层；舌状花白色；瘦果圆柱形，两端稍狭·········东风菜属 Doellingeria Nees

9. 总苞片 3～4 层；舌状花蓝紫色；瘦果长圆形、狭倒卵形或倒卵形，稍扁平·······紫菀属 Aster L.

10. 头状花序较大；舌状花淡紫红色、红色或蓝色··11

10. 头状花序较小；舌状花白色、淡蓝色、蓝紫色或橙黄色································12

11. 头状花序直径 5～8 cm；舌状花较冠毛长，红色或蓝色··········翠菊属 Callistephus Cass.

11. 头状花序直径 1～1.4 cm；舌状花较冠毛短··················短星菊属 Brachyactis Ledeb.

12. 总苞片 2 层；外围数层雌花较长；外层冠毛膜片状，内层刚毛状……………………飞蓬属 *Erigeron* Linn.

12. 总苞片 2～3 层；外围数层雌花较短或无舌片；两层冠毛均为棉毛状……………白酒草属 *Conyza* Less.

旋覆花族分属检索表（引自《秦岭植物志》）

1. 头状花序盘状；花异型（雌雄同株）或同型（雌雄异株或近异株）；雌花花冠细管状或丝状；花柱较花冠长……………………………………………………………………………………………………2

1. 头状花序辐射状或盘状；花异型或仅具同型的两性花，雌雄同株；雄花花柱较花冠短；两性花的柱头2裂……………………………………………………………………………………………………5

2. 两性花不结实；柱头不分裂、浅裂或较深裂；头状花序具多层雌花和少数两性花，或仅具两性花或仅具雌花……………………………………………………………………………………………3

2. 两性花全部或大部结实；柱头分裂；头状花序外围雌花多层、2～3 层或为两性花而无雌花……………4

3. 头状花序伞房状密集成半球状，外围通常具开展的苞叶群；冠毛基部结合成环状……………………………………………………………………………………………………火绒草属 *Leontopodium* R. Brown

3. 头状花序伞房状，排列疏松；外围无星状苞叶群；冠毛基部分离，不结合且易脱落……………………………………………………………………………………………………香青属 *Anaphalis* DC.

4. 头状花序有雌花及两性花；总苞片黄色或褐色；花药基部有尾……………鼠麹草属 *Gnaphalium* L.

4. 头状花序仅有两性花；总苞片白色、黄色或红色；花药基部有细毛状尾部或毛状的耳部……………………………………………………………………………………………………蜡菊属 *Helichrysum* Mill.

5. 头状花序的小花异形；外围 1 层雌花为舌状；瘦果先端具冠毛……………旋覆花属 *Inula* Linn.

5. 头状花序的小花同型；雌花为管状；瘦果先端无冠毛……………………………………………6

6. 两性花和雌花均结实；小花极多数；瘦果细长，先端具喙，具软骨质的环状物……………………………………………………………………………………………………天名精属 *Carpesium* Linn.

6. 两性花 7 或 8，不结实；雌花 7～11，结实；瘦果倒椭圆状锥形，被具柄的头状腺毛……………………………………………………………………………………………………和尚菜属 *Adenocaulon* Hook.

向日葵族分属检索表（引自《秦岭植物志》）

1. 头状花序单性具同形花，雌花无花冠；总苞具多数钩刺，花药分离或贴合……………苍耳属 *Xanthium* L.

1. 头状花序具异形花，雌花花冠舌状或筒状，或有时无雌花而头状花序具同形花；总苞无钩刺；花药贴合……………………………………………………………………………………………………2

2. 舌状花宿存于瘦果上而随瘦果脱落；花序托圆锥状或圆柱状；总苞片 3 至多层，半圆形……………………………………………………………………………………………………百日菊属 *Zinnia* L.

2. 舌状花不宿存于瘦果上，或无舌状花，仅具同形的两性花；花序托通常稍突起，稀圆锥状；总苞片 1 至多层，不呈半圆形……………………………………………………………………………………3

3. 瘦果圆柱形或舌状花瘦果具 3 棱，筒状花瘦果侧面扁平……………………………………………4

3. 瘦果背面稍扁平或具 4 棱……………………………………………………………………………7

4. 外层总苞片 5，匙形，内面具腺毛，内层总苞片半包围瘦果……………豨莶属 *Siegesbeckia* L.

4. 外层总苞片无腺毛，内层总苞片不包围瘦果……………………………………………………………5

5. 一年生草本；头状花序小，舌状花白色，稀黄色；叶对生……………鳢肠属 *Eclipta* L.

5. 一年生或多年生草本；头状花序大，舌状花黄色；叶互生或仅上部叶互生……………………………6

6. 花序托圆锥状或圆柱状；冠毛为冠状体或杯状体或无冠毛；叶互生……………金光菊属 *Rudbeckia* L.

6. 花序托平或稍突起；冠毛膜片状，具 2 芒，有时附 2～4 个脱落的芒刺；叶对生或上部叶互生……………………………………………………………………………………………………向日葵属 *Helianthus* L.

7. 冠毛鳞片状或 2～4 芒，无倒刺，或无冠毛；叶对生……………………………………………8

7. 冠毛具倒刺，叶对生或上部互生……………………………………………………………………9

8. 花柱分枝先端笔状或截状，有或无短附器；瘦果边缘具膜质翅，有冠毛或无；舌状花黄色或褐色；根非块根状······················金鸡菊属 *Coreopsis* L.

8. 花柱先端具有毛的长附器；瘦果无翅，无冠毛；舌状花为黄色、红色或紫色；根块状······················大丽花属 *Dahlia* Cav.

9. 瘦果上部有长喙；舌状花红色、紫色或橘红色······················秋英属 *Cosmos* Cav.

9. 瘦果上部无明显的喙；舌状花黄色、白色或缺······················鬼针草属 *Bidens* L.

堆心菊族分属检索表（引自《秦岭植物志》）

1. 叶对生；总苞片 1 层，通常结合，等长，有时外面另有小总苞片；冠毛通常具 5 或 6 芒或毛状鳞片·········万寿菊属 *Tagetes* L.

1. 叶互生；总苞片 1～2 层，分离，近等长或覆瓦状排列；冠毛具 5 或 6 透明的芒状鳞片·········天人菊属 *Gaillardia* Foug.

春黄菊族分属检索表（引自《秦岭植物志》）

1. 头状花序大，直径 2～3 cm···································2
1. 头状花序小，直径约 6 mm···································3
2. 花序托无托片，无舌状花···································4
2. 花序托具托片，有舌状花···································5
3. 总花序梗长；花序托具托片；瘦果具 4 或 5 棱或多条纵肋···············春黄菊属 *Anthemis* L.
3. 总花序梗短；花序托无托片；瘦果无棱，具 3 或 4 条纵肋···············母菊属 *Matricaria* L.
4. 头状花序伞房状；叶长 2～6 cm···························亚菊属 *Ajania* Poljak.
4. 头状花序单生；叶长约 1 cm···························石胡荽属 *Centipeda* Lour.
5. 舌状花长 4～7 mm；瘦果椭圆形，具 3 翅，有纵肋···························6
5. 舌状花长约 2 mm 或无；瘦果倒卵形或圆形，近无翅，无纵肋···························7
6. 舌状花白色；瘦果具 3 翅···············木茼蒿属 *Argyranthemum* Mebb. ex Sch.-Bip.
6. 舌状花黄色、粉红色或白色；瘦果具多数纵肋···············菊属 *Dendranthema*（DC.）Des Moul.
7. 头状花序具舌状花；瘦果倒卵形，长 2～4 mm···························蓍属 *Achillea* L.
7. 头状花序无舌状花；瘦果圆柱形，长 1～1.5 cm···························蒿属 *Artemisia* Linn.

千里光族分属检索表（引自《秦岭植物志》）

1. 两性花不结实；花柱不分枝···································2
1. 两性花结实；花柱先端分枝···································4
2. 头状花序较大，单生或少数在茎端排列成疏伞房状；花黄色或稍带绿色；雌花舌状或细筒状·········3
2. 头状花序较小，多数在茎端排列成总状或圆锥状聚伞花序；花白色或紫色；雌花筒状·········蜂斗菜属 *Petasites* Mill.
3. 叶互生，叶片基部下延于茎上；花三型，雌花 2～3 层，外层舌状，内层筒状；总苞片 2～4 层·········毛冠菊属 *Nannoglottis* Maxim
3. 叶基生，茎生叶鳞片状；花二型，雌花全部舌状；总苞片 1～2 层·········款冬属 *Tussilago* L.
4. 总苞片 2～3 层，先端渐尖，边缘非膜质···············多榔菊属 *Doronicum* L.
4. 总苞片 1 层，先端钝或急尖，边缘膜质···································5
5. 花柱分枝先端非截形···································6
5. 花柱分枝先端截形···································7
6. 花柱分枝具钻形附器；总苞下具小苞片···············三七草属 *Gynura* Cass.

6. 花柱分枝具短锥形附器；总苞片下无小苞片···一点红属 *Emilia* Cass.

7. 栽培植物；果实背面稍扁，雌花的果实通常具翅···瓜叶菊属 *Cineraria L.

7. 野生植物；果实圆柱形，具 5～10 条纵肋···8

8. 叶柄基部非鞘状，稀稍抱茎；花柱分枝先端截形···9

8. 叶柄基部呈明显的鞘状抱茎；花柱分枝先端钝圆···12

9. 子叶 1 个，基部叶幼时呈伞状下垂···兔儿伞属 *Syneilesis* Maxim.

9. 子叶 2 个，基部叶幼时非伞状下垂···10

10. 花黄色；总苞片 8～10···千里光属 *Senecio* L.

10. 花白色，稀黄色或淡紫色；总苞片 3～5，稀 8···11

11. 头状花序无舌状花；根状茎细长或稍膨大，非块状···蟹甲草属 *Cacalia L.

11. 头状花序具舌状花 1～3；根状茎明显增大成块状·············华蟹甲草属 *Sinacalia* H. Robins. et Brettell.

12. 头状花序较小，直立，多数或少数在茎端排列成总状或伞房状、圆锥状的聚伞花序，稀单生···橐吾属 *Ligularia* Cass.

12. 头状花序较大，下垂，单生于茎·····································垂头菊属 *Cremanthodium* Benth.

（* 注：《中国植物志》中，三七草属的中文名修订为菊三七属，瓜叶菊属 *Cineraria* 为瓜叶菊属 *Pericallis* D. Don 的异名，蟹甲草属 *Cacalia* Linn. 为蟹甲草属 *Parasenecio* W. W. Smith et J. Small 的异名）

金盏花族

金盏花属（*Calendula* L.）　　秦岭栽培 1 种：金盏花（*Calendula officinalis* L.）（救荒本草）。

菜蓟族分属检索表（引自《秦岭植物志》）

1. 头状花序各具 1 小花，密集成复头状花序·····································蓝刺头属 *Echinops* L.

1. 头状花序具多数小花，不密集成复头状花序···2

2. 瘦果具平整的基底着生面···3

2. 瘦果具歪斜的基底着生面，或具侧面着生面···14

3. 瘦果密被柔毛，先端无边缘；头状花序为羽状分裂的苞叶所包围·····························苍术属 *Atractylodes* DC.

3. 瘦果无毛，先端具边缘；头状花序不为羽状的苞叶所包围···4

4. 花序托有托毛；叶有刺或无刺···5

4. 花序托有深蜂窝状小窝，无托毛；叶有刺·····································大翅蓟属 *Onopordum* L.

5. 总苞片具钩状刺毛；叶无刺···牛蒡属 *Arctium* L.

5. 总苞片无钩状刺毛；叶具刺（栽培种有时无刺）···6

6. 总苞片具刺；叶具刺···7

6. 总苞片无刺；叶通常无刺或具短刺···12

7. 花丝无毛；冠毛刚毛状···鳍蓟属 *Olgaea Iljin

7. 花丝被微毛、长毛或羽状毛；冠毛具糙毛或羽状毛···8

8. 花序托非肉质；总苞片狭，非革质，通常有刺···9

8. 花序托肉质，肥厚；总苞片宽，厚革质，有刺或栽培种无刺·····································菜蓟属 *Cynara* L.

9. 冠毛有糙毛···飞廉属 *Carduus* L.

9. 冠毛有羽状毛···10

10. 具长匍匐根状茎；雌雄异株；冠毛较花冠为长·····································刺儿菜属 *Cephalanoplos Neck.

10. 无匍匐根状茎；雌雄同株；冠毛较花冠短···11

11. 叶表面无白色斑纹；瘦果倒卵形或长椭圆形，稍扁压或四棱形·····························蓟属 *Cirsium* Mill. emend. Scop.

11. 叶表面具白色斑纹；瘦果倒卵形或长圆形·····································水飞蓟属 *Silybum* Adans.

12. 瘦果具 15 条纵肋；总苞片背面具龙骨状附片·····································泥胡菜属 *Hemistepta* Bunge.

12. 瘦果无纵肋，具 4 棱；总苞片无龙骨状附片···13
13. 冠毛 1 层，由长羽状毛组成，或 2 层而外层极短，由单毛、糙毛组成···········风毛菊属 *Saussurea* DC.
13. 冠毛 2 层，由等长的羽状毛组成···云木香菊属 *Aucklandia* Falc.
14. 总苞不被苞叶所包围···15
14. 总苞被具刺的苞叶所包围···红花属 *Carthamus* L.
15. 总苞片无明显附片···16
15. 总苞片具膜质、干膜质、革质或具刺的附片···17
16. 花药尾部连合；总苞片具长刺···山牛蒡属 *Synurus* Lljin
16. 花药尾部分离；总苞片具小刺或无刺···麻花头属 *Serratula* L.
17. 头状花序大；总苞片呈掌状分裂···祁州漏芦属 *Rhaponticum* Lam.
17. 头状花序小；总苞片通常篦齿状···矢车菊属 *Centaurea* L.

（*注：《中国植物志》中，鳍蓟属的中文名修订为蝟菊属，刺儿菜属并入蓟属刺儿菜组）

帚菊木族分属检索表（引自《秦岭植物志》）

1. 叶基生或根部簇生；草本；雌雄同株··2
1. 叶互生或老枝上叶簇生；小灌木，稀草本；雌雄异株··4
2. 头状花序单生于花葶先端，每花序含小花多数，外层舌状花，中央筒状花·······························3
2. 头状花序多数，组成穗状或总状花序，每花序含小花 1～3，全为筒状两性花······兔儿风属 *Ainsliaea* DC.
3. 头状花序同一形状，有辐射异形花（即舌状花和筒状花）·····················扶郎花属 *Gerbera* Linn. ex Cass.
3. 头状花序有两种形状，春型辐射状，小花异形；秋型盘状，有同形筒状花······大丁草属 *Leibnitzia* Cass.
4. 总苞片 1 层，5～8，长椭圆形，近等长··蚂蚱腿子属 *Myripnois* Bunge.
4. 总苞片多层，由外向内渐次增长···帚菊属 *Pertya* Sch.-Bip.

{* 注：《中国植物志》中，扶郎花属的中文名修订为大丁草属 [非洲菊（扶郎花）（*Gerbera jamesonii*）置于该属毛足菊组 Sect. Lasiopus（Cass.）O. Hoffm.]，大丁草属 *Leibnitzia* Cass. 为大丁草属 *Gerbera* Cass. 的异名 }

二、单子叶植物纲 Monocotyledoneae

1. 泽泻科 Alismataceae　　多年生，稀一年生，沼生或水生草本。具根状茎、匍匐茎、球茎、珠芽。叶基生；叶片条形、披针形、卵形、椭圆形、箭形等，全缘；叶脉平行；叶柄基部具鞘。花序总状、圆锥状或呈圆锥状聚伞花序。花两性、单性或杂性，辐射对称；花被片 6 枚，排成 2 轮，外轮花被片宿存；雄蕊 6 枚或多数；心皮多数，轮生，或螺旋状排列，分离，花柱宿存，胚珠通常 1 枚，着生于子房基部。瘦果或小坚果。实习地常见的泽泻科植物有慈姑 [*Sagittaria trifolia* L. var. *sinensis*（Sims.）Makino] 等。

2. 眼子菜科 Potamogetonaceae　　沼生、淡水生至咸水生或海水生、一年生或多年生草本。具根茎匍匐茎，节上生须根和直立茎，稀无根茎。叶沉水、浮水或挺水，或两型，互生或基生；叶片形态各异，具柄或鞘。花序顶生或腋生，多呈简单的穗状或聚伞花序，开花时花序挺出水面或漂浮于水面，花后皆沉没于水中；花小或极简化，2、3 或 4 基数；花被有或无；雄蕊 1～6 枚，通常无花丝；雌蕊具心皮 1～4 枚或多枚，离生或近离生，每子房室含胚珠 1 枚。小核果状或小坚果状。实习地常见的眼子菜科植物有眼子菜（*Potamogeton distinctus* A. Benn.）等。

3. 棕榈科 Arecaceae（Palmae）　　灌木、藤本或乔木，茎通常不分枝。叶互生，羽状或掌状分裂；叶柄基部通常扩大成具纤维的鞘。花小，单性或两性，雌雄同株或异株，有时杂性，组成分枝或不分枝的佛焰花序（或肉穗花序）；花序通常大型多分枝，被一个或多个鞘状或管状的佛焰苞所包围；花萼和花瓣各 3 片；雄蕊通常 6 枚，2 轮排列，稀多数或更少；子房 1～3 室或 3 个心皮离生或于基部合生；每个心皮内有 1 或 2 个胚珠。核果或硬浆果。实习地常见的棕棕科植物有棕榈［*Trachycarpus fortunei*（Hook.f.）H. Wendl.］等。

4. 香蒲科 Typhaceae　　多年沼生、水生或湿生草本。叶2列，互生；鞘状叶很短，基生，先端尖；条形叶直立，或斜上，全缘；叶脉平行；叶鞘长，边缘膜质，抱茎。花单性，雌雄同株，花序穗状；雄花序生于上部至顶端，雌性花序位于下部，与雄花序紧密相接；雄花无被，通常由1～3枚雄蕊组成；雌花无被，子房柄基部至下部具白色丝状毛；子房上位，1室，胚珠1枚。实习地常见的香蒲科植物有宽叶香蒲（*Typha latifolia* Linn.）等。

5. 禾本科 Poaceae（Gramineae）　　木本或草本。绝大多数为须根。茎多为直立，在其基部容易生出分蘗条，一般明显地具有节与节间两部分；节间中空，常为圆筒形。叶为单叶互生，一般可分3部分：①叶鞘；②叶舌；③叶片，常为窄长的带形。花常无柄，在小穗轴上交互排列为2行形成小穗，再组合成为复合花序。以一朵两性小花为例，结构有：①外稃，主脉

图10-352　玉蜀黍（玉米）的雄花序和雌花序

可伸出乃至成芒；②内稃；③浆片；④雄蕊（1）3～6枚，稀可为多数；⑤雌蕊1，花柱2或3，其上端生有羽毛状或帚刷状的柱头，子室内仅含1粒倒生胚珠。果实通常多为颖果。实习地常见的禾本科植物多为人工栽种的农作物玉蜀黍（*Zea mays* L.），野生的有巨序剪股颖（*Agrostis gigantea* Roth）、鸭茅（*Dactylis glomerata* L.）、披碱草（*Elymus dahuricus* Turcz.）、知风草［*Eragrostis ferruginea*（Thunb.）Beauv.］、求米草［*Oplismenus undulatifolius*（Arduino）Beauv.］，以及大熊猫的主要食物秦岭箭竹（*Fargesia qinlingensis* Yi et J. X. Shao）等（图10-352）。

本科包括竹亚科及禾亚科，共有600余属7000种以上，遍布全世界。中国现已知有190余属约800种；秦岭现知有93属204种。

禾本科分亚科检索表*（引自《秦岭植物志》）

1. 秆一般为木质，多年生；秆箨与叶鞘有区别，箨叶缩小，通常无显著中脉；普通叶片具短柄，且与叶鞘相连处成一关节，故容易自叶鞘脱落⋯⋯⋯竹亚科 Bambusoideae Nees
1. 秆为草质（特指地上部分而言），稀可于芦竹亚族、黍族及蜀黍族中带有木质而为多年生；秆箨与叶鞘通常并无区别，其箨叶则是普通叶片，甚为发达而且有明显中脉，通常不具叶柄，亦不与叶鞘成关节，故不自叶鞘上脱落（*Kengia* 等属例外）⋯⋯⋯禾亚科 Agrostidoideae Keng et Keng f.

　　［* 注：《中国植物志》中，禾本科分为7个亚科，竹亚科、芦竹亚科（Arundinoideae Tat.）、假淡竹叶亚科（Centothecoideae Soderstr.）、画眉草亚科（Eragrostoideae Pilger）、稻亚科（Oryzoideae Care）、黍亚科（Panicoideae A. Br.）、早熟禾亚科（Pooideae Macf. et Wats.）］

竹亚科分属检索表（参考《中国植物志》）

1. 地下茎为合轴型，无真正的竹鞭⋯⋯⋯2
1. 地下茎单轴或复轴型，有真正的竹鞭⋯⋯⋯3
2. 地下茎具有竿柄延伸而成的假鞭，地面竹竿较疏离或为丛生；生长于中高海拔山地⋯⋯⋯⋯⋯⋯⋯⋯箭竹属 *Fargesia* Franch.
2. 地下茎竿柄基本不延伸，故无明显的假鞭，地面竹竿一般为密丛生。生长于低海拔平原、丘陵或山地⋯⋯⋯⋯⋯⋯⋯慈竹属 *Neosinocalamus* Keng f.

3. 竿每节具有 1～3 分枝（本区竹种 1 分枝），分枝直径与主枝近等粗；叶片大型…………………………
　……………………………………………………………………………箬竹属 *Indocalamus* Nakai

3. 竿每节具 2 至多数分枝，分枝远较主枝细；叶片小型或中型……………………………………………4

4. 竿在分枝的一侧具有明显纵沟槽………………………………………………………………………………5

4. 竿为圆筒形或仅在分枝一侧基部扁平…………………………………………………………………………6

5. 竿每节具有 3 分枝，中间分枝较粗；竿基部数节上生有环列的刺状气生根…………………………………
　……………………………………………………………………寒竹属 *Chimonobambusa* Makino

5. 竿每节具有 2 分枝或 3 分枝，当为 3 分枝时，中间分枝纤细；竿节上无刺状气生根……………………
　………………………………………………………………刚竹属 *Phyllostachys* Sieb. et Zucc.

6. 竿环微隆起或甚平，低于箨环，箨环无箨鞘基部残留物；竿每节 1～3 分枝（本区竹种 3 分枝）………
　……………………………………………………………巴山木竹属 *Bashania* Keng f. et Yi

6. 竿环及箨环均甚隆起，竿环一般高于箨环，箨环常有箨鞘基部残留物，常形成木栓质圆环；竿每节 3 到
　多分枝（多分枝）……………………………………………………大明竹属 *Pleioblastus* Nakai

禾亚科分族检索表（引自《秦岭植物志》）

1. 小穗含多花乃至 1 花，通常多少两侧压扁，脱节于颖之上，不孕花如存在，除䅟草族外，通常均位于成
　熟花之上，稀位于成熟花之上下两端；小穗轴大部延伸至上部花或成熟花内稃之后而成 1 细柄或 1 刺毛
　状………2

1. 小穗含 2 花或仅含 1 花，背腹压扁或成圆筒形，稀可为两侧压扁，脱节于颖之下（*Arundinella*, *Isachne*
　可例外），不孕花如存在时则位于成熟花之下；小穗轴绝不延伸，故在成熟花之内稃后方绝无细柄或刚毛
　之存在……7

2. 小穗无柄或几无柄，排列成穗状花序或穗形总状花序…………………………………………………………3

2. 小穗具柄，稀无柄或近于无柄，排列为开展或收缩的圆锥花序，稀为总状花序………………………………4

3. 小穗位于穗轴之两侧；穗状花序顶生，单纯，稀可分枝………………………大麦族 *Hordeeae Bentham

3. 小穗位于穗轴一侧，且沿穗轴作覆瓦状排列为 1～2 行，穗状花序或穗形总状花序为多数乃至 1 个，再
　沿一主轴而形成圆锥、总状或指状等复合花序…………………………虎尾草族 Chlorideae Agardh

4. 小穗通常只含 1 花（稀可于 *Deyeuxia* 中含 2 花），其外稃具 1～5 脉………剪股颖族 Agrostideae Dumort.

4. 小穗含 2 乃至多数花，如为 1 花时则其外稃具数脉乃至多数脉……………………………………………5

5. 小穗为 3 花组成，具 1 两性花，位于 2 不孕花之上或因 2 不孕花退化而成为仅含 1 花的小穗……………
　……………………………………………………………………䅟草族 Phalarideae Kunth

5. 小穗非上述情况，通常含 1 朵或更多的两性花，位于不孕花之下，稀位于不孕花之上端或上下两端，有
　时无不孕花…………………………………………………………………………………………………6

6. 第二颖大都等长或较长于第一小花（有时于 *Koeleria* 及 *Trisetum* 等属中可稍短）；芒如存在大都膝曲而
　基部扭转，通常位于外稃之背部或 2 裂片间…………………………………燕麦族 Aveneae Dumort.

6. 第二颖通常较短于第一花（在 *Poa* 及 *Phragmites* 等属中可相等或稍长）；芒如存在时，则劲直，稀可反
　曲而不扭转，通常自外稃顶端或裂齿间伸出，有时亦可位于 2 裂隙之稍下方但非位于其背部………………
　………………………………………………………………………狐茅族 Festuceae Dumort.

7. 小穗之颖退化至不可见或残留于小穗柄之顶端而形成两半月形之构造，有时具两不孕之外稃位于 1 顶生
　成熟花之下……………………………………………………………………稻族 Oryzeae Dum.

7. 小穗之两颖甚为发达，有时其第一颖微小或缺如……………………………………………………………8

8. 第二花之稃体通常质地坚韧，较其颖为厚……………………………………………………………………9

8. 所有稃体均为膜质或透明薄膜质，较其颖为薄………………………………………………………………10

9. 小穗单生或孪生，脱节于颖之下（*Isachne* 例外），第二花之外稃通常无芒而基盘无毛……………………
　……………………………………………………………………………黍族 Paniceae R. Br.

9. 小穗成对，稀可单生，脱节于颖之上；成熟花之外稃大都具芒，其基盘亦常有毛······
··野古草族 Arundinelleae Stapf
10. 小穗通常仅含 1 花，第一颖常微小或退化而缺如。为穗状或穗形总状花序·······结缕草族 Zoysieae Miq.
10. 小穗含 2 花，下方之 1 小花通常退化，而第一颖通常最长································11
11. 小穗为两性或成熟小穗与不孕小穗混生于同一穗轴上·····················蜀黍族 *Andropogoneae Dumort.
11. 小穗为单性，雌小穗与雄小穗分别位于不同之花序上或同一花序之不同部分（雌性小穗常在下方）·····
···玉蜀黍族 Maydeae Dumort.

[* 注：《中国植物志》中，大麦族（Hordeae）归入小麦族（Triticeae），修订为大麦属（*Hordeum* Linn.），蜀黍族的中文名修订为高粱族]

6. 莎草科 Cyperaceae

多年生草本，较少为一年生；多数具根状茎，少有兼具块茎。具有三棱形的秆。叶基生和秆生，一般具闭合的叶鞘和狭长的叶片，或有时仅有鞘而无叶片。花序多种多样，有穗状花序、总状花序、圆锥花序、头状花序或长侧枝聚伞花序；小穗单生，簇生或排列成穗状或头状，具 2 至多数花，或退化至仅具 1 花；花两性或单性，雌雄同株，少有雌雄异株，无花被或花被退化成下位鳞片或下位刚毛，有时雌花为先出叶所形成的果囊所包裹；雄蕊 3 个；子房 1 室，具 1 个胚珠，柱头 2 或 3 个。果实为小坚果，三棱形。实习地常见的莎草科植物有香附子（莎草）（*Cyperus rotundus* L.）等。

本科有约 80 属 3600 种以上，分布于全世界。中国有约 28 属 580 种以上；秦岭有 12 属 102 种 11 变种 8 变型。

莎草科分属检索表（引自《秦岭植物志》）

1. 花单性，雌雄同株，稀异株，雌花具先出叶所形成的囊包·····································11
1. 花两性，不具囊包···2
2. 鳞片为两行排列，稀为不明显的两行排列或多少螺旋状排列；小穗扁平；无下位刚毛·······················7
2. 鳞片为螺旋状排列；小穗圆而非扁形；下位刚毛存在或缺乏··3
3. 花柱基部膨大成各种形状，同小坚果有明显分别···6
3. 花柱基部不膨大，同小坚果成连续状，无任何区别···4
4. 小穗集生于秆的顶端，形成两行排列的穗状花序···························扁穗草属 Blysmus Panz.
4. 小穗聚为头状或聚伞状花序，若为聚伞状时，其外侧必具长短不等的辐射枝·····························5
5. 下位刚毛不分生，通常 6 条，有时或多或少，较粗呈刚毛状·····················藨草属 Scirpus Linn.
5. 下位刚毛分生，通常极多数，细长呈丝状·····························绵管属 *Eriophorum Linn.
6. 花被退化为刚毛状，稀不存在；花柱基部在小坚果时宿存；小穗单 1；叶退化为叶鞘······
···荸荠属 Heleocharis R. Br.
6. 花被不存在；花柱在小坚果时从基部脱落；小穗多数；叶正常而有叶片·······飘拂草属 Fimbristylis Vahl
7. 小穗轴具关节，鳞片宿存于小穗轴上，常与小穗轴一齐脱落或稀从小穗轴上脱落······················10
7. 小穗轴连接，基部无关节，因而小穗不脱落···8
8. 柱头 3 个，极稀为 2 或 3 个；小坚果三棱形·····························莎草属 Cyperus Linn.
8. 柱头 2 个，小坚果双凸状、平凸状或凹凸状···9
9. 小坚果背腹压扁，面向小穗轴（即宽面对小穗轴）··············水莎草属 Juncellus（Griseb.）C. B. Clarke
9. 小坚果两侧压扁，棱向小穗轴（即狭侧对小穗轴）·····················扁莎属 Pycreus P. Beauv.
10. 柱头 3 个，小坚果三棱形，面向小穗轴·····························砖子苗属 Mariscus Gaertn.
10. 柱头 2 个，小坚果双凸形，棱向小穗轴·····························水蜈蚣属 Kyllinga Rottb.
11. 花序侧生枝上的小穗为雄雌顺序，雌花 1 朵生于小穗轴的基部，雄花 1~6 个在小穗轴的上部，或小穗轴退化或只有 1 朵雌花；小坚果外由先出叶形成的囊包下部愈合，上部分离·······嵩草属 Kobresia Willd.

11. 花序侧生枝上的小穗通常具 1 朵雌花；小坚果外由先出叶形成的囊包，除了其顶端口部外完全愈合……
……………………………………………………………………………………… 薹草属 *Carex* Linn.

（＊注：《中国植物志》中，绵管属的中文名修订为羊胡子草属）

7. 天南星科 Araceae 　　草本植物，具块茎或伸长的根茎；稀为攀缘灌木或附生藤本，富含苦味水汁或乳汁。叶单 1 或少数，通常基生，如茎生则为互生，叶柄基部或一部分鞘状；叶片全缘时多为箭形、戟形，或掌状、鸟足状、羽状或放射状分裂；具网状脉。花小或微小，排列为肉穗花序；花序外面由佛焰苞包围。花两性或单性。花单性时雌雄同株（同花序）或异株。雌雄同序者雌花居于花序的下部，雄花居于雌花群之上。花被如存在则为 2 轮，花被片 2 或 3 枚；雄蕊通常与花被片同数且与之对生、分离；假雄蕊（不育雄蕊）常存在；子房上位，1 至多室，胚珠 1 至多数。果为浆果。实习地常见的天南星科植物有魔芋（*Amorphophallus rivieri* Durieu）、象南星（象天南星）（*Arisaema elephas* Buchet）、花南星（*Arisaema lobatum* Engl.）、偏叶天南星（*Arisaema lobatum* var. *rosthornianum* Engl.）、半夏［*Pinellia ternata*（Thunb.）Breit.］、独角莲（*Typhonium giganteum* Engl.）等（图 10-353～图 10-360）。

图 10-353　魔芋的花序

图 10-354　象南星的植株

图 10-355　象南星的佛焰苞

图 10-356　象南星的成熟果序

图 10-357　花南星的植株

图 10-358　花南星的雄花序

图 10-359　半夏的植株

图 10-360　独角莲的果序

图 10-361　鸭跖草的花

8. 鸭跖草科 Commelinaceae　　一年生或多年生草本，有的茎下部木质化。茎有明显的节和节间。叶互生，有明显的叶鞘；叶鞘开口或闭合。花通常在蝎尾状聚伞花序上，聚伞花序单生或集成圆锥花序，有的退化为单花。花两性，极少单性。萼片 3 枚，分离或仅在基部连合，常为舟状或龙骨状，有的顶端盔状。花瓣 3 枚，分离。雄蕊 6 枚，全育或有 1～3 枚退化雄蕊；花丝有念珠状长毛或无毛；退化雄蕊顶端各式（4 裂成蝴蝶状，或 3 全裂，或 2 裂，或不裂）；子房 3 室，或退化为 2 室，每室有 1 至数颗直生胚珠。蒴果。实习地常见的鸭跖草科植物有鸭跖草（*Commelina communis* Linn.）、竹叶子（*Streptolirion volubile* Edgew.）及栽培植物紫露草（*Tradescantia reflexa* Raf.）等（图 10-361～图 10-367）。

图 10-362　鸭跖草的花侧面观

（去掉一枚花瓣）

图 10-363　竹叶子的植株

图 10-364　竹叶子的花序

图 10-365　竹叶子的花

图 10-366 紫露草的花　　图 10-367 紫露草的花纵剖（示雄蕊）

本科共有 37 属（9 个单种属）约 600 种；广布于全世界热带地区。中国有 9 属；秦岭有 3 属。

鸭跖草科分属检索表（引自《秦岭植物志》）

1. 发育雄蕊 6 枚；叶卵状心形··· 竹叶子属 *Streptolirion* Edgew.
1. 发育雄蕊 3（2）个，具 1~3 枚退化雄蕊；叶卵状披针形或线状披针形·· 2
2. 花蓝色，包于佛焰苞状的苞片内··· 鸭跖草属 *Commelina* Linn.
2. 花黄色或紫色，无佛焰苞··· 水竹叶属 *Aneilema* R. Br.

[* 注：《中国植物志》中，水竹叶属 *Aneilema* 修订为 *Murdannia* Royle（*Aneilema* R. Br. 为异名）]

9. 灯心草科 Juncaceae　　多年生或稀为一年生草本，极少为灌木状。根状茎直立或横走，须根纤维状。茎多丛生，圆柱形或压扁，表面常具纵沟棱，内部具充满或间断的髓心或中空；叶片线形、圆筒形、披针形，扁平或稀为毛鬃状；花单生或集生成穗状或头状，头状花序再组成圆锥、总状、伞状或伞房状等各式复花序；花小型，两性，花被片 6 枚，排成 2 轮，颖状，狭卵形至披针形，绿色、白色、褐色、淡紫褐色乃至黑色，顶端锐尖或钝；雄蕊 6 枚，分离，与花被片对生，有时内轮退化而只有 3 枚；雌蕊由 3 心皮结合而成；子房上位，1 或 3 室，柱头 3 分叉，线形，多扭曲；胚珠多数。蒴果。实习地常见的灯心草科植物有葱状灯心草（*Juncus allioides* Franch.）等（图 10-368）。

图 10-368 葱状灯心草的花序

10. 百合科 Liliaceae　　通常为具根状茎、块茎或鳞茎的多年生草本，很少为亚灌木、灌木或乔木状。叶基生或茎生，后者多为互生，较少为对生或轮生，具弧形平行脉。花两性，通常辐射对称；花被片 6，少为 4 或多数，离生或不同程度的合生，一般为花冠状；雄蕊通常 6 枚，与花被片同数，花丝离生或贴生于花被筒上；花药基着或丁字状着生；药室 2，纵裂；3 心皮合生或不同程度的离生；子房上位，一般 3 室，具中轴胎座，每室具 1 至多数倒生胚珠。果实为蒴果或浆果。实习地百合科植物较多（包括栽培），常见的有萱草 [*Hemerocallis fulva* (L.) L.]、紫玉簪 [*Hosta albomarginata* (Hook.) Ohwi]、大百合 [*Cardiocrinum giganteum* (Wall.) Makino]、百合（*Lilium brownii* var. *viridulum* Baker）、绿花百合（*Lilium fargesii* Franch.）、卷丹（*Lilium lancifolium* Thunb.）、黄花油点草 [*Tricyrtis maculata* (D. Don) Machride] 等（图 10-369~图 10-379）。

图 10-369　萱草的花　　　　　　　图 10-370　萱草的花纵剖

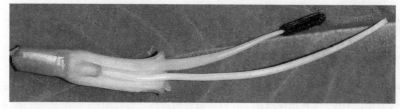

图 10-371　萱草的花纵剖（示雌蕊和雄蕊）

图 10-372　百合的花　　　　　　　图 10-373　百合的花纵剖
　　　　　　　　　　　　　　　　　　［示雄蕊（1）和雌蕊（2）］

图 10-374　绿花百合的花　　　　　　图 10-375　卷丹的花

图 10-376　紫玉簪的花　　　　　图 10-377　黄花油点草的花

图 10-378 黄花油点草的花纵剖

图 10-379 黄花油点草的雌蕊

　　本科约有 240 属 4000 种，广布于世界各地的温暖地带，热带尤多。中国有 60 属 600 多种。秦岭产 29 属。

百合科分属检索表（参考《秦岭植物志》）

1. 攀缘灌木，很少为草本；腋生伞形花序；花单性，雌雄异株·······················菝葜属 Smilax L.
1. 草本，稀灌木状；花两性，单生，如排成花序则非腋生伞形···································2
2. 植物地下部分不具鳞茎或球茎，有块茎、根状茎或纤维状根·······························3
2. 植物地下部分具鳞茎或球茎···22
3. 叶退化为膜质鳞片，具丝状或线形叶状枝·······························天门冬属 Asparagus L.
3. 叶正常发育，不为叶状枝所替代··4
4. 叶仅有 1 轮，生于茎顶；顶生 1 花，无苞片···5
4. 叶基生或茎生，如仅排成 1 轮，则花有苞片···6
5. 叶 3 枚，较宽，或多或少为菱形；花 3 基数·····························延龄草属 Trillium L.
5. 叶 4 枚以上，较狭，披针形；花 4 基数·······································重楼属 Paris L.
6. 蒴果···7
6. 浆果或浆果状···12
7. 叶生于地上茎上··8
7. 叶基生，无地上茎，仅有花茎···9
8. 花序圆锥状，花药 1 室···藜芦属 Veratrum L.
8. 花序伞房状或总状，花药 2 室···油点草属 Tricyrtis Wall.
9. 叶宽阔，椭圆形，较短···玉簪属 Hosta Tratt.
9. 叶线形或带状，较长···10
10. 花大型，长在 4 cm 以上···萱草属 Hemerocallis L.
10. 花小型或中型，长不及 1 cm···11
11. 花被合生；蒴果正常开裂···肺筋草属 *Aletris L.
11. 花被片离生或仅基部连合；果实在未熟时已作不整齐开裂而将种子露出·····独尾草属 Eremurus M. Bieb.
12. 子房上位；花梗直立···13
12. 子房下位；花梗弯曲而使花下垂···································沿阶草属 Ophiopogon Ker.-Gawl.
13. 叶基生，无地上茎或茎很短而使叶近基生；花或花序着生于花茎顶端··················14
13. 叶生于地上茎上···18
14. 叶椭圆形或长椭圆形；花茎高出或稍高出于叶片··15
14. 叶带状；花茎短，远低于叶片··16
15. 叶 2 枚，长椭圆形；花被合生···铃兰属 Convallaria L.
15. 叶多于 2 枚，椭圆形；花被片仅基部连合·······························七筋菇属 Clintonia Rafin

16. 花序总状……………………………………………………………………土麦冬属 *Liriope Lour.
16. 花序穗状……………………………………………………………………………………17
17. 雄蕊露出于花被筒外……………………………………………………吉祥草属 Reineckia Kunth
17. 雄蕊不露出于花被筒外…………………………………………………开口箭属 Tupistra Ker.-Gawl.
18. 花或花序着生于叶腋……………………………………………………………………………19
18. 花或花序着生于茎顶……………………………………………………………………………20
19. 花被片分离；雄蕊下位；叶基或多或少抱茎…………………………………算盘七属 *Streptopus Rich.
19. 花被合生；雄蕊着生于花被筒内；叶基不抱茎………………………………黄精属 Polygonatum Mill.
20. 花被片 6；雄蕊 6；叶基楔形或圆形……………………………………………………………21
20. 花被片 4；雄蕊 4；叶基心形……………………………………………舞鹤草属 Maianthemum Web.
21. 花较大，长过 15 cm；雄蕊下位，单生或少数排列成伞形花序；茎常分枝…… 宝铎草属 *Disporum Salisb.
21. 花较小；雄蕊着生于花被片上，通常排列成总状或圆锥花序；茎通常单一……鹿药属 Smilacina Desf.
22. 花排列为典型的伞形花序，花序基部具一至数个总苞片…………………………葱蒜属 *Allium L.
22. 花单生或排列为总状和圆锥状等，而绝不为典型的伞形花序……………………………………23
23. 花小型，多数；花被星状，花被片宿存…………………………………………绵枣儿属 Scilla L.
23. 花大型，少数，艳丽；花被片常脱落……………………………………………………………24
24. 花药基着……………………………………………………………………………………25
24. 花药背着呈丁字药………………………………………………………………………………28
25. 花单生，花被钟状，高 25～50 mm…………………………………………………………26
25. 花一至数个排列成总状花序或近伞形花序；花被不为钟状，高 10～25 cm……………………27
26. 花俯垂，花被片基部有腺穴………………………………………………………贝母属 Fritillaria L.
26. 花直立，花被片基部无腺穴………………………………………………………郁金香属 Tulipa L.
27. 鳞茎与茎可分开，周围有多数小鳞茎，外被一层黑褐色闭锁的膜被；花序有 2 枚佛焰苞状苞片……
　　……………………………………………………………………………顶冰花属 Gagea Salisb.
27. 鳞茎向上渐狭，与茎不能分开；花序下无佛焰苞状苞片………………………萝蒂属 *Lloydia Salisb.
28. 茎基围以多数小鳞茎，其外部被黑色稍硬的外壳………………………假百合属 Notholirion Wall. ex Boiss.
28. 鳞茎肥厚，由肉质鳞片组成；茎基无小鳞片……………………………………百合属 Lilium L.

　　(* 注：《中国植物志》中，肺筋草属的中文名修订为粉条儿菜属，土麦冬属的中文名修订为山麦冬属，算盘七属的中文名修订为扭柄花属，宝铎草属的中文名修订为万寿竹属，葱蒜属的中文名修订为葱属，萝蒂属的中文名修订为洼瓣花属)

　　百合属（Lilium Tourn.）　　本属有 100 种以上，分布于北温带。中国有 60 种，全国均有分布，尤以西南和中部为多；秦岭产 6 种 4 变种。

百合属分种检索表（引自《秦岭植物志》）

1. 叶卵形，具长叶柄，鳞茎具少数鳞片………………………云南大百合 *L. giganteum var. yunnanense Leichtlin
1. 叶线形至披针形，无柄或叶片基部收缩为短柄状……………………………………………………2
2. 花乳白色或绿白色…………………………………………………………………………………3
2. 花橙红色或赤红色…………………………………………………………………………………6
3. 花大型，长 10 cm 以上，乳白色…………………………………………………………………5
3. 花小型，长 3～5 cm，白色具红紫色斑点或绿白色…………………………………………………4
4. 花长 3～4 cm，绿白色……………………………………………………绿花百合 L. fargesii Franch.
4. 花长 4～5 cm，白色，具红紫色斑点………………………………………高原百合 *L. duchartrei Franch.
5. 叶片倒披针形，背面具 5～7 条明显叶脉…………………百合（变种）L. brownii var. colchesteri Wilson ex Stapf
5. 叶片狭披针形，背面具 1 脉，侧脉不显著……………………………白花百合 *L. brownii var. leucanthum Baker

6. 茎上部叶腋内具圆球形黑色珠芽，茎具白色绵毛·······················卷丹 *L. tigrinum Ker-Gawl.
6. 叶腋内无珠芽，茎无白色绵毛··7
7. 叶披针形···8
7. 叶线形或细线形···9
8. 茎上具细小乳突状细毛；叶腋及边缘具刺毛···························乳突百合 *L. papilliferum Franch.
8. 茎平滑无毛；叶脉及边缘无刺毛···············山丹花 *L. leichtlinii var. maximowiczii (Regel) Baker
9. 叶密集螺旋状生于茎中部；花瓣内面具紫斑；花柱弯曲···················川百合 L. davidii Duchartre
9. 叶散生于茎上；花瓣内面无紫斑；花柱伸直·····························细叶百合 *L. tenuifolium Fisch.

[* 注：《中国植物志》中，云南大百合置于大百合属 Cardiocrinum，修订为大百合 Cardiocrinum giganteum（Wall.）Makino，高原百合的中文名修订为宝兴百合，白花百合 L. brownii var. leucanthum 修订为宜昌百合 L. leucanthum（Baker）Baker，卷丹修订为 L. lancifolium（L. tigrinum Ker-Gawl. 为异名），乳突百合的中文名修订为乳头百合，山丹花的中文名修订为大花卷丹，细叶百合 L. tenuifolium 修订为山丹 L. pumilum]

11. 薯蓣科 Dioscoreaceae 缠绕草质或木质藤本，少数为矮小草本。地下部分为根状茎或块茎。叶互生，有时中部以上对生，单叶或掌状复叶，单叶常为心形或卵形、椭圆形，掌状复叶的小叶常为披针形或卵圆形，基出脉 3～9；叶柄扭转。花单性或两性，雌雄异株。花单生、簇生或排列成穗状、总状或圆锥花序；雄花花被片（或花被裂片）6，2 轮排列，基部合生或离生；雄蕊 6 枚；退化子房有或无。雌花花被片和雄花相似；退化雄蕊 3～6 枚或无；子房下位，3 室，每室通常有胚珠 2，胚珠着生于中轴胎座上，花柱 3，分离。果实为蒴果、浆果或翅果。实习地常见的薯蓣科植物有穿龙薯蓣（*Dioscorea nipponica* Makino）等（图 10-380～图 10-382）。

图 10-380 穿龙薯蓣的雌花

图 10-381 穿龙薯蓣的雄花

图 10-382 穿龙薯蓣的果序

12. 鸢尾科 Iridaceae 多年生、稀一年生草本。地下部分通常具根状茎、球茎或鳞茎。叶多基生，条形、剑形或为丝状，基部成鞘状，互相套迭，具平行脉。大多数种类只有花茎。花两性，色泽鲜艳美丽，辐射对称，少为左右对称，单生、数朵簇生或多花排列成总状、穗状、聚伞及圆锥花序；花或花序下有 1 至多个草质或膜质的苞片；花被裂片 6，两轮排列；雄蕊 3；花柱 1，上部多有 3 个分枝，分枝圆柱形或扁平呈花瓣状，柱头 3～6，子房下位，3 室，中轴胎座，胚珠多数。蒴果。实习地常见的鸢尾科植物有射干 [*Belamcanda chinensis*（L.）

图 10-383 射干的花

DC.]、鸢尾（*Iris tectorum* Maxim.）等（图 10-383～图 10-387）。

图 10-384　射干的花纵剖

图 10-385　射干的雄蕊和雌蕊

图 10-386　鸢尾的植株

图 10-387　鸢尾的花

13. 美人蕉科 Cannaceae　　多年生、直立、粗壮草本，有块状的地下茎。叶大，有明显的羽状平行脉，具叶鞘。花两性，大而美丽，不对称，排成顶生的穗状花序、总状花序或狭圆锥花序；萼片 3 枚，绿色，宿存；花瓣 3 枚，萼状，通常披针形，绿色或其他颜色，下部合生成一管并常和退化雄蕊群连合；退化雄蕊花瓣状，基部连合，为花中最美丽、最显著的部分，红色或黄色，3 或 4 枚，外轮的 3 枚（有时 2 枚或无）较大，内轮的 1 枚较狭，外反，称为唇瓣；发育雄蕊的花丝亦增大呈花瓣状，多少旋卷，边缘有 1 枚 1 室的花药室，基部或一半和增大的花柱连合；子房下位，3 室，每室有胚珠多颗。蒴果。实习地常见的美人蕉科植物有栽培植物美人蕉（*Canna indica* L.）。

14. 芭蕉科 Musaceae　　多年生草本；茎或假茎高大，不分枝。叶通常较大，螺旋排列或两行排列，由叶片、叶柄及叶鞘组成；叶脉羽状。花两性或单性，两侧对称，常排成顶生或腋生的聚伞花序，生于一大型而常有鲜艳颜色的苞片（佛焰苞）中；花被片 3 基数，花瓣状或有花萼、花瓣之分，雄蕊 5 或 6；子房下位，3 室，胚珠多数，中轴胎座或单个基生。浆果或蒴果。

15. 姜科 Zingiberaceae　　多年生（少有一年生）、陆生（少有附生）草本，通常具有芳香、匍匐或块状的根状茎，或有时根的末端膨大呈块状。叶基生或茎生，通常 2 行排列，叶片较大，通常为披针形或椭圆形。花单生或组成穗状、总状或圆锥花序，生于具叶的茎上或单独由根茎发出，而生于花葶（花序梗）上；花两性，通常两侧对称，具苞片；花被片 6 枚，2 轮，外轮萼状，通常合生成管，内轮花冠状，基部合生成管状，上部具 3 裂片，通常位于后方的一枚花被裂片较两侧的为大；退化雄蕊 2 或 4 枚，其中外轮的 2 枚称侧生退化雄蕊，呈花瓣状，齿状或不存在，内轮的 2 枚连合成一唇瓣，常十分显著而美丽；发育雄蕊 1 枚，花丝具槽，花药 2

室；子房下位，胚珠通常多数。蒴果。实习地常见的姜科植物有栽培植物蘘荷（襄荷）[*Zingiber mioga*（Thunb.）Bosc.]等。

16. 兰科 Orchidaceae　　地生、附生或较少为腐生草本，极罕为攀缘藤本。地生与腐生种类常有块茎或肥厚的根状茎，附生种类常有由茎的一部分膨大而成的肉质假鳞茎。叶基生或茎生。花葶或花序顶生或侧生；花两性，通常两侧对称；花被片6，2轮；萼片离生或不同程度的合生；中央1枚花瓣的形态常有较大的特化，明显不同于2枚侧生花瓣，称唇瓣；子房下位，1室，侧膜胎座，较少3室而具中轴胎座；除子房外，整个雌雄蕊器官完全融合成合蕊柱；花粉通常黏合成花粉团。蒴果。实习地常见的兰科植物有扇脉杓兰（*Cypripedium japonicum* Thunb.）、大叶火烧兰（火烧兰）（*Epipactis mairei* Schltr.）、天麻（*Gastrodia elata* Bl.）、广布红门兰（*Orchis chusua* D. Don）、绶草 [*Spiranthes sinensis*（Pers.）Ames] 等（图10-388～图10-396）。

图 10-388　扇脉杓兰的植株　　　　图 10-389　大叶火烧兰的花序

图 10-390　大叶火烧兰的花　　　　图 10-391　天麻的花

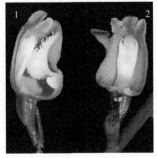

图 10-392　天麻的花纵剖（1），　　图 10-393　广布红门兰的花序
　　　去唇瓣示合蕊柱（2）

图 10-394　绶草的植株　　　　　　　图 10-395　绶草的花序

图 10-396　绶草的果实结构

主要参考文献

陈守良, 金岳杏, 庄体德, 等. 1990. 中国植物志（第十卷 第一分册 禾本科四）. 北京: 科学出版社.

陈守良, 庄体德, 方文哲, 等. 1997. 中国植物志（第十卷 第二分册 禾本科五）. 北京: 科学出版社.

陈心启, 许介眉, 梁松筠, 等. 1980. 中国植物志（第十四卷 百合科一）. 北京: 科学出版社.

陈艺林. 1999. 中国植物志（第七十七卷 第一分册 菊科五）. 北京: 科学出版社.

程用谦. 1996. 中国植物志（第七十九卷 菊科九）. 北京: 科学出版社.

戴玉成, 杨祝良. 2008. 中国药用真菌名录及部分名称的修订. 菌物学报, 27（6）: 801-824.

葛学军, 林有润, 翟大彤. 1999. 中国植物志（第八十卷 第二分册 菊科十一）. 北京: 科学出版社.

郭晓思, 徐养鹏. 2013. 秦岭植物志（第二卷 石松类和蕨类植物）. 北京: 科学出版社.

洪德元. 1997. 中国植物志（第十三卷 第三分册 鸭跖草科）. 北京: 科学出版社.

康慕谊, 朱源. 2007. 秦岭山地生态分界线的论证. 生态学报, 27（7）: 2774-2784.

李思锋, 黎斌. 2013. 秦岭植物志增补. 北京: 科学出版社.

林镕, 陈艺林, 石铸. 1985. 中国植物志（第七十四卷 菊科一）. 北京: 科学出版社.

林镕, 陈艺林, 石铸, 等. 1979. 中国植物志（第七十五卷 菊科二）. 北京: 科学出版社.

林镕, 林有润. 1989. 中国植物志（第七十七卷 第二分册 菊科四）. 北京: 科学出版社.

林镕, 林有润. 1991. 中国植物志（第七十六卷 第二分册 菊科三）. 北京: 科学出版社.

林镕, 石铸. 1987. 中国植物志（第七十八卷 第一分册 菊科七）. 北京: 科学出版社.

林镕, 石铸, 傅国勋. 1983. 中国植物志（第七十六卷 第一分册 菊科三）. 北京: 科学出版社.

刘亮, 朱太平, 陈文俐, 等. 2002. 中国植物志（第九卷 第二分册 禾本科二）. 北京: 科学出版社.

卢生莲, 孙永华, 刘尚武, 等. 1987. 中国植物志（第九卷 第三分册 禾本科三）. 北京: 科学出版社.

陆树刚. 2007. 蕨类植物学. 北京: 高等教育出版社.

罗献瑞, 高蕴璋, 陈伟球, 等. 1999a. 中国植物志（第七十一卷 第二分册 茜草科二）. 北京: 科学出版社.

罗献瑞, 高蕴璋, 陈伟球, 等. 1999b. 中国植物志（第七十一卷 第一分册 茜草科一）. 北京: 科学出版社.

马西寅, 郭平安, 郭明, 等. 2015. 太白山自然保护区志. 咸阳: 西北农林科技大学出版社.

聂树人. 1981. 陕西自然地理. 西安: 陕西人民出版社.

任毅, 刘明付, 田联会, 等. 2006. 太白山自然保护区生物多样性研究与管理. 北京: 中国林业出版社.

上海自然博物馆. 1989. 长江三角洲及邻近地区孢子植物志. 上海: 上海科学技术出版社.

沈茂才. 2010. 中国秦岭生物多样性的研究与保护. 北京: 科学出版社.

石铸. 1997. 中国植物志（第八十卷 第一分册 菊科十）. 北京: 科学出版社.

石铸, 靳淑英. 1999. 中国植物志（第七十八卷 第二分册 菊科八）. 北京: 科学出版社.

汪发缵, 唐进, 陈心启, 等. 1978. 中国植物志（第十五卷 百合科二）. 北京: 科学出版社.

王玛丽. 2000. 植物生物学实验与实习指导. 西安: 西北大学出版社.

王正平, 叶光汉, 杨雅玲, 等. 1996. 中国植物志（第九卷 第一分册 禾本科一）. 北京: 科学出版社.

肖娅萍, 田先华. 2011. 植物学野外实习手册. 北京: 科学出版社.

徐炳声, 胡嘉琪, 王汉津. 1988. 中国植物志（第七十二卷 忍冬科）. 北京: 科学出版社.

于晓平, 李金钢. 2015. 秦岭鸟类野外实习手册. 北京: 科学出版社.

赵遵田, 曹同. 1998. 山东苔藓植物志. 济南: 山东科学技术出版社.

中国科学院西北植物研究所. 1974. 秦岭植物志（第一卷 种子植物门 第二册）. 北京: 科学出版社.

中国科学院西北植物研究所. 1976. 秦岭植物志（第一卷 种子植物门 第一册）. 北京: 科学出版社.

中国科学院西北植物研究所. 1978. 秦岭植物志（第三卷 苔藓植物门）. 北京: 科学出版社.

中国科学院西北植物研究所. 1981. 秦岭植物志（第一卷 种子植物门 第三册）. 北京: 科学出版社.

中国科学院西北植物研究所. 1983. 秦岭植物志（第一卷 种子植物门 第四册）. 北京: 科学出版社.

中国科学院西北植物研究所. 1985. 秦岭植物志（第一卷 种子植物门 第五册）. 北京: 科学出版社.

中国科学院植物研究所. 1983. 中国高等植物科属检索表. 北京: 科学出版社.

钟补求, 郑斯绪, 杨汉碧, 等. 1963. 中国植物志（第六十八卷 玄参科二）. 北京: 科学出版社.

周灵国, 陈旭. 2009. 秦岭家园. 西安: 陕西旅游出版社.

周云龙. 2011. 植物生物学. 3 版. 北京: 高等教育出版社.

朱志红, 李金钢. 2014. 生态学野外实习指导. 北京: 科学出版社.

Fu DZ, Bartholomew B. 2001. Flora Reipublicae Popularis Sinicae, Vol.6, Circaeasteraceae. Beijing: Science Press；St. Louis: Missouri Botanical Garden Press.

Fu KJ, Ohba H. 2001. Flora Reipublicae Popularis Sinicae, Vol.8, Crassulaceae. Beijing: Science Press；St. Louis: Missouri Botanical Garden Press.

Xia NH, Liu YH, Nooteboom HP. 2008. Flora Reipublicae Popularis Sinicae, Vol.7, Magnoliaceae. Beijing: Science Press；St. Louis: Missouri Botanical Garden Press.

附　　录

附录 1　高等植物分门检索表 *

1. 植物无花，无种子，以孢子繁殖。
  2. 小型绿色植物，结构简单，仅有茎、叶之分或有时仅为扁平的叶状体，不具真正的根和维管束………
  …………………………………………………………………………………… 苔藓植物门 Bryophyta
  2. 通常为中型或大型草本，很少为木本植物，分化为根、茎、叶，并有维管束…………………………
  …………………………………………………………………………………… 蕨类植物门 Pteridophyta
1. 植物有花，以种子繁殖。
  3. 胚珠裸露，不为心皮所包被………………………………………………… 裸子植物门 Gymnospermae
  3. 胚珠被心皮构成的子房包被………………………………………………… 被子植物门 Angiospermae

    [* 注：参考《中国高等植物科属检索表》（中国科学院植物研究所，1983）内容]

附录 2　苔藓植物分科检索表 *

1. 原丝体发育较好，通常每一孢子萌发的原丝体产生多数植物体（配子体）；茎多有分化的中轴；叶常有
  1 或 2 中肋，稀完全退失；假根由单列细胞构成，常有分枝；蒴柄延伸常在孢蒴成熟之前；颈卵器壁在
  孢子体发育时上部断裂成为蒴帽；成熟孢蒴多盖裂，多数有蒴齿构造（藓纲 Musci）………………… 23
1. 原丝体不甚发育，通常每一孢子萌发的原丝体仅产生一个植物体（配子体）；茎通常由同形细胞构成，
  多数没有分化中轴；叶没有中肋；假根为单细胞构造；蒴柄延伸在孢蒴成熟之后；颈卵器壁不形成分离
  的蒴帽；孢蒴成熟后多数纵长裂开，多有弹丝构造 …………………………………………………… 2
2. 植物体叶状，构造较简单，无气室或仅有少数黏液腔，每一细胞有一或少数绿色体，无油胞及油体；精
  子器和颈卵器均起源于叶状体内部组织，位于叶状体上部，颈卵器无外壁；孢蒴长角状或粗烛状，无蒴
  柄，常有蒴轴；孢蒴成熟后纵长两瓣裂开（角苔纲 Anthocerotae）………………… 角苔科 Anthocerotaceae
2. 植物体叶状或有明显的茎、叶分化，呈叶状体的构造多数较复杂，少数较简单，常有气室或气孔，每一
  细胞中有多数绿色体，常有油胞或油体；精子器和颈卵器起源于叶状体的外部组织，位于生长点的后方；
  颈卵器有外壁；孢蒴有短柄或长柄，无蒴轴；孢蒴成熟后多四裂或不规则裂开（苔纲 Hepaticae）……… 3
3. 植物体多为叶状，有明显的背腹面，组织构造常有较多的分化，常有气室和气孔，多数有平滑和粗壁两
  种假根，常有分散的油胞，细胞中常仅有少数油体；叶状体腹面常有鳞片；孢蒴柄延伸不大，蒴壁细胞
  单层，成熟后不规则裂开或部分盖裂或瓣裂………………………………………………………………18

3. 植物体叶状，或有茎、叶分化，如为叶状体时则没有气室和气孔，仅有平滑假根；通常有油胞及油体，每一细胞中常有多数油体；多数无鳞片；孢蒴多数有延伸的柄，蒴壁细胞多层，成熟后四瓣裂开·······4

4. 植物体有明显的茎、叶分化；颈卵器顶生，直接或间接由顶端分生组织产生·······9

4. 植物体叶状，少数边缘有叶状分瓣；颈卵器生于背面，与顶端分生组织无关·······5

5. 植物体叶状或有茎、叶分化，侧边有明显的分瓣·······8

5. 植物体叶状，无侧边分瓣·······6

6. 植物体有明显的中肋；植物体淡绿色，透明，或边缘常有毛；生殖器官生于腹面短枝上·······
······叉苔科 Metzgeriaceae

6. 植物体无明显的中肋·······7

7. 叶状体多数无假根，生殖器官生于侧生短枝上·······片叶苔科 Aneuraceae

7. 叶状体常有多数假根，生殖器官生于叶状体背面·······溪苔科 Pelliaceae

8. 植物体边缘分瓣小，腹面有鳞片状的腹叶·······壶苞苔科 Blasiaceae

8. 植物体边缘分瓣大，无腹叶·······小叶苔科 Fossombroniaceae

9. 植物体完全顶生分枝，叶斜列茎上，呈折合蔽前式，即叶片分为较大的背瓣和较小的腹瓣，后者折合于前者的腹面；每雌苞中有 8~10 颈卵器，但只有一个发育；蒴柄短，不伸出蒴萼之外，蒴萼通常发育；每 2 侧叶有一腹叶·······光萼苔科 Porellaceae

9. 植物体顶生分枝或节间分枝，叶片横裂或斜裂，呈蔽后式、折合蔽后式或蔽前式，但绝不呈折合蔽前式；每一雌苞中有颈卵器 12~20；蒴柄长，常伸出蒴萼外，蒴萼发达或有时退失，而由茎组织发育的其他构造所替代·······10

10. 叶 3 列，腹叶不同形且较小或完全退失，叶横列，或呈蔽后式或折合蔽后式，叶片多数 2 裂瓣，稀不分瓣或 3~5 裂瓣，假根多数，生于茎的腹面·······14

10. 叶 3 列，腹叶与侧叶近于同形或等大，叶片横列或呈蔽前式，通常仅裂为 3~4 瓣，背瓣最大，稀 2 裂瓣或不分瓣；假根稀少，生于腹叶基部·······11

11. 叶片全缘或仅尖部有 2 小型裂瓣，但不呈细毛状；植物体单一；蒴萼不发育···护蒴苔科 Calypogeiaceae

11. 叶片分裂至基部或 3 或 4 深瓣裂成细条状毛·······12

12. 植物体极纤小，侧叶和腹叶均深裂成 2~4 条状或细毛状·······睫毛苔科 Blepharostomaceae

12. 植物体较粗壮，侧叶和腹叶均深裂成瓣·······13

13. 植物体棕色，叶细胞厚壁，蒴萼发育·······毛叶苔科 Ptilidiaceae

13. 植物体多呈绿色，外观呈细绒状，叶细胞多薄壁，蒴萼不发育·······绒苔科 Trichocoleaceae

14. 叶片折合 2 裂瓣，背瓣小于腹瓣，腹叶完全缺失，蒴萼明显发育·······合叶苔科 Scapaniaceae

14. 叶片不呈折合状，或虽有折合形式，但背瓣不小于腹瓣，有腹叶，稀完全退失·······15

15. 假根限于腹叶基部，腹叶甚小或退失·······羽苔科 Plagiochilaceae（羽苔属部分种）

15. 假根分散于茎的腹面·······16

16. 叶缘常有锯齿或缺刻·······羽苔科 Plagiochilaceae

16. 叶片全缘，仅尖部微凹或有少数钝齿·······17

17. 叶片通常圆形或长方形；蒴萼筒形或背腹扁平·······叶苔科 Jungermanniaceae

17. 叶片通常楔形或倒三角形；蒴萼两侧扁平·······羽苔科 Plagiochilaceae（羽苔属 Plagiochila 部分种）

18. 植物体多数腹面无鳞片，仅水生种类有紫色鳞片；颈卵器散布并且隐没于叶状体内，孢蒴无柄，无弹丝构造·······钱苔科 Ricciaceae

18. 植物体多数腹面有鳞片，稀退失；颈卵器丛生于生殖托上，孢蒴有短柄，有弹丝构造·······19

19. 叶状体无气孔和明显分隔的气室，腹面无鳞片·······地钱科 Marchantiaceae（毛地钱属 Dumortiera）

19. 叶状体多少有发育的气室，腹面常有鳞片·······20

20. 叶状体有复式气孔·······地钱科 Marchantiaceae（地钱属 Marchantia）

20. 叶状体有单式气孔·······21

21. 气室单层，无次级分隔·······蛇苔科 Conocephalaceae

21. 气室多层或有次级分隔·······22

22. 气孔周边细胞径壁强烈加厚，外观呈厚壁星形体；腹面鳞片椭圆形，有狭长而无明显分界的副体………………………………………………………克氏苔科 Cleveaceae（星孔苔属 *Sauteria*）

22. 气孔周边细胞径壁不强烈加厚或仅周边略厚；腹面鳞片阔半圆形，有 1～3 明显分界的副体……………………………………………………………………石地钱科 Rebouliaceae

23. 植物体外观黄白色或灰绿色，有时略带紫红色，侧枝成束丛生，叶具无色螺纹加厚的大型细胞和绿色的小型细胞（沼泽植物）………………………………泥炭藓科 Sphagnaceae

23. 植物体外观不为黄白色或灰绿色，或虽黄白色或灰绿色，并且有大型无色细胞，但侧枝不成束，细胞亦不具螺纹加厚………………………………………………………………24

24. 植物体外观紫黑色或赤紫色；孢蒴成熟后四瓣纵裂………………………黑藓科 Andreaeaceae

24. 植物体外观不是紫黑色或赤紫色；孢蒴成熟后不是纵裂……………………………………25

25. 叶 3 列或多列，有时茎叶外观呈扁平形式，但叶不是明显两列……………………………27

25. 叶明显扁平两列………………………………………………………………………………26

26. 叶背翅发达，往往与叶片等阔，叶基部向茎呈折合状；有蒴齿…………凤尾藓科 Fissidentaceae

26. 叶无背翅，叶片基部不向茎呈折合状，叶有单中肋；小型直立、密集丛生的高山土生藓类……………………………………………………牛毛藓科 Ditrichaceae（对叶藓属 *Distichium*）

27. 叶腹面不具任何突出的构造………………………………………………………………29

27. 叶腹面具纵长栉片或丝条结构……………………………………………………………28

28. 叶腹面具纵长栉片，叶边缘多具齿；蒴帽有金黄色毛……………………金发藓科 Polytrichaceae

28. 叶腹面具丝条突生构造，叶边缘不具齿；蒴帽无金黄色毛………丛藓科 Pottiaceae（芦荟藓属 *Aloina*）

29. 植物体匍匐生长，多歧分枝，常具横生主茎；孢蒴多侧生……………………………………63

29. 植物体直立生长，二歧分枝，无横生主茎；孢蒴多顶生……………………………………30

30. 叶片基部有大型无色细胞构成的边缘，因而与上部绿色细胞有明显界限………………………………………丛藓科 Pottiaceae（纽藓属 *Tortella* 和拟合睫藓属 *Pseudosymblepharis*）

30. 叶片基部细胞和上部细胞逐渐变化而无明显界限……………………………………………31

31. 叶不具白色尖端或长形突出的中肋，叶细胞平滑或具疣……………………………………35

31. 叶具白色尖端或有长形突出的中肋，叶细胞常具疣…………………………………………32

32. 叶无中肋…………………………………………………………………虎尾藓科 Hedwigiaceae

32. 叶有中肋…………………………………………………………………………………………33

33. 叶具白色尖端，全部叶片细胞厚壁而多疣；蒴齿片状多孔…………………紫萼藓科 Grimmiaceae

33. 叶具长刺状突出的中肋，叶片仅上部细胞多疣；蒴齿线形………………………………………34

34. 叶片不常背卷，叶边常分化有狭长形细胞，叶细胞具细疣或星芒状疣，叶基细胞常有加厚横壁；蒴帽大，钟罩形，全部包被孢蒴………………………………大帽藓科 Encalyptaceae

34. 叶片常背卷，叶边不常分化，叶细胞具马蹄形疣，叶基细胞横壁绝不加厚；蒴帽小，长兜形，斜列孢蒴上部……………………………………丛藓科 Pottiaceae（丛藓亚科 Pottioideae）

35. 叶片宽短，不呈线形或狭长披针形……………………………………………………………42

35. 叶片细长，线形或狭长披针形………………………………………………………………36

36. 叶细胞多平滑……………………………………………………………………………………37

36. 叶细胞多具疣或乳头……………………………………………………………………………39

37. 叶基部阔大，上部呈披针形或狭披针形，叶片边缘常有齿………………曲尾藓科 Dicranaceae

37. 叶基部卵圆形，上部呈渐尖形，叶片边缘平滑，或尖部略有细齿………………………………38

38. 叶片上部细胞多属短方形或长方形；蒴齿平滑或有纵纹………………牛毛藓科 Ditrichaceae

38. 叶片上部细胞多呈圆方形；蒴齿具疣……………………………………丛藓科 Pottiaceae

39. 叶片角细胞明显分化…………………………………………………………曲尾藓科 Dicranaceae

39. 叶片角细胞不分化………………………………………………………………………………40

40. 叶细胞常具前角乳头；孢蒴球形，干燥时有定形皱褶…………………珠藓科 Bartramiaceae

40. 叶细胞多具疣或中央乳头；孢蒴球形，干燥时无定形皱褶……………………………………41

41. 叶尖部为中肋所充满，叶上部细胞为长形，叶细胞多平滑，稀具疣…………………曲尾藓科 Dicranaceae
41. 叶尖中肋逐渐细弱，叶上部细胞圆形或多边形，叶细胞多具疣…………………………………………
　　………………………………丛藓科 Pottiaceae（艳枝藓亚科 Eucladioideac 和扭口藓亚科 Barbuloideae）
42. 叶片细胞不具疣或乳头……………………………………………………………………………………… 55
42. 叶片至少上部细胞具疣或乳头…………………………………………………………………………… 43
43. 叶细胞方形或短柱形………………………………………………………………………………………… 52
43. 叶细胞圆形或六边形………………………………………………………………………………………… 44
44. 叶有中肋……………………………………………………………………………………………………… 46
44. 叶无中肋……………………………………………………………………………………………………… 45
45. 叶全缘，细胞具多数细疣，薄壁；孢蒴有定形皱褶…………………………… 树生藓科 Erpodiaceae
45. 叶边缘有齿，细胞厚壁，具叉状粗疣；孢蒴无定形皱褶………………… 虎尾藓科 Hedwigiaceae
46. 叶细胞具单疣或乳头………………………………………………………………………………………… 48
46. 叶细胞具多数细疣、粗疣或马蹄形疣……………………………………………………………………… 47
47. 叶边多内卷或背卷，稀平展，细胞多数薄壁；孢蒴无皱褶，蒴齿单层，蒴帽常无毛（多属钙土藓类）…
　　………………………………………………………………………………………………丛藓科 Pottiaceae
47. 叶边多平展，稀背卷，细胞多数厚壁；孢蒴常有皱褶，蒴齿多数两层，蒴帽常有毛（多属树生藓类）…
　　………………………………………………………………………………… 木灵藓科 Orthotrichaceae
48. 叶片细胞背腹面均有乳头突起……………………………………………………………………………… 50
48. 叶片细胞仅腹面具乳头突起………………………………………………………………………………… 49
49. 叶片除边缘外，均为两层细胞，边缘平滑或有细锯齿；孢蒴直立，蒴齿单层………………………………
　　…………………………………………………………………丛藓科 Pottiaceae（反扭藓属 Timmiella）
49. 叶片单层细胞，边缘有粗缺刻；孢蒴垂倾，蒴齿两层……………………… 美姿藓科 Timmiaceae
50. 叶边不背卷，叶细胞壁等厚，叶片尖部向背卷曲…………………………… 寒藓科 Meesiaceae
50. 叶片背卷，叶细胞壁不等加厚……………………………………………………………………………… 51
51. 叶细胞腔星形，疣高而大…………………………………………………………皱蒴藓科 Aulacomniaceae
51. 叶细胞腔不规则形，疣低而小…………………………丛藓科 Pottiaceae（扭口藓亚科 Barbuloideae）
52. 角细胞分化………………………………………………………………………………曲尾藓科 Dicranaceae
52. 角细胞不分化………………………………………………………………………………………………… 53
53. 叶边缘常具有规则的锯齿……………………………………………………………曲尾藓科 Dicranaceae
53. 叶边缘平滑或尖部有不规则的齿…………………………………………………………………………… 54
54. 叶边缘平直，细胞具粗大多角的疣，蒴帽钟罩形，全蔽孢蒴，常留蒴上…………大帽藓科 Encalyptaceae
54. 叶边缘内卷或背卷，细胞具细密疣或粗圆疣；蒴帽小，兜形，斜列孢蒴上部，容易脱落…………………
　　………………………………………………………………………………………………丛藓科 Pottiaceae
55. 叶细胞菱形，或狭长形……………………………………………………………………真藓科 Bryaceae
55. 叶细胞圆形、长方形或多角形……………………………………………………………………………… 56
56. 植物体大型，长可达 10 cm 以上，叶片具明显深色的粗齿，中肋分界不明显……金发藓科 Polytrichaceae
56. 植物体小型，长在 5 cm 以下，叶片边缘平滑，或有粗齿，但不是厚壁深色细胞，中肋分界明显…… 57
57. 叶片全部细胞呈长菱形或狭长方形…………………………………真藓科 Bryaceae（丝瓜藓属 Pohlia）
57. 叶片至少上部细胞呈圆形、短方形或多边形……………………………………………………………… 58
58. 叶细胞通常壁较薄；蒴帽兜形……………………………………………………………………………… 60
58. 叶细胞通常壁较厚；蒴帽钟形……………………………………………………………………………… 59
59. 叶无长褶，长卵形，渐尖，中肋长不达叶尖；蒴齿 4，无纵裂，平滑…………… 四齿藓科 Georgiaceae
59. 叶有长褶，多呈卵状披针形，尖部较宽或渐尖，中肋长达叶尖；蒴齿 16，齿片 2 或 3 不规则纵裂，外
　　面密被细疣，无条纹；多石生………………………………………………缩叶藓科 Ptychomitriaceae
60. 叶细胞小，不规则方形或多角形，不透明……………………………………………丛藓科 Pottiaceae
60. 叶细胞大，方形或短柱形，通常透明……………………………………………………………………… 61

129. 茎无多数鳞毛，叶细胞薄壁，中肋短或不明显·······························灰藓科 Hypnaceae
129. 茎有多数鳞毛，叶细胞厚壁，中肋长达叶片中部········· 垂枝藓科 Rhytidiaceae（垂枝藓属 *Rhytidium*）
130. 叶细胞短菱形···柳叶藓科 Amblystegiaceae
130. 叶细胞狭长形···131
131. 角细胞不分化···136
131. 角细胞分化···132
132. 叶不呈覆瓦状紧密排列···134
132. 叶呈覆瓦状紧密排列···133
133. 分枝顶端渐细成鞭尾状，叶多具长尖···锦藓科 Sematophyllaceae
133. 分枝顶端圆钝或短尖，不呈鞭尾状，叶多具钝尖或短尖·······················绢藓科 Entodontaceae
134. 茎有分枝鳞毛，叶中肋长，往往超过叶片中部································ 垂枝藓科 Rhytidiaceae
134. 茎无鳞毛，或仅有少数短鳞毛，叶中肋短，多不超过叶片中部·······································135
135. 角细胞界限明显，透明或有异色···锦藓科 Sematophyllaceae
135. 角细胞界限不明显，仅形式、大小稍异·· 灰藓科 Hypnaceae
136. 叶呈覆瓦状紧密排列···绢藓科 Entodontaceae
136. 叶不呈覆瓦状紧密排列···137
137. 叶细胞有疣···锦藓科 Sematophyllaceae
137. 叶细胞无疣或仅有前角突起···138
138. 植物体塔形分枝，有明显层次···塔藓科 Hylocomiaceae
138. 植物体不规则分枝···139
139. 植物体粗壮，叶明显背曲·· 垂枝藓科 Rhytidiaceae
139. 植物体细柔，叶不背曲···灰藓科 Hypnaceae

（* 注：本检索表依据《秦岭植物志》《中国植物志》《中国高等植物科属检索表》《山东苔藓植物志》及《长江三角洲及邻近地区孢子植物志》，对部分内容做了修改）

附录 3　蕨类植物分科检索表 *

1. 地上茎明显，叶退化或细小如鳞片形、披针形或钻形，均仅具中肋，孢子囊单生于叶腋，或聚生于枝顶的孢子叶球内··2
1. 地上茎无或不发达，叶发达，单叶或复叶，具主脉和侧脉，孢子囊生于叶的下面或边缘，聚生成孢子囊群或孢子囊穗···5
2. 茎中空，有明显的节，单一或在节上有轮生分枝，中空，叶退化成鞘状，孢子囊多数，在枝顶上形成单一的椭圆形孢子叶球···木贼科 Equisetaceae
2. 枝实心，无明显的节，一至多次二叉分枝，叶小而正常，鳞片形、钻形、线形至披针形，孢子囊单生，散生枝上或在枝顶聚生成穗状··3
3. 茎辐射对称，无根托；叶同形，螺旋状排列，孢子囊同型 ···4
3. 茎扁平，有背腹之分，具根托；叶通常二型，交互对生，背腹各两列，孢子囊二型·······················
··卷柏科 Selaginellaceae
4. 茎直立或斜升，孢子囊生于叶腋内，孢子叶与营养叶同色、同型或较小··············· 石杉科 Huperziaceae
4. 茎匍匐，具直立短侧枝，少有攀缘，孢子囊着生于顶生的孢子叶穗内，孢子叶不同于营养叶，干膜质····
··石松科 Lycopodiaceae
5. 孢子囊壁厚，由多层细胞组成···6
5. 孢子囊壁薄，由一层细胞组成···7
6. 单叶，叶脉网状，孢子囊序穗状，孢子囊大，扁圆球形，陷入囊托两侧·······瓶尔小草科 Ophioglossaceae

6. 羽状复叶，叶脉分离，孢子囊序复穗状，孢子囊小，圆球形，不陷入囊托………阴地蕨科 Botrychiaceae

7. 孢子同型，植物体形代表通常的蕨类植物，陆生或附生………………………………………… 8

7. 孢子异型，水生植物，体型完全不同于一般蕨类……………………………………………40

8. 植物体全无鳞片，也无真正的毛，仅幼时有黏质腺体状绒毛，不久消失……………………… 9

8. 植物体多少具鳞片或真正的毛，有时鳞片上也有针状刚毛………………………………………11

9. 叶柄基部两侧膨大成托叶状，叶二型或羽片二型，1～2 回羽状………………………………10

9. 叶柄基部两侧不膨大成托叶状，叶一型，2～4 回羽状细裂，少为一回羽状……稀子蕨科 Monachosoraceae

10. 叶柄基部两侧外面不具疣状突起的气囊体，能育叶或羽片形成穗状或复穗状的孢子囊穗

……………………………………………………………………………………紫萁科 Osmundaceae

10. 叶柄基部两侧外面各具 1 行疣状突起的气囊体，能育叶的羽片成狭线形，孢子囊满布叶下，幼时叶边

反折如假囊群盖………………………………………………………瘤足蕨科 Lagiogyriaceae

11. 叶二型，不育叶一回羽状，能育的羽片在羽轴两侧卷成荚果状或狭缩成念珠状

……………………………………………………………………………球子蕨科 Onocleaceae

11. 叶为一型或二型，如为二型，能育叶仅为不同程度的缩狭，不如上述那样卷缩…………………12

12. 孢子囊群或囊群托突出于叶边之外……………………………………………………………13

12. 孢子囊群生于叶缘、缘内或叶背面…………………………………………………………14

13. 缠绕植物，有无限生长的叶轴，孢子囊椭圆形，横生于短囊柄上，具顶生的环带

……………………………………………………………………………海金沙科 Lygodiaceae

13. 非缠绕植物，不具无限生长的叶轴，叶一般为薄膜质，孢子囊近球形，无柄，具斜行环带，生于柱状

而往往突出于叶缘外的囊群托上……………………………………… 膜蕨科 Hymenophyllaceae

14. 孢子囊群生于叶缘，有由叶边向下反折的假囊群盖，囊群盖开向主脉……………………………15

14. 孢子囊群生于叶缘内，囊群盖生自叶缘内的囊托上，向叶边开口，或仅生于叶背上……………18

15. 孢子囊群盖圆形、肾形或长肾形，叶脉为扇形多回二叉分枝………………铁线蕨科 Adiantaceae

15. 孢子囊群盖线形或断裂，叶脉不为扇形二叉分枝……………………………………………16

16. 孢子囊群生于侧脉顶端的联结脉上，在叶缘形成一条线形汇合囊群，叶柄禾秆色…………………17

16. 孢子囊群生于小脉顶端，幼时彼此分离，成熟时往往向两侧扩散，彼此汇合成线形，叶柄和叶轴为栗

棕色………………………………………………………………中国蕨科 Sinopteridaceae

17. 根状茎长而横走，密被锈黄色节状长柔毛，无鳞片，叶片遍体被柔毛，囊群盖有内外两层…………

……………………………………………………………………………蕨科 Pteridiaceae

17. 根状茎短而直立或斜升，有鳞片，遍体无毛，囊群盖仅有一层………………凤尾蕨科 Pteridaceae

18. 囊群盖生于叶缘内的囊托上，两侧多少和叶肉融合，至少内瓣，位于小脉顶端而向外开，或向下开…19

18. 孢子囊群生于小脉背部，远离叶缘，少生于叶顶端，如有囊群盖，则不同于上述，也不开向叶边…21

19. 通常为附生植物，很少为攀缘；根状茎上有鳞片，叶柄或羽片以关节着生………骨碎补科 Davalliaceae

19. 土生植物；根状茎上有灰白色针状刚毛或红棕色毛状钻形的简单鳞片…………………………20

20. 植株全体有灰色针状刚毛，孢子囊群单生于小脉顶端，囊群盖碗形…………………………

…………………………………姬蕨科 Dennstaedtiaceae（碗蕨属 Dennstaedtia）

20. 植株仅根状茎上有红棕色钻状的简单鳞片；孢子囊为叶缘生的汇生囊群，生于几条小脉顶端的结合脉

上，囊群盖长圆形、线形或杯形………………………………………鳞始蕨科 Lindsaeaceae

21. 孢子囊群圆形、长形、线形、弯钩形、马蹄形，彼此分离，叶通常一型，少有二型……………… 22

21. 孢子囊群圆形，布满于能育叶下面，叶通常二型…………………………水龙骨科 Polypodiaceae

22. 孢子囊群圆形…………………………………………………………………………… 23

22. 孢子囊群长形或线形……………………………………………………………………… 31

23. 孢子囊群有盖…………………………………………………………………………… 24

23. 孢子囊群无盖…………………………………………………………………………… 27

24. 囊群盖由孢子囊群下面生出，幼时往往将孢子囊群全部包被，钵形、蝶形，有时简化成睫毛状………

…………………………………………………………………………岩蕨科 Woodsiaceae

24. 囊群盖平坦覆盖于囊群上面，盾形、圆肾形或少为卵形而基部略压在成熟的孢子囊群下面…………… 25
25. 植物体有淡灰色的针状刚毛或疏长毛；叶柄基部有 2 条扁阔的维管束…………………………… 26
25. 根状茎上有棕色阔鳞片，无上述针状毛；叶柄基部有多条小圆形的维管束…… 鳞毛蕨科 Dryopteridaceae
26. 通常生于石灰岩石缝中；叶柄基部膨大，包藏于一大簇红棕色的阔鳞片中… 肿足蕨科 Hypodematiaceae
26. 生于土中；叶柄基部不膨大，鳞片小而稀疏………………………………… 金星蕨科 Thelypteridaceae
27. 叶为二至多回的等位二叉分枝，分叉处的腋内有一休眠芽，叶下面灰白色；孢子囊群由 2～10 个孢子
　　囊组成，环带横生…………………………………………………………………… 里白科 Gleicheniacea
27. 叶为单叶或羽状分裂，下面不为灰白色；孢子囊群由多数孢子囊组成；环带纵行………………… 28
28. 叶柄基部以关节着生于根状茎上………………………………………………… 水龙骨科 Polypodiaceae
28. 叶柄基部无关节………………………………………………………………………………… 29
29. 植物遍体、至少各回羽轴上面有针状毛…………………………………………………………… 30
29. 植物体仅被鳞片，无针状毛…………………………………………………… 蹄盖蕨科 Athyriaceae
30. 叶柄基部仅具 1 条维管束，叶 2～3 回羽状；孢子囊群顶生于一条小脉上，多少为叶缘反折的锯齿遮盖
　　……………………………………………… 姬蕨科 Dennstaedtiaceae（Hypolepidaceae）
30. 叶柄基部具 2 条维管束，叶 1～3 回羽状或羽裂；孢子囊群生于小脉中部，或有时生于近顶部，叶缘不
　　反折………………………………………………………………… 金星蕨科 Thelypteridaceae
31. 孢子囊群有盖……………………………………………………………………………………32
31. 孢子囊群无盖……………………………………………………………………………………34
32. 孢子囊群生于主脉两侧的狭长网眼内，贴近中脉并与之平行，囊群盖开向中脉，叶柄基部有多条圆形
　　维管束排成一圈………………………………………………………… 乌毛蕨科 Blechnaceae
32. 孢子囊群生于中脉两侧斜出分离小脉上，与中脉斜交，囊群盖斜开向中脉，叶柄基部有两条扁阔的维
　　管束……………………………………………………………………………………… 33
33. 叶柄内两条维管束向叶轴上部不汇合；囊群盖长形或线形，常单生于小脉向轴的一侧，少有生于离轴
　　的一侧……………………………………………………………… 铁角蕨科 Aspleniaceae
33. 叶柄内两条维管束至叶轴上部汇合成倒“V”字形，囊群盖生于小脉的一侧或两侧，长线形、腊肠形、
　　马蹄形，或上端呈钩形，横跨小脉………………………………………… 蹄盖蕨科 Athyriaceae
34. 孢子囊群沿小脉分布，如为网状脉，则沿网眼着生……………………………………………… 35
34. 孢子囊群不沿小脉分布……………………………………………………………………… 37
35. 叶遍体有灰白色针状毛……………………………………………………… 金星蕨科 Thelypteridaceae
35. 叶遍体不具上述的毛……………………………………………………………………………… 36
36. 孢子囊有长柄，密集于小脉中部成长形囊群；叶草质，叶轴及各回羽轴相交处上面有一肉质角状扁粗
　　刺………………………………………………………………………… 蹄盖蕨科 Athyriaceae
36. 孢子囊有短柄，疏生于小脉上，成线形囊群；叶纸质，叶轴及各回羽轴相交处上面不具上述刺…………
　　…………………………………………………………………… 裸子蕨科 Hemionitidaceae
37. 叶为线形；孢子囊群生于叶边和主脉之间的一条沟槽中，少有生于表面，各成一条与主脉平行……… 38
37. 叶非线形；孢子囊群表面生，与主脉斜交……………………………………………………… 39
38. 叶片不以关节着生于根状茎上；孢子囊群有带状或棍棒状隔丝………………… 书带蕨科 Vittariaceae
38. 叶片以关节着生于根状茎上；孢子囊群具有长柄的盾状隔丝………………… 水龙骨科 Polypodiaceae
39. 叶柄基部以关节着生于根状茎上；叶草质或纸质；网脉的网眼内有内藏小脉… 水龙骨科 Polypodiaceae
39. 叶柄基部不以关节着生于根状茎上；叶片近肉质；网脉的网眼内不具内藏小脉……………………
　　…………………………………………………………………… 剑蕨科 Loxogrammaceae
40. 浅水或湿地生植物；根状茎细长横走；叶由 4 片倒三角形的小叶组成，生于长柄的顶端；孢子果生于
　　叶柄基部………………………………………………………………………… 萍科 Marsileaceae
40. 漂浮植物；无真根或有短须根，单叶，全缘或为二深裂，无柄，2～3 列；孢子果生于茎的下面……… 41
41. 植物无真根；3 叶轮生于细长茎上，上面 2 叶矩圆形，漂浮于水面，下面 1 叶特化，细裂成须根状，
　　悬垂于水中；孢子果生于沉水叶上……………………………………………… 槐叶萍科 Salviniaceae

41. 植物有纤细的根；叶微小如鳞片，呈 2 列覆瓦状排列，每叶分裂成上下 2 片，上裂片漂浮水面，下裂片浸沉于水中，上生孢子果······满江红科 Azollaceae

（* 注：本检索表依据《中国高等植物科属检索表》《中国植物志》《秦岭植物志》《蕨类植物学》，对部分内容进行了修改）

附录 4　常见裸子植物分科检索表 *

1. 乔木或灌木；叶为针形、鳞形、刺形、条形或扇形单叶，或为羽状复叶······2
 2. 叶为羽状复叶，集生于树干上部或块茎上；树干不分枝······苏铁科 Cycadaceae
 2. 叶为单叶；树干多高大而分枝······3
  3. 落叶乔木；叶扇形，有多数叉状并列的细脉，具长柄；种子核果状有长柄······银杏科 Ginkgoaceae
  3. 常绿或落叶乔木；叶为针形、鳞形、刺形、条形，无柄或有短柄；雌球花发育成球果，熟时张开，或因种鳞合生而使球果发育成核果状，熟时不开或微开，或发育为浆果状······4
   4. 雌球花的珠鳞两侧对称，胚珠生于珠鳞腹面基部，多数至 3 枚珠鳞组成雌球花，并发育成球果；球果熟时种鳞张开，或因种鳞合生而使球果发育成核果状，熟时不开或微开······5
    5. 球果的种鳞与苞鳞离生或仅基部合生，每种鳞具 2 粒种子；种子上端有翅或无翅；雄蕊有 2 花药；叶基部不下延，条形或针形；种鳞与叶均螺旋状排列······松科 Pinaceae
    5. 球果的种鳞与苞鳞半合生或完全合生，每种鳞具 1 至多粒种子；种子无翅或两侧具窄翅；雄蕊具 2～9 花药；叶基部通常下延；种鳞与叶螺旋状着生或交叉对生或轮生······6
     6. 常绿或落叶性；种鳞与叶均螺旋状着生，稀交叉对生（水杉属），每种鳞具 2～9 粒种子；种子两侧具窄翅······杉科 Taxodiaceae
     6. 常绿性；种鳞与叶均交叉对生或轮生，每种鳞具 1 至多粒种子；种子无翅或两侧具窄翅······柏科 Cupressaceae
   4. 雌球花的胚珠直立，单生于花轴或侧生于短轴顶端的苞腋或两枚成对生于花轴的苞腋；种子核果状，全部包于肉质假种皮中或顶端尖头露出；或种子坚果状，生于杯状肉质假种皮中······7
    7. 雌球花具长梗，生于小枝基部的苞片腋部，稀生于枝顶；花梗上部的花轴上具数对交互对生的苞片，每苞片腋部生两枚成对胚珠，胚珠具辐射对称的囊状珠托；种子 2～8 个生于柄端，核果状，全部包于肉质假种皮中······三尖杉科 Cephalotaxaceae
    7. 雌球花具短梗或无梗，单生或两个成对生于叶腋或苞腋；胚珠 1 枚，生于花轴或侧生于短轴顶端的苞腋，具辐射对称的盘状或漏斗状珠托；种子核果状，全部包于肉质假种皮中，或生于杯状或囊状假种皮中，仅上部或顶端尖头露出······红豆杉科 Taxaceae
1. 灌木、亚灌木或草本状灌木；叶退化为膜质，2 或 3 片合生成鞘状······麻黄科 Ephedraceae

（* 注：本检索表依据《中国高等植物科属检索表》《秦岭植物志》，对部分内容进行了修改）

附录 5　常见被子植物分科检索表 *

1. 子叶 2 个，极稀可为 1 个或较多；茎具中央髓部；在多年生的木本植物且有年轮；叶片常具网状脉；花常为 5 基数或 4 基数（双子叶植物纲 Dicotyledoneae）。
 2. 花无真正的花冠，花萼存在或否，有时呈花瓣状。
  3. 花单性，雌雄同株或异株，雄花或雌花和雄花成茉荑花序，或类似柔荑状的花序。
   4. 无花萼，或雄花中有花萼。
    5. 多为木质藤本；叶为全缘单叶，有掌状脉；果实为浆果······胡椒科 Piperaceae

5. 乔木或灌木；叶呈各种形式，常为羽状脉；果实不为浆果。

  6. 果为具多数种子的二裂蒴果；种子具丝状长毛·············· 杨柳科 Salicaceae

  6. 果为仅具 1 种子的小坚果，或核果状的坚果；种子不具长毛。

    7. 叶为羽状复叶；果为核果状坚果·············· 胡桃科 Juglandaceae

    7. 叶为单叶；果为小坚果·············· 桦木科 Betulaceae

4. 有花萼，或雄花中无花萼。

  8. 子房下位。

    9. 叶为羽状复叶·············· 胡桃科 Juglandaceae

    9. 叶为单叶·············· 壳斗科 Fagaceae

    10. 果实为蒴果·············· 金缕梅科 Hamamelidaceae

    10. 果实为坚果。

      11. 坚果托于 1 变大呈叶状的总苞中·············· 桦木科 Betulaceae

      11. 坚果单独至 3 枚，同生于 1 个总苞（壳斗）中，总苞或呈囊状，全包果实，或呈杯状，托于坚果的基脚，总苞有鳞片或针刺·············· 壳斗科 Fagaceae

  8. 子房上位。

    12. 植物体内具白色乳汁。

      13. 子房 1 室；葚果·············· 桑科 Moraceae

      13. 子房 2 或 3 室；蒴果·············· 大戟科 Euphorbiaceae

    12. 植物体内无乳汁。

      14. 子房为单心皮所组成；雄蕊的花丝在花蕾中向内屈曲·············· 荨麻科 Urticaceae

      14. 子房为 2 枚以上的连合心皮所组成；雄蕊的花丝在花蕾中常直立。

        15. 果实为 3 枚（稀可 2～4 枚）离果所成的蒴果；雄蕊 10 枚至多数，有时少于 10 枚············· ·············· 大戟科 Euphorbiaceae

        15. 果实为其他情形；雄蕊少数至数枚，或者和花萼裂片同数且对生。

          16. 雌雄同株植物。

            17. 子房 2 室；蒴果·············· 金缕梅科 Hamamelidaceae

            17. 子房 1 室；坚果或核果·············· 榆科 Ulmaceae

          16. 雌雄异株植物。

            18. 草本或草质藤本；叶为掌状分裂或为掌状复叶············· 桑科 Moraceae（大麻亚科 Cannabioideae）

            18. 乔木或灌木；叶为单叶，全缘·············· 大戟科 Euphorbiaceae

3. 花两性或单性，但不成为葇荑花序。

  19. 子房或子房室内有数枚至多数胚珠。

    20. 子房下位或部分下位。

      21. 雌雄同株或异株，如为两性花时，则成肉质穗状花序。

        22. 草本·············· 秋海棠科 Begoniaceae

        22. 木本·············· 金缕梅科 Hamamelidaceae

      21. 花两性，但不成肉质穗状花序。

        23. 子房 1 室。

          24. 茎肥厚，绿色，常具针棘；叶常退化；花被片和雄蕊都多数；浆果············· ·············· 仙人掌科 Cactaceae

          24. 茎不为上述情形；叶正常；花被片和雄蕊皆为 5 基或 4 基数，或雄蕊数为花被片数的 2 倍；蒴果·············· 虎耳草科 Saxifragaceae

        23. 子房 4 室或更多室。

          25. 雄蕊 4 枚··············柳叶菜科 Onagraceae（丁香蓼属 Ludwigia）

          25. 雄蕊 6 或 12 枚·············· 马兜铃科 Aristolochiaceae

20. 子房上位。

  26. 雌蕊或子房 2 枚，或更多数。

    27. 草本。

      28. 复叶或多少有些分裂，稀为单叶（如驴蹄草属 *Caltha*），全缘或具齿裂；心皮多数至少数……………………………………………………………………………… 毛茛科 Ranunculaceae

      28. 单叶，叶缘有锯齿；心皮和花萼裂片同数…… 虎耳草科 Saxifragaceae（扯根菜属 *Penthorum*）

    27. 木本。

      29. 花的各部分为整齐的 3 基数………………………………………… 木通科 Lardizabalaceae

      29. 花的各部分不为整齐的 3 基数。

        30. 雄蕊数个至多数，连合成单体…………………………… 梧桐科 Sterculiaceae

        30. 雄蕊多数，离生……………………………………… 连香树科 Cercidiphyllaceae

  26. 雌蕊或子房单独 1 枚。

    31. 雄蕊周位，即着生于萼筒或杯状花托上。

      32. 叶为双数羽状复叶，互生；花萼裂片呈覆瓦状排列；果实为荚果……………………………………………………………………………… 豆科 Fabaceae（云实亚科 Caesalpinioideae）

      32. 叶为对生或轮生单叶；花萼裂片呈镊合状排列；果实为蒴果…… 千屈菜科 Lythraceae

    31. 雄蕊下位，即着生于扁平或突起的花托上。

      33. 乔木或灌木；叶为单叶；雄蕊常多数，离生；胚珠生于侧膜胎座或隔膜上…………………………………………………………………………………… 大风子科 Flacourtiaceae

      33. 草本或亚灌木。

        34. 子房 3～5 室；叶对生或轮生；花两性……………… 粟米草科 Molluginaceae

        34. 子房 1 或 2 室。

          35. 叶为复叶或多少有些分裂…………………………… 毛茛科 Ranunculaceae

          35. 叶为单叶。

            36. 侧膜胎座。

              37. 花无花被………………………………… 三白草科 Saururaceae

              37. 花具 4 离生萼片……………… 十字花科 Brassicaceae/Cruciferae

            36. 特立中央胎座。

              38. 花序呈穗状、头状或圆锥状；萼片多少为干膜质……… 苋科 Amaranthaceae

              38. 花序呈聚伞状；萼片草质……………… 石竹科 Caryophyllaceae

19. 子房或子房室内仅有 1 至数枚胚珠。

  39. 叶片中常有透明微点。

    40. 叶为羽状复叶……………………………………………………………… 芸香科 Rutaceae

    40. 叶为单叶，全缘或有锯齿。

      41. 子房下位，仅 1 室有 1 胚珠；叶对生，叶柄在基部连合……………… 金粟兰科 Chloranthaceae

      41. 子房上位；叶如为对生时，叶柄也不在基部连合。

        42. 雌蕊由 3～6 枚近于离生心皮组成，每心皮各有 2～4 枚胚珠……………………………………………………………………………………… 三白草科 Saururaceae（三白草属 *Saururus*）

        42. 雌蕊由 1～4 枚合生心皮组成，仅 1 室，有 1 枚胚珠…………………………………………………………………………………………… 胡椒科 Piperaceae（草胡椒属 *Peperomia*）

  39. 叶片中无透明微点。

    43. 雄蕊连合为单体，至少在雄花中有这种现象；花丝互相连合成筒状或成一中柱。

      44. 肉质寄生草本植物，具退化呈鳞片状的叶片，无叶绿素……………… 蛇菰科 Balanophoraceae

      44. 植物体不为寄生，有绿叶。

45. 花雌雄同株，雄花呈球形头状花序，雌花 2 朵生于具有钩状芒刺的囊状总苞中……………… ………………………………………… 菊科 Asteraceae/Compositae（苍耳属 *Xanthium*）

45. 花两性，如为单性时，雌花及雄花也无上述情形。

46. 草本植物，花两性。

47. 叶互生…………………………………………………………………………… 藜科 Chenopodiaceae

47. 叶对生（在苋科中有少数互生）。

48. 花显著，有连合成萼状的总苞………………………………… 紫茉莉科 Nyctaginaceae

48. 花微小，无上述情形的总苞………………………………………… 苋科 Amaranthaceae

46. 乔木或灌木，稀可为草本；叶互生；花单性或杂性，萼片呈覆瓦状排列，至少在雄花中如此……………………………………………………………… 大戟科 Euphorbiaceae

43. 雄蕊各自分离，有时仅为 1 枚，或者花丝成为分枝的簇丛（如大戟科蓖麻属 *Ricinus*）。

49. 每花有雌蕊 2 枚至多数，近于离生或完全离生；或花的界限不明显时，则雌蕊多数，成 1 球形头状花序。

50. 花托下陷，呈杯状或坛状。

51. 灌木；叶对生；花被片在坛状花托的外侧排列成数层……………… 蜡梅科 Calycanthaceae

51. 草本或灌木；叶互生；花被片在杯状或坛状花托的边缘排列成一轮……… 蔷薇科 Rosaceae

50. 花托扁平或隆起，有时可延长。

52. 乔木、灌木或木质藤本。

53. 花有花被。

54. 乔木或灌木；有托叶；花两性，心皮多数在果熟时聚集于长轴上……………………… …………………………………………………………… 木兰科 Magnoliaceae

54. 灌木或藤本，很少乔木；无托叶；花单性或两性，心皮多数在果时则排于 1 伸长下垂的花托上。

55. 聚合蓇葖果，开裂；花两性；乔木或直立灌木。

56. 常绿灌木；叶脉羽状；花被片多数……… 木兰科 Magnoliaceae（八角族 Illicieae）

56. 落叶乔木；叶脉具 5～9 掌状脉；花被片 4 片………… 水青树科 Tetracentraceae

55. 聚合浆果；花单性；攀缘藤本……… 木兰科 Magnoliaceae（五味子族 Schisandreae）

53. 花无花被。

57. 落叶灌木或小乔木；叶卵形，有羽状脉，叶边缘有锯齿；无托叶；花两性或杂性，在叶腋中丛生；翅果无毛，有柄…………………………………领春木科 Eupteleaceae

57. 落叶乔木；叶广阔，掌状分裂，叶缘有缺刻或大锯齿；有托叶围茎成鞘，易脱落；花单性，雌雄同株，分别聚成球形头状花序；小坚果，围以长柔毛，无柄………………… …………………………………………………………… 悬铃木科 Platanaceae

52. 草本或少数为亚灌木，有时为攀缘性。

58. 胚珠倒生或直生。

59. 叶片多少有些分裂或为复叶；无托叶或极微小；有花被（花萼）；胚珠倒生；花单生或成各种类型的花序……………………………………………… 毛茛科 Ranunculaceae

59. 叶为全缘单叶；有托叶；无花被；胚珠直生；花成穗形总状花序 ………………………… …………………………………………………………… 三白草科 Saururaceae

58. 胚珠常弯生；叶为全缘单叶…………………………………… 商陆科 Phytolaccaceae

49. 每花仅有 1 枚复合雌蕊或单雌蕊，心皮有时于成熟后各自分离。

60. 子房下位或半下位。

61. 草本。

62. 水生或小型沼泽植物。

63. 花柱 2 个或更多；叶片（尤其沉没水中的）常成羽状细裂或为复叶………………… …………………………………………………………… 小二仙草科 Haloragidaceae

63. 花柱 1 个；叶为线形全缘单叶……………………………………… 杉叶藻科 Hippuridaceae
　62. 陆生草本。
　　64. 寄生性肉质草本，无绿叶。
　　　65. 花单性，雌花常无花被；无珠被及种皮……………………… 蛇菰科 Balanophoraceae
　　　65. 花杂性，有一层花被，两性花有 1 雄蕊；有珠被及种皮……… 锁阳科 Cynomoriaceae
　　64. 非寄生性植物，于百蕊草属 *Thesium* 为半寄生性，但均有绿叶。
　　　66. 叶对生，叶形宽广而有锯齿缘 ……………………………… 金粟兰科 Chloranthaceae
　　　66. 叶互生，叶片窄而细长……………………… 檀香科 Santalaceae（百蕊草属 *Thesium*）
61. 灌木或乔木。
　67. 子房 3～10 室。
　　68. 坚果 1 或 2 枚，同生在一个木质且可裂为四瓣的壳斗中…………………………………
　　　………………………………………………… 壳斗科 Fagaceae（水青冈属 *Fagus*）
　　68. 核果，不生在壳斗里；花杂性，形成球形的头状花序，花序下有白色、大型叶状苞片
　　　2～3 枚………………………………………… 蓝果树科 Nyssaceae（珙桐属 *Davidia*）
　67. 子房 1 室或 2 室，或在铁青树科的青皮木属 *Schoepfia* 中，子房的基部可以为 3 室。
　　69. 花柱 2 枚。
　　　70. 蒴果，2 瓣开裂 ……………………………………………… 金缕梅科 Hamamelidaceae
　　　70. 果实呈核果状，或蒴果状的瘦果，不裂开………………………… 鼠李科 Rhamnaceae
　　69. 花柱 1 枚或无花柱。
　　　71. 叶片下面及枝条多少有些具皮屑状或鳞片状的附属物……… 胡颓子科 Elaeagnaceae
　　　71. 叶片下面及枝条无皮屑状或鳞片状的附属物。
　　　　72. 叶缘有锯齿或圆锯齿，稀可在荨麻科紫麻属 *Oreocnide* 中有全缘者。
　　　　　73. 叶对生，具羽状脉；雄花裸露，有雄蕊 1～3 枚……… 金粟兰科 Chloranthaceae
　　　　　73. 叶互生，大都于叶基具 3 出脉；雄花具花被及雄蕊 4 枚（稀可 3 或 5 枚）………
　　　　　………………………………………………………………………… 荨麻科 Urticaceae
　　　　72. 叶全缘，互生或对生。
　　　　　74. 植物体寄生在木本植物的树干或枝条上；果实呈浆果状… 桑寄生科 Loranthaceae
　　　　　74. 植物体大都陆生，或有时可为寄生性；果实呈坚果状或核果状；胚珠 1～5 枚。
　　　　　　75. 花多为单性；基底胎座………………………………… 檀香科 Santalaceae
　　　　　　75. 花两性或单性，雄蕊 4 或 5 枚，和花萼裂片同数且对生；胚珠悬垂于中央胎
　　　　　　座的顶端…………………………………………………… 铁青树科 Olacaceae
60. 子房上位，如有花萼时，和它相分离，或在紫茉莉科和胡颓子科中，当果实成熟时，子房为
　宿存萼筒所包围。
　76. 托叶鞘围抱茎的各节；草本，稀可为灌木 ………………………… 蓼科 Polygonaceae
　76. 无托叶鞘，悬铃木科有托叶鞘，但易脱落。
　　77. 草本，或有时在藜科及紫茉莉科中为亚灌木。
　　　78. 无花被。
　　　　79. 子房 1 室，内仅有 1 个基生胚珠…………………… 胡椒科 Piperaceae（胡椒属 *Piper*）
　　　　79. 子房 3 或 2 室。
　　　　　80. 水生植物，无乳汁；子房 2 室，每室内含 2 个胚珠……… 水马齿科 Callitrichaceae
　　　　　80. 陆生植物，有乳汁；子房 3 室，每室内仅含 1 个胚珠…… 大戟科 Euphorbiaceae
　　　78. 有花被，当花为单性时，特别是雄花多具有花被。
　　　　81. 花萼呈花瓣状，且合生成管状。
　　　　　82. 花有总苞，有时这种总苞类似花萼………………………… 紫茉莉科 Nyctaginaceae
　　　　　82. 花无总苞。
　　　　　　83. 胚珠 1 枚，生子房的近顶端处………………………… 瑞香科 Thymelaeaceae

83. 胚珠多数，生特立中央胎座上‥‥‥‥‥ 报春花科 Primulaceae（海乳草属 *Glaux*）
81. 花萼不为上述情形。
   84. 雄蕊周位，即位于花盘或花被上。
     85. 叶互生，羽状复叶，有草质的托叶；花无膜质苞片；瘦果‥‥‥‥‥‥‥‥‥‥‥‥
        ‥‥‥‥‥‥‥‥‥‥‥‥‥‥‥‥ 蔷薇科 Rosaceae（地榆属 *Sanguisorba*）
     85. 叶对生，或在蓼科冰岛蓼属 *Koenigia* 为互生，单叶，无草质托叶；花有膜质
       苞片。
       86. 花被片和雄蕊各为 5 或 4 枚，对生；囊果；托叶膜质‥‥‥‥‥‥‥‥‥‥‥
        ‥‥‥‥‥‥‥‥‥‥‥‥‥‥‥‥‥‥‥‥‥‥ 石竹科 Caryophyllaceae
       86. 花被片和雄蕊各为 3 枚，互生；坚果；无托叶‥‥‥‥‥‥‥‥‥‥‥‥‥‥‥
        ‥‥‥‥‥‥‥‥‥‥‥‥‥‥蓼科 Polygonaceae（冰岛蓼属 *Koenigia*）
   84. 雄蕊下位，即位于子房下。
     87. 花柱或花柱的分枝为 2 或数枚，内侧常为柱头面。
       88. 子房常为 7～13 枚心皮连合而成‥‥‥‥‥‥‥‥‥‥ 商陆科 Phytolaccaceae
       88. 子房常为 2 或 3 枚（或 5 枚）心皮连合而成。
         89. 子房 3 室，稀可 2 或 4 室‥‥‥‥‥‥‥‥‥‥‥ 大戟科 Euphorbiaceae
         89. 子房 1 或 2 室。
           90. 叶为掌状复叶或为单叶而具掌状脉，并有宿存托叶‥‥‥‥‥‥‥‥‥
             ‥‥‥‥‥‥‥‥‥‥‥‥‥‥ 桑科 Moraceae（大麻亚科 Cannabioideae）
           90. 叶为单叶而具羽状脉，或稀可为掌状脉而无托叶，也可在藜科中叶退成
             鳞片或为肉质而形如圆筒。
             91. 花有草质而带绿色或灰绿色的花被及苞片‥‥‥‥‥ 藜科 Chenopodiaceae
             91. 花有干膜质而常有色泽的花被及苞片‥‥‥‥‥‥ 苋科 Amaranthaceae
     87. 花柱 1 枚，通常其顶端有柱头，也可无花柱。
       92. 花两性。
         93. 雌蕊为单心皮；花萼由 2 或 3 个膜质且宿存的萼片而成；雄蕊 2 或 3 枚‥‥‥
             ‥‥‥‥‥‥‥‥‥‥‥‥‥ 毛茛科 Ranunculaceae（星叶草属 *Circaeaster*）
         93. 雌蕊由 2 合生心皮而成。
           94. 萼片 2 枚；雄蕊多数‥‥‥‥‥ 罂粟科 Papaveraceae（博落回属 *Macleaya*）
           94. 萼片 4 枚；雄蕊 2 或 4 枚‥‥‥ 十字花科 Brassicaceae（独行菜属 *Lepidium*）
       92. 花单性。
         95. 沉没于淡水中的水生植物；叶细裂成丝状‥‥‥‥‥ 金鱼藻科 Ceratophyllaceae
         95. 陆生植物；叶不细裂成丝状‥‥‥‥‥‥‥‥‥‥‥‥‥ 荨麻科 Urticaceae
77. 木本植物或亚灌木。
  96. 耐寒、旱的灌木，或在藜科的梭梭属 *Haloxylon* 为乔木；叶微小，细长或呈鳞片状，
   有时（如藜科）为肉质而成圆筒形或半圆筒形。
     97. 花无膜质苞片；雄蕊下位；叶互生或对生；无托叶；枝条常有关节‥‥‥‥‥‥‥
       ‥‥‥‥‥‥‥‥‥‥‥‥‥‥‥‥‥‥‥‥‥‥‥ 藜科 Chenopodiaceae
     97. 花有膜质苞片；雄蕊周位；叶对生，基部常互相连合；有膜质托叶；枝条无关节‥‥
       ‥‥‥‥‥‥‥‥‥‥‥‥‥‥‥‥‥‥‥‥‥‥‥ 石竹科 Caryophyllaceae
  96. 不是上述的植物；叶片矩圆形或披针形，或宽广至圆形。
    98. 果实及子房均为 2 至数室。
      99. 花通常为两性。
        100. 萼片 4 或 5 片，稀可 3 片，呈覆瓦状排列。
          101. 雄蕊 4，有 4 室的蒴果‥‥‥‥‥‥‥‥‥‥‥ 水青树科 Tetracentraceae
          101. 雄蕊多数，浆果状核果‥‥‥‥‥‥‥‥‥‥‥ 大戟科 Euphorbiaceae

100. 萼片多为 5 片，呈镊合状排列。
  102. 雄蕊多数；具刺的蒴果·····················杜英科 Elaeocarpaceae
  102. 雄蕊和萼片同数；核果或坚果。
    103. 雄蕊和萼片对生，各为 3～6·················铁青树科 Olacaceae
    103. 雄蕊和萼片互生，各为 4 或 5·················鼠李科 Rhamnaceae
99. 花单性（雌雄同株或异株）或杂性。
  104. 果实为核果、坚果状或有齿的蒴果；种子无胚乳或有少量的胚乳。
    105. 雄蕊常 8 枚；果为坚果状或为有翅的蒴果；羽状复叶或单叶·············
                                                                                   无患子科 Sapindaceae
    105. 雄蕊 5 或 4 枚，且和萼片互生；核果有 2～4 枚小核；单叶·············
                                     鼠李科 Rhamnaceae（鼠李属 *Rhamnus*）
  104. 果实多呈蒴果状，无翅；种子常有胚乳。
    106. 果实为具 2 室开裂的蒴果，有木质或革质的外种皮及角质的内果皮·········
                                         金缕梅科 Hamamelidaceae
    106. 果实即使为蒴果时，也不是上述情形。
      107. 胚珠具腹脊；果实多为胞间裂开的蒴果或其他类型·················
                                        大戟科 Euphorbiaceae
      107. 胚珠具背脊；果实为胞背裂开的蒴果，或有时呈核果状·············
                                             黄杨科 Buxaceae
98. 果实及子房均为 1 或 2 室。
  108. 花萼具显著的萼筒，且常呈花瓣状。
    109. 叶无毛或下面有柔毛；萼筒整个脱落··················瑞香科 Thymelaeaceae
    109. 叶下面及幼嫩枝条具银白色或棕色鳞片或鳞毛；萼筒或其下部永久宿存，当
        果实成熟时，变为肉质而紧密包着子房·········胡颓子科 Elaeagnaceae
  108. 花萼不是上述情形，或无花被。
    110. 花药以 2 或 4 舌瓣裂开·····························樟科 Lauraceae
    110. 花药不以舌瓣裂开。
      111. 叶对生。
        112. 果实为具有双翅或呈圆形的翅果··············槭树科 Aceraceae
        112. 果实为具有单翅而呈细长矩圆形的翅果··········木樨科 Oleaceae
      111. 叶互生。
        113. 叶为羽状复叶。
          114. 花两性或杂性·····················无患子科 Sapindaceae
          114. 花单性，雌雄异株·········漆树科 Anacardiaceae（黄连木属 *Pistacia*）
        113. 叶为单叶。
          115. 花均无花被。
            116. 木质藤本；叶全缘；花两性或杂性，成紧密的穗状花序··········
                                     胡椒科 Piperaceae（胡椒属 *Piper*）
            116. 乔木；叶缘有锯齿或缺刻；花单性。
              117. 叶宽广，具掌状脉及掌状分裂，叶缘具缺刻或大锯齿，有托叶，
                围茎成鞘，但易脱落；雌雄同株，雌雄花分别成球形的头状花序，
                雌蕊为单心皮而成；小坚果为倒圆锥形，有棱角，无翅，无梗，
                围以长柔毛··································悬铃木科 Platanaceae
              117. 叶椭圆形至卵形，具羽状脉及锯齿缘，无托叶；雌雄异株，雄花
                聚成疏松有苞片的簇丛，雌花单生于苞片的腋内，雌蕊为 2 心皮
                而成；小坚果扁平，有翅，有柄，无毛······ 杜仲科 Eucommiaceae

115. 花常有花萼，尤其雄花多具有花萼。

118. 植物体内有乳汁……………………………………………… 桑科 Moraceae

118. 植物体内无乳汁。

119. 花柱或其分枝 2 或数枚。

120. 花单性，雌雄异株或有时为同株；叶全缘或具波状齿。

121. 矮小灌木或亚灌木；果实干燥，包藏于具有长柔毛而互相连合成双角状的 2 苞片中；胚体弯曲如环…………………………………………… 藜科 Chenopodiaceae（驼绒藜属 *Ceratoides*）

121. 乔木或灌木；果实呈核果状，常为 1 室含 1 种子，不包藏于苞片内；胚体直。

122. 雄蕊 2～5（∞）枚；胚大，仅稍短于胚乳…………………………………………… 大戟科 Euphorbiaceae

122. 雄蕊 5～18 枚；胚小，仅位于种子顶端…………………………………………… 虎皮楠科 Daphniphyllaceae

120. 花两性或单性；叶缘大多具有锯齿或具齿裂，稀可全缘。

123. 雄蕊多数……………………… 大风子科 Flacourtiaceae

123. 雄蕊 10 枚或较少。

124. 子房 2 室，每室有 1 至数枚胚珠；果实为木质蒴果……………………………………… 金缕梅科 Hamamelidaceae

124. 子房 1 室，仅含 1 枚胚珠；果实不是木质蒴果……………………………………… 榆科 Ulmaceae

119. 花柱 1 枚，或可有时（如荨麻属）缺花柱而柱头呈画笔状。

125. 叶缘有锯齿；子房为 1 心皮而成。

126. 花生于当年新枝上；雄蕊多数…………………………………………… 蔷薇科 Rosaceae（臭樱属 *Maddenia*）

126. 花生于老枝上；雄蕊和萼片同数………… 荨麻科 Urticaceae

125. 叶全缘或边缘有锯齿；子房为 2 个以上连合心皮所成。

127. 果实呈核果状，内有 1 种子………… 铁青树科 Olacaceae

127. 果实呈浆果状，内含 1 至数枚种子…………………………………………… 大风子科 Flacourtiaceae（柞木属 *Xylosma*）

2. 花具花萼也具花冠，或有两层以上的花被片，有时花冠可为蜜腺叶所代替。

128. 花冠常为离生的花瓣所组成。

129. 成熟雄蕊（或单体雄蕊的花药）多在 10 个以上，通常多数，或其数超过花瓣的 2 倍。

130. 花萼和 1 个或更多的雌蕊多少有些互相愈合，即子房下位或半下位。

131. 水生草本植物；子房多室………………………………… 睡莲科 Nymphaeaceae

131. 陆生植物；子房 1 至数室，也可心皮为 1 至数枚。

132. 植物体具肥厚的肉质茎，多有刺，常无真正的叶片…………………… 仙人掌科 Cactaceae

132. 植物体为普通形态，不呈仙人掌状，有真正的叶片。

133. 草本植物或稀可为亚灌木。

134. 花单性，雌雄同株；花鲜艳，多成腋生聚伞花序；子房 2～4 室…秋海棠科 Begoniaceae

134. 花常两性。

135. 叶基生或茎生，呈心形，不为肉质；花为 3 基数………… 马兜铃科 Aristolochiaceae

135. 叶茎生，不呈心形，多少有些肉质，或为圆柱形；花不为 3 基数。

136. 花萼裂片常为 5，叶状；蒴果 5 室或更多室，在顶端呈放射状裂开……………………………………………………… 番杏科 Aizoaceae

136. 花萼裂片 2；蒴果 1 室，盖裂……… 马齿苋科 Portulacaceae（马齿苋属 *Portulaca*）

133. 乔木或灌木，有时以气生小根而攀缘。
  137. 叶通常对生，或在石榴科的石榴属 *Punica* 中有时可互生。
    138. 叶缘常有锯齿或全缘；花序（除山梅花族 Philadelpheae 外）常有不孕的边缘花………
    …………………………………………………………………………… 虎耳草科 Saxifragaceae
    138. 叶全缘；花序无不孕花。
      139. 叶为脱落性；花萼呈朱红色或黄绿色………… 石榴科 Punicaceae（石榴属 *Punica*）
      139. 叶为常绿性，叶片中有腺体微点；花萼不呈朱红色或黄绿色；胚珠每室多数………
      …………………………………………………………………………… 桃金娘科 Myrtaceae
  137. 叶互生。
    140. 花瓣为细长形，花后向外翻转………………………………… 八角枫科 Alangiaceae
    140. 花瓣不为细长形，或即使为细长形时，花后也不向外翻转。
      141. 叶无托叶；果实呈核果状，其形歪斜………………………… 山矾科 Symplocaceae
      141. 叶有托叶；果实为肉质或木质假果……… 蔷薇科 Rosaceae（苹果亚科 Maloideae）
130. 花萼和 1 个或更多的雌蕊相分离，即子房上位。
 142. 花为周位花。
  143. 叶对生或轮生，有时上部者可互生，但均为全缘，单叶；花瓣常于花蕾中呈皱褶状………
  …………………………………………………………………………… 千屈菜科 Lythraceae
  143. 叶互生，单叶或复叶；花瓣在花蕾中不呈皱褶状。
    144. 花瓣镊合状排列；果实为荚果；叶多为二回羽状复叶，有时叶片退化，而叶柄发育为叶
    状柄；心皮 1 枚………………………………豆科 Fabaceae（含羞草亚科 Mimosoideae）
    144. 花瓣覆瓦状排列；果实为核果、蓇葖果或瘦果；叶为单叶或复叶；心皮 1 枚至多数………
    …………………………………………………………………………… 蔷薇科 Rosaceae
 142. 花为下位花，或至少在果实时花托扁平或隆起。
 145. 雌蕊少数至多数，互相分离或微有连合。
 146. 水生植物。
  147. 叶片呈盾状，全缘………………………………………… 睡莲科 Nymphaeaceae
  147. 叶片不呈盾状，多少有些分裂或为复叶………………… 毛茛科 Ranunculaceae
 146. 陆生植物。
 148. 茎为攀缘性。
  149. 草质藤本。
    150. 花显著，为两性花…………………………………… 毛茛科 Ranunculaceae
    150. 花小型，为单性，雌雄异株…………………………… 防己科 Menispermaceae
  149. 木质藤本，或为蔓生灌木。
    151. 心皮多数，结果时聚生成一球状的肉质体或散布于极延长的花托上………
    ………………………………………木兰科 Magnoliaceae（五味子族 Schisandreae）
    151. 心皮 3～6，果为核果或核果状……………………… 防己科 Menispermaceae
 148. 茎直立，不为攀缘性。
  152. 雄蕊的花丝连合成单体………………………………………… 锦葵科 Malvaceae
  152. 雄蕊的花丝相互分离。
    153. 草本植物，稀可为灌木或小灌木；叶片多少有些分裂或为复叶。
      154. 叶无托叶；种子有胚乳。
        155. 心皮为肉质花盘所包围或几乎将其覆盖；雄蕊多数，离心式发育；种子具假种
        皮；聚合蓇葖果显著分离；花大而美丽……………………………………………
        ………………………………… 毛茛科 Ranunculaceae（芍药亚科 Paeonioideae）
        155. 无花盘；雄蕊向心式发育；种子无假种皮；聚合瘦果，极稀为浆果状………
        …………………………………………………………………… 毛茛科 Ranunculaceae

154. 叶多有托叶；种子无胚乳···蔷薇科 Rosaceae

153. 木本植物；叶片全缘或边缘有锯齿，也有稀为分裂者。

156. 有托叶；心皮螺旋状排列在伸长的花托上；果实为蓇葖或翅果························

···木兰科 Magnoliaceae

156. 无托叶；心皮轮状排列；果实为蓇葖果·· 木兰科 Magnoliaceae（八角族 Illicieae）

145. 雌蕊 1 个，但花柱或柱头为 1 至多数。

157. 叶片中具透明微点。

158. 叶互生，羽状复叶或退化为仅有 1 顶生小叶·······················芸香科 Rutaceae

158. 叶对生，单叶···藤黄科 Guttiferae

157. 叶片中无透明微点。

159. 子房单纯，仅有 1 枚心皮，具 1 子房室。

160. 乔木或灌木；花瓣呈镊合状排列；果实为荚果·····························

···豆科 Fabaceae（含羞草亚科 Mimosoideae）

160. 草本植物；花瓣呈覆瓦状排列；果实不为荚果。

161. 花为 5 基数；蓇葖果·······························毛茛科 Ranunculaceae

161. 花为 3 基数；浆果·······························小檗科 Berberidaceae

159. 子房为复合性，具 2 枚以上心皮。

162. 子房 1 室，或在马齿苋科土人参属 *Talinum* 中子房基部为 3 室。

163. 特立中央胎座；草本植物；子房的基部 3 室，有多数胚珠·····················

························马齿苋科 Portulacaceae（土人参属 *Talinum*）

163. 侧膜胎座。

164. 灌木或乔木（在半日花科中常为亚灌木或草本植物）；子房柄不存在或极短。

165. 叶对生；萼片不相等；外面 2 片较小，或有时退化，内面 3 片较大，呈螺旋状

排列···半日花科 Cistaceae

165. 叶常互生；萼片相等，呈覆瓦状或镊合状排列·········大风子科 Flacourtiaceae

164. 草本植物，如为木本植物时，则具有显著的子房柄。

166. 植物体内含乳汁；萼片 2 或 3·····························罂粟科 Papaveraceae

166. 植物体不含乳汁；萼片 4·····························山柑科 Capparaceae

162. 子房 2 至多室，或为不完全的 2 至多室。

167. 萼片于花蕾内呈镊合状排列。

168. 雄蕊互相分离或连成数束。

169. 花药以顶端 2 孔裂开·······························杜英科 Elaeocarpaceae

169. 花药纵长裂开·······························椴树科 Tiliaceae

168. 雄蕊连为单体，至少内层者如此，并且多少有些连成管状。

170. 花单性；萼片 2 或 3 片·············大戟科 Euphorbiaceae（油桐属 *Vernicia*）

170. 花常两性；萼片多 5 片，稀可较少。

171. 花药 2 室·······························梧桐科 Sterculiaceae

171. 花药 1 室；花粉粒表面有刺·······························锦葵科 Malvaceae

167. 萼片于花蕾内呈覆瓦状或旋转状排列，或有时近于呈镊合状排列。

172. 花单性，雌雄同株或可异株；果实为蒴果，由 2～4 枚各自裂为 2 瓣·············

···大戟科 Euphorbiaceae

172. 花常两性，或在猕猴桃科的猕猴桃属 *Actinidia* 中为杂性或雌雄异株；果实为其

他情形。

173. 雄蕊排列成 2 层，外层 10 个和花瓣对生，内层 5 个和萼片对生·····················

···蒺藜科 Zygophyllaceae（骆驼蓬属 *Peganum*）

173. 雄蕊的排列为其他情形。

174. 植物体呈耐寒、旱状；叶为全缘单叶。

  175. 叶对生或上部者互生；萼片 5 片，互不相等，外面 2 片较小或有时退化，内面 3 片较大，成旋转状排列，宿存；花瓣早落……………………………………………………………………………………半日花科 Cistaceae

  175. 叶互生；萼片 5 片，大小相等；花瓣宿存；在内侧基部各有 2 舌状物………………………………… 柽柳科 Tamaricaceae（红砂属 Reaumuria）

174. 植物体不呈耐寒、旱状；叶常互生；萼片 2～5 片，彼此相等，呈覆瓦状或稀可呈镊合状排列。

  176. 草本或木本植物；花为 4 基数，或其萼片多为 2 片且早落。

   177. 植物体内含乳汁；无或有极短子房柄；种子具丰富胚乳……………………………………………… 罂粟科 Papaveraceae

   177. 植物体内不含乳汁；有细长的子房柄；种子无或有少量胚乳……………………………………… 山柑科 Capparaceae

  176. 木本植物；花常为 5 基数，萼片宿存或脱落。

   178. 果实为具 5 个棱角的蒴果，分成 5 个骨质各含 1 或 2 种子的心皮后，再各沿其缝线而 2 瓣裂开……………………………………………… 蔷薇科 Rosaceae（白鹃梅属 Exochorda）

   178. 果实不为蒴果，如为蒴果时则为胞背裂开。

    179. 蔓生或攀缘的灌木；雄蕊相互分离；子房 5 室或更多室；浆果，常可食…………………………………… 猕猴桃科 Actinidiaceae

    179. 直立乔木或灌木；雄蕊离生或合生；子房 3～5 室；蒴果、浆果状蒴果或浆果………………………………… 山茶科 Theaceae

129. 成熟雄蕊 10 个或较少，如多于 10 个时，其数并不超过花瓣的 2 倍。

180. 成熟雄蕊和花瓣同数，并且与花瓣对生。

181. 雌蕊 3 枚至多数，离生。

  182. 直立草本或亚灌木；花两性，5 基数………… 蔷薇科 Rosaceae（地蔷薇属 Chamaerhodos）

  182. 木质或草质藤本；花单性，常为 3 基数。

   183. 叶常为单叶；花小型；核果；心皮 3～6 枚，呈轮状排列，各含 1 枚胚珠…………………………………………………………………………………… 防己科 Menispermaceae

   183. 叶为掌状复叶、羽状复叶或由 3 小叶组成；花中型；浆果；心皮 3 枚至多数，轮状或螺旋状排列，各含 1 枚或多数胚珠。

    184. 花单性；心皮极多数，螺旋状排列，各含 1 枚胚珠；叶具 3 小叶，基部不对称………………………………… 木通科 Lardizabalaceae（大血藤属 Sargentodoxa）

    184. 花两性或单性；心皮 3 至多数，轮状排列，各含多数胚珠；叶为掌状复叶、羽状复叶或具 3 小叶……………………………………… 木通科 Lardizabalaceae

181. 雌蕊 1 枚。

185. 子房 2 至数室。

  186. 花萼裂齿不明显或微小；以卷须缠绕他物的木质或草质藤本…………… 葡萄科 Vitaceae

  186. 花萼具 4 或 5 裂片；乔木、灌木或草本植物，有时虽也可为缠绕性，但无卷须。

   187. 雄蕊合生成单体；每子房室内含胚珠 2～6 个…………… 梧桐科 Sterculiaceae

   187. 雄蕊互相分离，或稀可在其下部合生成一管。

    188. 叶无托叶；萼片各不相等，呈覆瓦状排列；花瓣不相等，在内层的 2 片常很小………………………………………………………………………………… 清风藤科 Sabiaceae

    188. 叶常有托叶；萼片同大，呈镊合状排列；花瓣相等………………… 鼠李科 Rhamnaceae

185. 子房 1 室，或在马齿苋科土人参属 Talinum 中子房基部为 3 室。

  189. 子房下位或半下位；叶多对生或轮生，全缘；浆果或核果………… 桑寄生科 Loranthaceae

189. 子房上位。

　　190. 花药以舌瓣裂开···小檗科 Berberidaceae

　　190. 花药不以舌瓣裂开。

　　　191. 缠绕草本；胚珠 1 枚；叶肥厚，肉质······························落葵科 Basellaceae

　　　191. 直立草本，或有时为木本；胚珠 1 至多数。

　　　　192. 花瓣 6~9 片；雌蕊单纯··小檗科 Berberidaceae

　　　　192. 花瓣 4 或 5 片；雌蕊复合。

　　　　　193. 花瓣 4 片；侧膜胎座···············罂粟科 Papaveraceae（角茴香属 *Hypecoum*）

　　　　　193. 花瓣常 5 片；基底胎座···································马齿苋科 Portulacaceae

180. 成熟雄蕊和花瓣不同数，如同数时，则雄蕊与花瓣互生。

　194. 花萼或其筒部和子房多少有些相连合。

　　195. 每子房室内含胚珠或种子 2 枚至多数。

　　　196. 草本或亚灌木；有时为攀缘性。

　　　　197. 具卷须的攀缘草本；花单性···································葫芦科 Cucurbitaceae

　　　　197. 无卷须的植物；花常两性。

　　　　　198. 萼片或花萼裂片 2 片；植物体多少肉质而多水分·····························
　　　　　···马齿苋科 Portulacaceae（马齿苋属 *Portulaca*）

　　　　　198. 萼片或花萼裂片 4 或 5 片；植物体常不为肉质。

　　　　　　199. 花萼裂片呈覆瓦状或镊合状排列；花柱 2 枚或更多；种子具胚乳··········
　　　　　　··虎耳草科 Saxifragaceae

　　　　　　199. 花萼裂片呈镊合状排列；花柱 1 枚，具 2~4 裂，或为 1 呈头状的柱头；种子无胚
　　　　　　乳···柳叶菜科 Onagraceae

　　　196. 乔木或灌木；有时为攀缘性。

　　　　200. 叶互生。

　　　　　201. 花数朵至多数成头状花序；常绿乔木；叶革质，全缘或具浅裂··············
　　　　　··金缕梅科 Hamamelidaceae

　　　　　201. 花成总状或圆锥花序。

　　　　　　202. 灌木；叶为掌状分裂，基部具 3~5 脉；子房 1 室，有多数胚珠；浆果··········
　　　　　　···虎耳草科 Saxifragaceae（茶藨子属 *Ribes*）

　　　　　　202. 乔木或灌木；叶缘有锯齿或细锯齿，有时全缘，具羽状脉；子房 3~5 室，每室含
　　　　　　2 至数枚胚珠；核果状蒴果·······························安息香科 Styracaceae

　　　　200. 叶常对生···虎耳草科 Saxifragaceae

　　195. 每子房室内仅含胚珠或种子 1 枚。

　　　203. 果实裂开为 2 个干燥的离果，并共同悬于一果梗上，即双悬果；花序常为伞形花序（在
　　　变豆菜属 *Sanicula* 和鸭儿芹属 *Cryptotaenia* 中为不规则的花序）·····················
　　　···伞形科 Apiaceae/Umbelliferae

　　　203. 果实不裂开，或裂开而不是上述情形；花序可为各种形式。

　　　　204. 草本植物。

　　　　　205. 花柱或柱头 2~4 枚；种子具胚乳；果实为小坚果或核果，具棱角或有翅·············
　　　　　··小二仙草科 Haloragidaceae

　　　　　205. 花柱 1 枚，具有 1 头状或呈 2 裂的柱头；种子无胚乳。

　　　　　　206. 陆生草本植物，具对生叶；花为 2 基数；果实为一具钩状刺毛的坚果··········
　　　　　　···柳叶菜科 Onagraceae（露珠草属 *Circaea*）

　　　　　　206. 水生草本植物，有聚生而漂浮水面的叶片；花为 4 基数；果实为具 2~4 刺的坚果
　　　　　　（栽培种果实可无明显刺）·······················菱科 Trapaceae（菱属 *Trapa*）

　　　　204. 木本植物。

207. 果实干燥或为蒴果状。
 208. 子房 2 室；花柱 2 枚·················· 金缕梅科 Hamamelidaceae
 208. 子房 1 室；花柱 1 枚；花序头状······· 蓝果树科 Nyssaceae（喜树属 *Camptotheca*）
207. 果实核果状或浆果状。
 209. 叶互生或对生；花瓣呈镊合状排列；花序有各种形式，但稀为伞形或头状，有时可生于叶片上。
  210. 花瓣 3～5 片，卵形至披针形；花药短·············· 山茱萸科 Cornaceae
  210. 花瓣 4～10 片，狭窄形并向外翻转；花药 3 长·········· 八角枫科 Alangiaceae
 209. 叶互生；花瓣呈覆瓦状或镊合状排列；花序常为伞形、头状、总状或穗状············ 五加科 Araliaceae
194. 花萼和子房相分离。
211. 叶片中有透明微点。
 212. 花整齐，稀可两侧对称；果实不为荚果········· 芸香科 Rutaceae
 212. 花整齐或不整齐；果实为荚果。
  213. 花辐射对称，花瓣镊合状排列，雄蕊多数············ 豆科 Fabaceae（含羞草亚科 Mimosoideae）
  213. 花两侧对称，花瓣覆瓦状排列，雄蕊 10 枚。
   214. 花冠假蝶形，上升覆瓦状排列，旗瓣在最内侧；雄蕊分离············ 豆科 Fabaceae（云实亚科 Caesalpinioideae）
   214. 花冠蝶形，下降覆瓦状排列，旗瓣在最外侧，龙骨瓣基部结合；二体雄蕊············ 豆科 Fabaceae（蝶形花亚科 Papilionoideae）
211. 叶片中无透明微点。
215. 雌蕊 2 枚或更多，互相分离或仅有局部的连合；也可子房分离而花柱连合成 1 枚。
 216. 多汁草本植物，具肉质的茎及叶·············· 景天科 Crassulaceae
 216. 植物体不为上述情形。
  217. 花为周位花。
   218. 花的各部分呈螺旋状排列，萼片逐渐变为花瓣；雄蕊 5 或 6 枚；雌蕊多数············ 蜡梅科 Calycanthaceae
   218. 花的各部分呈轮状排列，萼片和花瓣明显分化。
    219. 雌蕊 2～4 枚，各有多数胚珠；种子有胚乳；无托叶······ 虎耳草科 Saxifragaceae
    219. 雌蕊 2 枚至多数，各有 1 至数枚胚珠；种子无胚乳；有托叶，仅极少无托叶······ 蔷薇科 Rosaceae
  217. 花为下位花，或在悬铃木科中微呈周位。
   220. 草本或亚灌木。
    221. 各子房的花柱互相分离。
     222. 叶常互生或基生，多少有些分裂；花瓣脱落，较萼片为大············ 毛茛科 Ranunculaceae
     222. 叶对生或轮生，单叶，全缘；花瓣宿存，较萼片小······· 马桑科 Coriariaceae
    221. 各子房合具 1 共同的花柱或柱头；叶为羽状复叶；花为 5 基数；花萼宿存；花中有和花瓣互生的腺体；雄蕊 10 枚············ 牻牛儿苗科 Geraniaceae（熏倒牛属 *Biebersteinia*）
   220. 乔木、灌木或木质藤本。
    223. 叶为单叶。
     224. 叶对生或轮生··········· 马桑科 Coriariaceae
     224. 叶互生。
      225. 叶为脱落性，具掌状脉；叶柄基部扩张成帽状以覆盖腋芽············

··· 悬铃木科 Platanaceae
225. 叶为常绿性或脱落性，具羽状脉。
226. 乔木或灌木；有托叶；花两性，心皮多数，在果时聚集于长轴上··············
·· 木兰科 Magnoliaceae
226. 灌木或藤本；无托叶；花单性或两性。
227. 果为蓇葖果，开裂；花两性；乔木或直立灌木··············
·· 木兰科 Magnoliaceae（八角族 Illicieae）
227. 果由浆果状心皮组成；花单性；攀缘灌木··············
·· 木兰科 Magnoliaceae（五味子族 Schisandreae）
223. 叶为复叶。
228. 叶对生·· 省沽油科 Staphyleaceae
228. 叶互生。
229. 木质藤本；叶为掌状复叶或三出复叶·················· 木通科 Lardizabalaceae
229. 乔木或灌木；叶为羽状复叶。
230. 果实为 1 含多数种子的浆果，状似猫屎··············
·· 木通科 Lardizabalaceae（猫儿屎属 Decaisnea）
230. 果实为离果，或在臭椿属 Ailanthus 中为翅果·········· 苦木科 Simaroubaceae
215. 雌蕊 1 枚，或至少其子房为 1 枚。
231. 雌蕊或子房单一，仅 1 室。
232. 果实为核果或浆果。
233. 花为 3 基数，稀可 2 基数；花药以舌瓣裂开·················· 樟科 Lauraceae
233. 花为 5 基或 4 基数；花药纵长裂开·········· 蔷薇科 Rosaceae（扁核木属 Prinsepia）
232. 果实为蓇葖果或荚果。
234. 果实为蓇葖果·················· 蔷薇科 Rosaceae（绣线菊亚科 Spiraeoideae）
234. 果实为荚果。
235. 花辐射对称，花瓣镊合状排列，雄蕊多数·················
·· 豆科 Fabaceae（含羞草亚科 Mimosoideae）
235. 花两侧对称，花瓣覆瓦状排列，雄蕊 10 枚。
236. 花冠假蝶形，上升覆瓦状排列，旗瓣在最内侧；雄蕊分离·················
·· 豆科 Fabaceae（云实亚科 Caesalpinioideae）
236. 花冠蝶形，下降覆瓦状排列，旗瓣在最外侧，龙骨瓣基部结合；二体雄蕊·····
·· 豆科 Fabaceae（蝶形花亚科 Papilionoideae）
231. 雌蕊或子房非单一，有 1 个以上的子房室或花柱、柱头、胎座等部分。
237. 子房 1 室或因有 1 假隔膜的发育而成 2 室，有时下部 2～5 室，上部 1 室。
238. 花下位，花瓣 4 片，稀可更多。
239. 萼片 2 片。
240. 雄蕊多数；花冠辐射对称·················· 罂粟科 Papaveraceae
240. 雄蕊 4 或 6 枚；花冠两侧对称·················
·· 罂粟科 Papaveraceae（荷包牡丹亚科 Fumarioideae）
239. 萼片 4～8 片。
241. 子房柄常细长，呈线状·················· 山柑科 Capparaceae
241. 子房柄极短或不存在。
242. 子房由 2 枚心皮连合组成，常具 2 子房室及 1 假隔膜·················
·· 十字花科 Brassicaceae/Cruciferae
242. 子房由 3～6 枚心皮连合组成，仅 1 子房室·········· 瓣鳞花科 Frankeniaceae
238. 花周位或下位，花瓣 3～5 片，稀可 2 片或更多。

243. 每子房室内仅有胚珠 1 枚。

244. 乔木，或稀为灌木；叶常为羽状复叶。

245. 叶常为羽状复叶，具托叶及小托叶⋯⋯⋯⋯⋯⋯⋯⋯⋯⋯⋯⋯⋯⋯⋯⋯⋯⋯⋯⋯⋯⋯⋯⋯⋯⋯⋯ 省沽油科 Staphyleaceae（瘿椒树属 *Tapiscia*）

245. 叶为羽状复叶或单叶，无托叶及小托叶⋯⋯⋯⋯⋯⋯ 漆树科 Anacardiaceae

244. 木本或草本；叶为单叶。

246. 乔木或灌木；叶常互生，无膜质托叶⋯⋯⋯⋯⋯⋯⋯⋯⋯ 樟科 Lauraceae

246. 草本或亚灌木；叶互生或对生，具膜质托叶⋯⋯⋯⋯ 蓼科 Polygonaceae

243. 每子房室内有胚珠 2 枚至多数。

247. 乔木、灌木或木质藤本。

248. 花瓣及雄蕊均着生于花萼上⋯⋯⋯⋯⋯⋯⋯⋯⋯⋯⋯ 千屈菜科 Lythraceae

248. 花瓣及雄蕊均着生于花托上。

249. 核果，仅有 1 种子⋯⋯⋯⋯⋯⋯⋯⋯⋯⋯⋯⋯ 茶茱萸科 Icacinaceae

249. 蒴果或浆果，内含 2 至多数种子。

250. 花两侧对称；叶为全缘单叶⋯⋯⋯⋯⋯⋯⋯ 远志科 Polygalaceae

250. 花辐射对称；叶为单叶或掌状分裂。

251. 花瓣具有直立而常彼此衔接的瓣爪⋯⋯⋯⋯⋯ 海桐花科 Pittosporaceae

251. 花瓣不具细长的瓣爪；植物体为耐寒、旱性，有鳞片状或细长形的叶片⋯⋯⋯⋯⋯⋯⋯⋯⋯⋯⋯⋯⋯⋯⋯⋯ 柽柳科 Tamaricaceae

247. 草本或亚灌木。

252. 胎座位于子房室的中央或基底。

253. 花瓣着生于花萼的喉部⋯⋯⋯⋯⋯⋯⋯⋯⋯ 千屈菜科 Lythraceae

253. 花瓣着生于花托上。

254. 萼片 2 片；叶互生，稀可对生⋯⋯⋯⋯⋯ 马齿苋科 Portulacaceae

254. 萼片 5 或 4 片；叶对生⋯⋯⋯⋯⋯⋯⋯ 石竹科 Caryophyllaceae

252. 胎座为侧膜胎座。

255. 花两侧对称，最外面的 1 片花瓣有距；蒴果 3 瓣裂开⋯⋯ 堇菜科 Violaceae

255. 花整齐或近于整齐。

256. 植物体为耐寒、旱性；花瓣内侧各有 1 舌状鳞片⋯⋯⋯⋯⋯⋯⋯⋯⋯⋯⋯⋯⋯⋯⋯⋯⋯⋯⋯⋯⋯⋯⋯⋯⋯ 瓣鳞花科 Frankeniaceae

256. 植物体不为耐寒、旱性；花瓣内侧无舌状鳞片附属物⋯⋯⋯⋯⋯⋯⋯⋯⋯⋯⋯⋯⋯⋯⋯⋯⋯⋯⋯⋯⋯⋯⋯⋯⋯ 虎耳草科 Saxifragaceae

237. 子房 2 室或更多室。

257. 花瓣形状彼此极不相等。

258. 每子房室内有数枚至多数胚珠。

259. 子房 2 室⋯⋯⋯⋯⋯⋯⋯⋯⋯⋯⋯⋯⋯⋯⋯⋯ 虎耳草科 Saxifragaceae

259. 子房 5 室⋯⋯⋯⋯⋯⋯⋯⋯⋯⋯⋯⋯⋯⋯⋯⋯ 凤仙花科 Balsaminaceae

258. 每子房室内仅有 1 枚胚珠。

260. 子房 3 室；雌蕊离生；叶盾状，叶缘具棱角或波纹⋯⋯ 旱金莲科 Tropaeolaceae

260. 子房 2 室（稀可 1 或 3 室）；雄蕊合生为一单体；叶不呈盾状，全缘⋯⋯⋯⋯⋯⋯⋯⋯⋯⋯⋯⋯⋯⋯⋯⋯⋯⋯⋯⋯⋯⋯⋯ 远志科 Polygalaceae

257. 花瓣形状彼此相等或微有不等，极少为两侧对称。

261. 雄蕊数和花瓣数既不相等，也不是它的倍数。

262. 叶对生。

263. 雄蕊 4～10 枚，常 8 枚；萼片及花瓣均为 5 基数，稀可为 4 基数。

264. 蒴果⋯⋯⋯⋯⋯⋯⋯⋯⋯⋯⋯⋯⋯⋯ 七叶树科 Hippocastanaceae

264. 翅果……………………………………………………………… 槭树科 Aceraceae
263. 雄蕊 2 枚，稀可 3 枚；萼片及花瓣均为 4 基数…………… 木樨科 Oleaceae
262. 叶互生。
265. 叶为单叶，多全缘，或在油桐属 *Vernicia* 中可具 3～7 裂片；花单性…………
……………………………………………………………… 大戟科 Euphorbiaceae
265. 叶为单叶或复叶；花两性或杂性。
266. 萼片为镊合状排列；雄蕊连成单体………………… 梧桐科 Sterculiaceae
266. 萼片为覆瓦状排列；雄蕊离生。
267. 子房 4 或 5 室，每子房室内有 8～12 枚胚珠；种子具翅…………
………………………………………… 楝科 Meliaceae（香椿属 *Toona*）
267. 子房常 3 室，每子房室内有 1 至数枚胚珠；种子无翅…………
………………………………………………… 无患子科 Sapindaceae
261. 雄蕊数和花瓣数相等，或是它的倍数。
268. 每子房室内有胚珠或种子 3 枚至多数。
269. 叶为复叶。
270. 雄蕊合生成为单体……………………………… 酢浆草科 Oxalidaceae
270. 雄蕊彼此相互分离。
271. 叶互生。
272. 叶为 2～3 回的 3 出叶，或为掌状叶…………………………
………………………………… 虎耳草科 Saxifragaceae（落新妇族 Astilbeae）
272. 叶为 1 回羽状复叶……………………… 楝科 Meliaceae（香椿属 *Toona*）
271. 叶对生。
273. 叶为双数羽状复叶……………………………… 蒺藜科 Zygophyllaceae
273. 叶为单数羽状复叶……………………………… 省沽油科 Staphyleaceae
269. 叶为单叶。
274. 草本或亚灌木。
275. 花周位；花托多少有些中空。
276. 雄蕊着生于杯状花托的边缘………………… 虎耳草科 Saxifragaceae
276. 雄蕊着生于杯状或管状花托的内侧……………… 千屈菜科 Lythraceae
275. 花下位；花托常扁平。
277. 叶对生，常全缘………………………… 石竹科 Caryophyllaceae
277. 叶互生或基生，稀可对生，边缘有锯齿，或叶退化为无绿色组织的
鳞片。
278. 草本或亚灌木；有托叶；萼片呈镊合状排列，脱落…………
………………………………… 椴树科 Tiliaceae（田麻属 *Corchoropsis*）
278. 多年生常绿草本，或为多年生腐生肉质草本植物，无叶绿素；无托
叶；萼片呈覆瓦状排列，宿存………………… 鹿蹄草科 Pyrolaceae
274. 木本植物。
279. 花瓣常有彼此衔接或其边缘互相依附的柄状瓣爪…………………………
…………………………………………………… 海桐花科 Pittosporaceae
279. 花瓣无瓣爪，或仅具互相分离的细长柄状瓣爪。
280. 花托空凹；萼片呈镊合状或覆瓦状排列，萼管筒状或杯状。
281. 叶互生，边缘有锯齿，常绿性…………………………
………………………………… 虎耳草科 Saxifragaceae（鼠刺属 *Itea*）
281. 叶对生或互生，全缘，脱落性……………… 千屈菜科 Lythraceae
280. 花托扁平或微突起；萼片呈覆瓦状排列。
282. 花为 4 基数；果实呈浆果状；花药纵长裂开；穗状花序腋生于老枝

302. 叶为单叶或有时可为羽状分裂，对生，肉质；心皮 4 或 5 枚；蓇葵果······ 景天科 Crassulaceae

302. 叶为二回羽状复叶，互生，不呈肉质；心皮 1 枚；荚果··

·· 豆科 Fabaceae（含羞草亚科 Mimosoideae）

301. 心皮 2 枚或更多，合生成一复合性子房。

303. 花单性，雌雄异株，有时为杂性；雄蕊各自分离；浆果············· 柿科 Ebenaceae

303. 花两性。

304. 花瓣合生成一盖状物，或花萼裂片及花瓣均可合成为 1 或 2 层的盖状物；叶为单叶，具透明微点··················· 桃金娘科 Myrtaceae

304. 花瓣及花萼裂片均不合生成盖状物。

305. 每子房室中有 3 至多枚胚珠。

306. 雄蕊 5～10 枚，若更多，则其数也不超过花冠裂片数目的 2 倍。

307. 雄蕊合生成单体或其花丝于基部互相合生；花药纵裂；花粉粒单生。

308. 叶为复叶；子房上位；花柱 5 枚·················· 酢浆草科 Oxalidaceae

308. 叶为单叶；子房下位或半下位；花柱 1 枚；乔木或灌木，常具有星状毛·····

····································· 安息香科 Styracaceae

307. 雄蕊各自分离；花药顶端孔裂；花粉粒为四合型······ 杜鹃花科 Ericaceae

306. 雄蕊多数。

309. 萼片和花瓣常各为多数，而无显著的区分；子房下位；植物体肉质，绿色，常具棘针，而叶退化··························· 仙人掌科 Cactaceae

309. 萼片和花瓣常各为 5 片，而有显著的区分；子房上位。

310. 萼片呈镊合状排列；雄蕊连成单体·················· 锦葵科 Malvaceae

310. 萼片呈显著的覆瓦状排列；雄蕊的基部合生成单体；花药纵长裂开；蒴果··········

··························· 山茶科 Theaceae（紫茎属 Stewartia）

305. 每子房室中常仅有 1 或 2 枚胚珠。

311. 植物体常有星状毛················· 安息香科 Styracaceae

311. 植物体无星状毛。

312. 子房下位或半下位；果实歪斜·················· 山矾科 Symplocaceae

312. 子房上位；雄蕊合生为单体；果实成熟时分裂为离果················ 锦葵科 Malvaceae

300. 成熟雄蕊并不多于花冠裂片，或有时因花丝的分裂则可超过。

313. 雄蕊与花冠裂片为同数且对生。

314. 果实内有数枚至多数种子。

315. 木本；果实呈浆果状或核果状·················· 紫金牛科 Myrsinaceae

315. 草本；果实呈蒴果状·················· 报春花科 Primulaceae

314. 果实内仅有 1 枚种子。

316. 子房下位或半下位。

317. 小乔木或灌木；叶互生·················· 铁青树科 Olacaceae

317. 常为半寄生性灌木；叶对生·················· 桑寄生科 Loranthaceae

316. 子房上位。

318. 花两性。

319. 攀缘性草本；萼片 2；果为肉质宿存花萼所包围·················· 落葵科 Basellaceae

319. 直立草本或亚灌木，有时为攀缘性；萼片或萼裂片 5；果为蒴果或瘦果，不为花萼所包围··················· 白花丹科 Plumbaginaceae

318. 花单性，雌雄异株；雄蕊合生成单体；木质藤本·················· 防己科 Menispermaceae

313. 雄蕊与花冠裂片为同数且互生，或雄蕊数较花冠裂片为少。

320. 子房下位。

321. 植物体常以卷须而攀缘或蔓生；胚珠及种子皆为水平生长于侧膜胎座上··················

·· 葫芦科 Cucurbitaceae

321. 植物体直立，如为攀缘时也无卷须；胚珠及种子并不为水平生长。

 322. 雄蕊互相合生。

  323. 花整齐或两侧对称，成头状花序，或在苍耳属 *Xanthium* 中，雌花序为一仅含 2 花的囊状总苞，其外生有钩状刺毛；子房 1 室，内仅有 1 枚胚珠·····菊科 Asteraceae/Compositae

  323. 花多两侧对称，单生或成总状或伞房花序；子房 2 或 3 室，内有多数胚珠；雄蕊 5 枚，具分离的花丝及合生的花药··························· 桔梗科 Campanulaceae

 322. 雄蕊各自分离。

  324. 雄蕊和花冠相分离或近于分离。

   325. 花药顶端孔裂；花粉粒连合成四合体；灌木或亚灌木·····························

   ··································· 杜鹃花科 Ericaceae（越桔亚科 Vaccinioideae）

   325. 花药纵长裂开；花粉粒单纯；多为草本；花冠整齐，子房 2～5 室，内有多数胚珠·····

   ··· 桔梗科 Campanulaceae

  324. 雄蕊着生于花冠上。

   326. 雄蕊 4 或 5 枚，和花冠裂片同数。

    327. 叶互生；每子房室内有多数胚珠·····················桔梗科 Campanulaceae

    327. 叶对生或轮生；每子房室内有 1 枚至多数胚珠。

     328. 叶轮生，如为对生时，则有托叶存在·····················茜草科 Rubiaceae

     328. 叶对生，无托叶或稀可有明显的托叶。

      329. 花序多为聚伞花序·····························忍冬科 Caprifoliaceae

      329. 花序为头状花序·····························川续断科 Dipsacaceae

   326. 雄蕊 1～4 枚，较花冠裂片为少。

    330. 子房 1 室。

     331. 胚珠多数，生于侧膜胎座上·····················苦苣苔科 Gesneriaceae

     331. 胚珠 1 枚，垂悬于子房的顶端·····················川续断科 Dipsacaceae

    330. 子房 3 或 4 室，仅其中 1 或 2 室可成熟，中轴胎座。

     332. 落叶或常绿灌木；叶片常全缘或边缘有锯齿·····················忍冬科 Caprifoliaceae

     332. 陆生草本；叶片常有很多的分裂·····················败酱科 Valerianaceae

320. 子房上位。

 333. 子房深裂为 2～4 部分；花柱或数花柱均自子房裂片之间伸出。

  334. 花冠两侧对称或稀可整齐；叶对生··················· 唇形科 Lamiaceae（Labiatae）

  334. 花冠整齐；叶互生。

   335. 花柱 2 枚；多年生匍匐性小草本；叶片呈圆肾形·····························

   ··························· 旋花科 Convolvulaceae（马蹄金属 *Dichondra*）

   335. 花柱 1 枚···紫草科 Boraginaceae

 333. 子房完整或微有分割，或为 2 个分离的心皮所组成；花柱自子房的顶端伸出。

  336. 雄蕊的花丝分裂。

   337. 雄蕊 2 枚，各分为 3 裂·····罂粟科 Papaveraceae（荷包牡丹亚科 Fumarioideae）

   337. 雄蕊 5 枚，各分为 2 裂·····················五福花科 Adoxaceae（五福花属 *Adoxa*）

  336. 雄蕊的花丝单纯。

   338. 花冠不整齐，常多少有些二唇状。

    339. 成熟雄蕊 5 枚。

     340. 雄蕊和花冠离生···杜鹃花科 Ericaceae

     340. 雄蕊着生于花冠上···紫草科 Boraginaceae

    339. 成熟雄蕊 2 或 4 枚，退化雄蕊有时也可存在。

     341. 每子房室内仅含 1 或 2 枚胚珠（如出现每子房室内含 2 枚胚珠时，也可在次 341 项检索）。

342. 叶对生或轮生；雄蕊 4 枚，稀可 2 枚；胚珠直立，稀可悬垂。

343. 子房 2～4 室，共有 2 枚或更多的胚珠……………… 马鞭草科 Verbenaceae

343. 子房 1 室，仅含 1 枚胚珠……………………………… 透骨草科 Phrymaceae

342. 叶对生或基生；雄蕊 2 或 4 枚；胚珠悬垂；子房 2 室，每子房室内仅有 1 枚胚珠
……………………………………………………………… 玄参科 Scrophulariaceae

341. 每子房室内有 2 枚至多数胚珠。

344. 子房 1 室，具侧膜胎座或中央胎座（有时可因侧膜胎座的深入而为 2 室）。

345. 草本或木本植物，不为寄生性，也不为食虫性。

346. 乔木、灌木或木质藤本；叶为单叶或复叶，对生或轮生，稀可互生；种子有
翅，但无胚乳……………………………………………… 紫葳科 Bignoniaceae

346. 多为草本；叶为单叶，基生或对生；种子无翅，有或无胚乳……………
……………………………………………………………… 苦苣苔科 Gesneriaceae

345. 草本植物，为寄生性或食虫性。

347. 植物体寄生于其他植物的根部，而无绿叶存在；雄蕊 4 枚；侧膜胎座………
……………………………………………………………… 列当科 Orobanchaceae

347. 植物体为食虫性，有绿叶存在；雄蕊 2 枚；特立中央胎座；多为水生或沼泽
植物，且有具距的花冠……………………… 狸藻科 Lentibulariaceae

344. 子房 2～4 室，具中轴胎座，或于角胡麻科中为子房 1 室而具侧膜胎座。

348. 植物体常具分泌黏液的腺体毛茸；种子无胚乳或具一薄层胚乳。

349. 子房最后成为 4 室；蒴果的果皮质薄而不延伸为长喙；油料植物…………
……………………………………………… 胡麻科 Pedaliaceae（胡麻属 Sesamum）

349. 子房 1 室；蒴果的内皮坚硬而呈木质，延伸为钩状长喙；栽培花卉…………
……………………………………………………………… 角胡麻科 Martyniaceae

348. 植物体部具上述的毛茸；子房 2 室。

350. 叶对生；种子无胚乳，位于胎座的钩状突起上………… 爵床科 Acanthaceae

350. 叶互生或对生；种子有胚乳，位于中轴胎座上；花冠裂片全缘或仅其先端具
一凹陷；成熟雄蕊 3 或 4 枚……………………… 玄参科 Scrophulariaceae

338. 花冠整齐，或近于整齐。

351. 雄蕊数较花冠裂片为少。

352. 子房 2～4 室，每室内仅含 1 或 2 枚胚珠。

353. 雄蕊 2 枚……………………………………………… 木樨科 Oleaceae

353. 雄蕊 4 枚……………………………………………… 马鞭草科 Verbenaceae

352. 子房 1 或 2 室，每室内有数枚至多数胚珠。

354. 雄蕊 2 枚；每子房室内有 4～10 枚胚珠垂悬于室的顶端…………
……………………………………… 木樨科 Oleaceae（连翘属 Forsythia）

354. 雄蕊 4 或 2 枚；每子房室内有多数胚珠着生于中轴或侧膜胎座上。

355. 子房 1 室，内具分歧的侧膜胎座，或因胎座深入而使子房成 2 室…………
……………………………………………………………… 苦苣苔科 Gesneriaceae

355. 子房为完全的 2 室，内具中轴胎座。

356. 花冠于花蕾中常折叠；子房 2 心皮的位置偏斜…………… 茄科 Solanaceae

356. 花冠于花蕾中不折叠，而呈覆瓦状排列；子房的 2 心皮位于前后方…………
……………………………………………………………… 玄参科 Scrophulariaceae

351. 雄蕊与花冠裂片同数。

357. 子房 2 枚，或为 1 枚而成熟后呈双角状。

358. 雄蕊各自分离；花粉粒彼此分离……………… 夹竹桃科 Apocynaceae

358. 雄蕊相互连合；花粉粒连成花粉块……………………… 萝藦科 Asclepiadaceae
357. 子房 1 枚，不呈双角状。
359. 子房 1 室或因 2 侧膜胎座的深入而成 2 室。
360. 子房为 1 枚心皮所成。
361. 花显著，呈漏斗形而簇生；瘦果，有棱或有翅……………
……………………… 紫茉莉科 Nyctaginaceae（紫茉莉属 *Mirabilis*）
361. 花小型而形成球形的头状花序；荚果，成熟后裂为仅含 1 种子的节荚………
……………………… 豆科 Fabaceae（含羞草亚科 Mimosoideae）
360. 子房为 2 枚以上连合心皮所成。
362. 乔木或小乔木；核果，内有 1 枚种子………… 茶茱萸科 Icacinaceae
362. 陆生或漂浮水面的草本；蒴果，内有少数或多数种子。
363. 叶互生或根生………… 龙胆科 Gentianaceae（睡菜亚科 Menyanthoideae）
363. 叶对生或近轮生…………………………… 龙胆科 Gentianaceae
359. 子房 2~10 室。
364. 无绿叶，缠绕性寄生植物…旋花科 Convolvulaceae（菟丝子亚科 Cuscutoideae）
364. 有绿叶，非缠绕性寄生植物。
365. 叶常对生，且多在两叶之间具有托叶所组成的连接线或附属物；植株被覆腺
体状星状毛或鳞片………… 马钱科 Loganiaceae（醉鱼草亚科 Buddlejoideae）
365. 叶常互生，或有时基生，如为对生时，在两叶之间也不具有托叶所组成的连
系物，有时其叶也可轮生。
366. 雄蕊和花冠离生或近于离生。
367. 灌木或亚灌木；花药顶孔开裂；花粉粒为四合体；子房常 5 室…………
……………………………………………杜鹃花科 Ericaceae
367. 一年生或多年生草本，常为缠绕性；花药纵长裂开；花粉粒单纯；子房
常 3~5 室……………… 桔梗科 Campanulaceae
366. 雄蕊着生于花冠的筒部。
368. 雄蕊 4 枚，稀可在冬青科中为 5 枚或更多。
369. 无主茎的草本，具由少数至多数花朵所形成的穗状花序生于一基生花
葶上……………………………… 车前科 Plantaginaceae
369. 乔木、灌木或具有主茎的草本。
370. 叶互生，多常绿………… 冬青科 Aquifoliaceae（冬青属 *Ilex*）
370. 叶对生或轮生。
371. 子房 2 室，每室内有多数胚珠………… 玄参科 Scrophulariaceae
371. 子房 2 至多室，每室内有 1 或 2 枚胚珠…… 马鞭草科 Verbenaceae
368. 雄蕊常 5 枚，稀可更多。
372. 每子房室内仅有 1 或 2 枚胚珠。
373. 果实为 4 枚小坚果，稀为含 1~4 枚种子的核果；花冠有明显的裂
片，并在花蕾中呈覆瓦状或旋转状排列；叶全缘或有锯齿；通常均
为直立木本或草本，多粗糙或具刺毛………… 紫草科 Boraginaceae
373. 果为蒴果；花瓣完整或具裂片；叶全缘或具裂片，但无锯齿缘。
374. 通常为缠绕性，稀可为直立草本，或为半木质攀缘植物至大型木
质藤本；萼片多分离；花冠常完整而几无裂片，在花蕾中呈旋转
状排列，也可有时深裂而其裂片成内折的镊合状排列…………
……………………………………… 旋花科 Convolvulaceae
374. 通常均为直立草本；萼片合生成钟形或筒状；花冠有明显的裂
片，位于花蕾中也成旋转状排列………… 花荵科 Polemoniaceae

372. 每子房室内有多数胚珠，或花荵科中有时为 1 至数个；多无托叶。
  375. 高山区生长的耐寒、旱性低矮多年生草本或丛生亚灌木；叶多小型，常绿，紧密排列成覆瓦状或莲座式；无花盘；花单生至聚集成几为头状花序；花冠裂片成覆瓦状排列；子房 3 室；花柱 1 枚；柱头 3 裂；蒴果，室背开裂⋯⋯⋯⋯⋯⋯ 岩梅科 Diapensiaceae
  375. 草本或木本，不为耐寒、旱性；叶常为大型或中型，脱落，疏松排列而各自展开；花多有位于子房下方的花盘。
   376. 花冠裂片呈旋转状排列；单叶，或在花荵属 Polemonium 为羽状分裂或羽状复叶；子房 3 室（稀 2 室）；花柱 1 枚，柱头 3 裂；蒴果室背开裂⋯⋯⋯⋯⋯⋯⋯ 花荵科 Polemoniaceae
   376. 花冠裂片呈镊合状或覆瓦状排列，或花冠在花蕾中折叠，且成旋转状排列；花萼常宿存；子房 2 室，稀为假隔膜隔成 3～5 室；花柱 1 枚，柱头完整或 2 裂；浆果，或为纵裂或横裂的蒴果⋯⋯⋯⋯⋯⋯⋯⋯⋯⋯⋯⋯⋯⋯⋯⋯⋯⋯⋯⋯⋯⋯ 茄科 Solanaceae

1. 子叶 1 枚；茎无中央髓部，也无呈年轮状的生长；叶多具平行叶脉；花为 3 基数，有时为 4 基数，但极少为 5 基数（单子叶植物纲 Monocotyledoneae）。
377. 木本植物，植物体呈棕榈状（即主干单一，叶大而坚硬，掌状或羽状，多丛生于干顶）；叶于芽中呈折叠状；大型圆锥或穗状花序，托以佛焰状苞片⋯⋯⋯⋯⋯⋯ 棕榈科 Arecaceae/Palmae
377. 草本植物，如为木本植物时，植物体也不呈棕榈状；叶于芽中从不呈折叠状。
 378. 无花被或很小不显著，通常退化成鳞片状或刚毛状。
  379. 花生于覆瓦状排列的壳状鳞片（特称为颖或稃片）腋内，由 1 至多花形成小穗，再由小穗构成各种花序。
   380. 秆多少有些呈三棱形，实心；茎生叶呈三行排列；叶鞘封闭；花药以基底附着花丝；果实为坚果或囊果⋯⋯⋯⋯⋯⋯⋯⋯⋯⋯⋯ 莎草科 Cyperaceae
   380. 秆常呈圆筒形，中空；茎生叶呈两行排列；叶鞘开裂；花药以中部附着花丝；果实通常为颖果⋯⋯⋯⋯⋯⋯⋯⋯⋯⋯ 禾本科 Poaceae/Gramineae
  379. 花单生或排列成各种花序，但并不生于呈壳状的鳞片中，也不先构成小穗。
   381. 植物体微小，无明显的茎、叶之分，仅有漂浮水面或沉没水中的叶状体⋯⋯⋯⋯⋯⋯⋯⋯⋯⋯⋯⋯⋯⋯⋯⋯⋯⋯⋯⋯⋯⋯⋯ 浮萍科 Lemnaceae
   381. 植物体具各种形式的茎，也具叶，其叶有时可呈鳞片状；有陆生、水生、附生或寄生等习性。
    382. 水生植物，具沉没水中或漂浮水面的叶片。
     383. 花单性，不排列成穗状花序。
      384. 叶互生；花呈球形的头状花序⋯⋯⋯⋯⋯⋯⋯⋯⋯⋯⋯⋯⋯⋯⋯ 黑三棱科 Sparganiaceae（黑三棱属 Sparganium）
      384. 叶多对生或轮生；花单生，或在叶腋间形成聚伞花序。
       385. 多年生草本；雌蕊为 1 枚或更多而互相分离的心皮所成；胚珠垂悬于子房室顶端⋯⋯⋯⋯⋯⋯⋯⋯⋯⋯⋯⋯⋯⋯⋯⋯ 角果藻科 Zannichelliaceae
       385. 一年生草本；雌蕊 1 枚，具 2～4 柱头；胚珠直立于子房室的基底⋯⋯⋯⋯⋯⋯⋯⋯⋯⋯⋯⋯ 茨藻科 Najadaceae（茨藻属 Najas）
     383. 花两性，排列成穗状花序；雄蕊 2 或 4 枚；胚珠常仅 1 枚。
      386. 雄蕊 4 枚，有圆形花被片；果实无柄⋯⋯⋯⋯⋯⋯ 眼子菜科 Potamogetonaceae
      386. 雄蕊 2 枚，无花被片；果实具长柄⋯⋯⋯⋯⋯⋯ 川蔓藻科 Ruppiaceae
    382. 陆生或沼泽生植物，常有位于空气中的叶片。
     387. 叶有柄，叶片较宽广，全缘或分裂，具网状脉；花排列成肉穗花序，有大型而常具色彩的佛焰苞⋯⋯⋯⋯⋯⋯⋯⋯⋯⋯⋯⋯⋯ 天南星科 Araceae
     387. 叶无柄，叶片细长形、剑形，或退化为鳞片状，常具平行脉。

388. 花紧密排列成蜡烛状或圆柱形的穗状花序。

　　389. 穗状花序位于一呈二棱形的基生花葶的一侧，而另一侧则延伸为叶状的佛焰苞片；花两性·······························天南星科 Araceae（菖蒲属 *Acorus*）

　　389. 蜡烛状穗状花序位于一圆柱形花梗的顶端，无佛焰苞；花单性，雌雄同株···香蒲科 Typhaceae

388. 花序有各种形式。

　　390. 花单性，成头状花序。

　　　　391. 头状花序单生于基生无叶的花葶顶端；雌雄花混生于同一头状花序上；叶狭窄，呈禾草状，有时叶为膜质·············谷精草科 Eriocaulaceae（谷精草属 *Eriocaulon*）

　　　　391. 头状花序散生于具叶的主茎或枝条的上部；雌雄花不生在同一头状花序上；叶细长，呈扁三棱形，直立或漂浮水面，基部鞘状···黑三棱科 Sparganiaceae（黑三棱属 *Sparganium*）

　　390. 花常两性。

　　　　392. 子房 3～6 枚，至少在成熟时互相分离···水麦冬科 Juncaginaceae（水麦冬属 *Triglochin*）

　　　　392. 子房 1 枚，由 3 心皮合生所成·······························灯心草科 Juncaceae

378. 有花被，常显著，且呈花瓣状，也有些科不甚鲜明，但不为刚毛状。

393. 雌蕊 3 至多数，彼此分离。

　　394. 叶呈细长形，直立，无柄；花单生或成伞形花序；蓇葖果···花蔺科 Butomaceae（花蔺属 *Butomus*）

　　394. 叶狭长披针形至卵状圆形，常为箭状而有长柄；花常轮生，成总状或圆锥花序；瘦果···泽泻科 Alismataceae

393. 雌蕊 1，由 2 或 3 个或更多个合生心皮组成，或在百合科岩菖蒲属 *Tofieldia* 中心皮近于分离。

395. 子房上位，或花被和子房相分离。

　　396. 花被分化为花萼和花冠，2 轮，或在百合科重楼族中，花冠有时为细长形或线形的花瓣所组成，稀可缺如。

　　　　397. 叶互生，基部具鞘，平行脉；花为腋生或顶生的聚伞花序；雄蕊 6 枚，或因退化而数较少·······························鸭跖草科 Commelinaceae

　　　　397. 叶 3 个或更多个生于茎的顶端而成 1 轮，网状脉而于基部具 3～5 脉；花单独顶生；雄蕊 6、8 或 10 枚·······························百合科 Liliaceae（重楼族 Parideae）

　　396. 花被裂片彼此相同或近于相同，或百合科油点草属 *Tricyrtis* 中外层 3 个花被裂片的基部呈囊状。

　　　　398. 花小型，花被裂片绿色或棕色。

　　　　　　399. 穗状花序；蒴果自一宿存的中轴上裂为 3～6 瓣，每果瓣内仅有 1 个种子···水麦冬科 Juncaginaceae（水麦冬属 *Triglochin*）

　　　　　　399. 花序各种形式；蒴果室背开裂为 3 瓣，内有 3 个至多数种子·····························灯心草科 Juncaceae

　　　　398. 花大型或中型，或有时为小型，花被裂片具鲜明的色彩。

　　　　　　400. 直立或漂浮的水生植物；雄蕊 6 枚，彼此不相同，或有时有不育者···雨久花科 Pontederiaceae

　　　　　　400. 陆生植物；雄蕊 6 枚（稀 3 或 4 枚或更多），彼此相同。

　　　　　　　　401. 花为 4 基数；叶对生或轮生，具有显著纵脉及密生的横脉·······百部科 Stemonaceae

　　　　　　　　401. 花为 3 基或 4 基数；叶常基生或互生。

　　　　　　　　　　402. 花药通常 2 室；花多数两性。

　　　　　　　　　　　　403. 耐旱性植物；叶具发达纤维，剑形或圆柱形，簇生于茎基或茎顶；花柱单生；大型圆锥花序·······························石蒜科 Amaryllidaceae（龙舌兰属 *Agave*）

403. 非耐旱性植物或稍耐旱；叶部纤维不发达；花柱通常分裂；花各式排列………………………………………………………………………………百合科 Liliaceae

402. 花药 1 室；花小，单性，雌雄异株；攀缘灌木，很少为草本；叶脉 3~5 条，有网脉………………………………………………………………………… 菝葜科 Smilacaceae

395. 子房下位，或花被多少有些和子房相愈合。

404. 花两侧对称或为不对称形。

405. 种子极多，微小如尘；花被片均成花瓣状，内轮中央 1 片成唇瓣，其基部延伸成距；发育雄蕊 1 或 2 枚并和雌蕊结合成为合蕊柱；附生、陆生或腐生植物………………………………………………………………………… 兰科 Orchidaceae

405. 种子小或中等大；花被片并非均成花瓣状，其外轮者形如萼片，花瓣不成唇瓣；雄蕊和花柱分离；大都陆生。

406. 发育雄蕊 5 枚，不育雄蕊 1 枚，不呈花瓣状；有大而厚的花瓣状佛焰苞…………………………………………………………………… 芭蕉科 Musaceae

406. 发育雄蕊通常 1 枚，不育雄蕊通常变为花瓣状，成为花中最鲜艳的部分。

407. 花药 2 室；萼片连合成管状萼筒，有时呈佛焰苞状………… 姜科 Zingiberaceae

407. 花药 1 室；萼片分离………………… 美人蕉科 Cannaceae（美人蕉属 Canna）

404. 花常辐射对称，即花整齐或近于整齐。

408. 缠绕植物；叶片宽广，具网状脉和叶柄；花小，单性；种子有翅………………………………………………………………………… 薯蓣科 Dioscoreaceae

408. 植物体不为攀缘性；叶具平行脉；花两性；种子无翅。

409. 雄蕊 3 枚；叶两侧扁，2 行排列，由下向上重叠包裹………… 鸢尾科 Iridaceae

409. 雄蕊 6 枚。

410. 子房半下位…………百合科 Liliaceae（粉条菜属 Aletris，沿阶草属 Ophiopogon）

410. 子房完全下位。

411. 花单生或为伞形花序，有 1 至数枚佛焰状苞片………………石蒜科 Amaryllidaceae

411. 花多朵，圆锥花序或穗状花序，无佛焰状苞片……………………………………………………………… 石蒜科 Amaryllidaceae（龙舌兰属 Agave）

（*注：本检索表仿《中国高等植物科属检索表》（中国科学院植物研究所，1983），对部分内容做了修改）

附录6　秦岭常见大型高等真菌名录

一、子囊菌门 Ascomycota

1. 羊肚菌科 Morchellaceae

羊肚菌 Morchella esculenta（L.）Pers.

2. 马鞍菌科 Helvellaceae

马鞍菌 Helvella elastica Bull.:Fr.

二、担子菌门 Basidiomycota

1. 银耳科 Tremellaceae

银耳 Tremella fuciformis Berk.

焰耳 Phlogiotis helvelloides（DC.:Fr.）Martin.

2. 木耳科 Auriculariaceae

毛木耳 Auricularia polytricha（Mont.）Sacc.

木耳 Auricularia auricular（L. ex Hook.）Underw.

3. 珊瑚菌科 Clavariaceae

小刺枝瑚菌 Ramaria spinulosa（Fr.）Quél.

粉红枝珊瑚菌 Ramaria formosa（Pers.）Quél.

烟色珊瑚菌 Clavaria fumosa Fr.

4. 韧革菌科 Stereaceae

毛韧革菌 Stereum hirsutum（Wiilld.）Pers.

褐盖韧革菌 Stereum vibrans Berk et Curt

5. 刺革孔菌科 Hymenochaetaceae

苹果针层孔菌 Phellinus tuberculosus（Baumg.）Niemelä.

6. 裂褶菌科 Schizophyllaceae

裂褶菌 Schizophyllum commune Fr.

7. 灵芝科 Ganodermataceae

灵芝 *Ganoderma lucidum*（W. Curtis.:Fr.）P. Karst.

紫芝 *Ganoderma sinense* Zhao, Xu et Zhang

树舌灵芝 *Ganoderma applanatum*（Pers.）Pat

8. 光茸菌科 Omphalataceae/小皮伞科 Marasmiaceae

香菇 *Lentinus edodes*（Berk.）Sing.

9. 多孔菌科 Polyporaceae

变形多孔菌 *Polyporus varius* Pers.:Fr.

伞形多孔菌（菌核部分是猪苓）*Polyporus umbellatus*（Pers.）Fr.

锈色木层孔菌 *Phellinus ferruginosus*（Fr.）Pat.

木蹄层孔菌 *Fomes fomentarius*（L.:Fr.）Fr.

10. 口蘑科 Tricholomataceae

锈口蘑 *Tricholoma pessundatum*（Fr.）Quél.

松口蘑 *Tricholoma matsutake*（S. Ito et Imai）Sing.

假蜜环菌 *Armillariella tabescens*（Scop. ex Fr.）Sing.

皱褶小皮伞 *Marasmius rhyssophyllus* Mont.

雪白小皮伞 *Marasmius niveus* Mont.

栎小皮伞 *Marasmius dryophilus*（Bolt.）Karst.

乳酪小皮伞 *Collybia butyracea*（Bull.: Fr.）Quél.

肉色香蘑 *Lepista irina*（Fr.）Bigeow.

污色香蘑 *Lepista sordida*（Fr.）Sing.

栎金钱菌 *Collybia dryophila*（Bull.: Fr.）Kumm.

高大环柄菇 *Macrolepiota procera*（Scop.: Fr）Sing.

褐寓褶伞 *Lyophyllum fumosum*（Pers.）Orton.

格氏蝇头菌 *Cantharocybe gruberi*（Sm.）Big. et Sm.

红汁小菇 *Mycena haematopus*（Pers.）P. Kumm.

毒杯伞 *Clitocybe cerussata*（Fr.）P. Kumm.

黄绒干菌 *Xerula pudens*（Pers.: Fr.）Sing.

双色蜡蘑 *Laccaria bicolor*（Maire）Orton.

鳞皮扇菇（止血扇菇）*Panellus stypticus*（Bull.）P. Karst.

11. 鹅膏科 Amanitaceae

灰鳞鹅膏 *Amanita aspera* Pers. ex Gray

黄盖鹅膏菌 *Amanita gemmata*（Fr.）Gill.

灰鹅膏 *Amanita vaginata*（Bull.: Fr.）Vitt.

12. 红菇科 Russulaceae

磷盖红菇 *Russula lepida* Fr.

微紫柄红菇 *Russula violeipes* Quél.

小红菇 *Russula minutula* Vel.

变色红菇 *Russula integra*（L.）Fr.

13. 伞菌科 Agaricaceae

夏生菇 *Agaricus aestivalis*（Möll.）Pil.

小红褐蘑菇 *Agaricus semotus* Fr.

小白菇 *Agaricus comtulus* Fr.

蘑菇 *Agaricus campestris*（L.）Fr.

粗鳞大环柄菇 *Macrolepiota rachodes*（Vitt.）Sing.

14. 光柄菇科 Pluteaceae

灰光柄菇 *Pluteus cervinus*（Schaeff.:Fr.）Kumm.

变黄光柄菇 *Pluteus lutescens*（Fr.）Bres.

15. 粉褶菌科 Entolomataceae

褐盖粉褶菌 *Rhodophyllus rhodopolius*（Fr.）Quél.

16. 鬼伞科 Coprinaceae

褐黄小脆柄菇 *Psathyrella subnuda*（P. Karst.）A. H. Sm.

小假鬼伞 *Coprinus disseminata*（Pers.:Fr.）S. F. Gray.

17. 丝膜菌科 Cortinariaceae

小黄褐丝盖伞 *Inocybe auricoma*（Batsch）Fr.

18. 侧耳科 Pleurotaceae

白侧耳 *Pleurotus albellus*（Pat.）Pegl.

糙皮侧耳 *Pleurotus ostreatus*（Jacq.）P. Kumm.

19. 牛肝菌科 Boletaceae

美味牛肝菌 *Boletus edulis* Bull. ex Fr.

褐疣柄牛肝菌 *Leccinum scabrum*（Bull. ex Fr.）Gray.

20. 鸡油菌科 Cantharellaceae

鸡油菌 *Cantharellus clbarius* Fr.

21. 鸟巢菌科 Nidulariaceae

白蛋巢菌 *Crucibulum laeve*（Bull. ex DC.）Kambl.

22. 马勃科 Lycoperdaceae

光皮马勃 *Lycoperdon glabrescens* B.

星芒状马勃 *Lycoperdon stellare*（Pk.）Lloyd

长柄梨形马勃 *Lycoperdon pyriforme* var. *excipuliforme* Desm.

网纹马勃 *Lycoperdon perlatum* Pers.

梨形马勃 *Lycoperdon pyriforme* Schaeff.

褐孢大秃马勃 *Calvatia saccata*（Vahl:Fr.）Morg.

头状秃马勃 *Calvatia craniiformis*（Schw.）Fr.

23. 地星科 Geastraceae

尖顶地星 *Geastrum triplex*（Jungh.）Fisch.

24. 灰菇包科 Secotiaceae

伞菌状灰菇包 *Secotium agaricoides*（Czern.）Holl.

附录7　秦岭常见地衣名录

1. 皮果衣科 Dermatocarpaceae
   贝鳞衣 *Normandina pulchella*（Borr.）Nyl.
   皮果衣 *Dermatocarpon miniatum*（Linn.）Mann
   皮果衣鳞叶变种 *Dermatocarpon miniatum*（L.）
   　　Mann var. *complicatum*（Leight.）Hellb.
   短绒皮果衣 *Dermatocarpon vellereum* Zsch.
2. 粉果衣科 Caliciaceae
   麸屑粉头衣 *Coniocybe furfuracea*（Linn.）Ach.
3. 文字衣科 Graphidaceae
   枝叉文字衣 *Graphis desquamescens* Fee
   文字衣 *Graphis scripta*（Linn.）Ach.
   显著文字衣 *Graphis tsunodae* A. Z. Syn.
4. 胶衣科 Collemataceae
   卷曲胶衣 *Collema crispum*（Huds.）Web.
   束孢胶衣 *Collema fasciculare*（Linn.）Web.
   石胶衣 *Collema flaccidum* Ach. Syn.
   胶衣 *Collema glaucescens* Hoffm.
   皱胶衣 *Collema ryssoleum*（Tuck.）A. Schneid.
   坚韧胶衣 *Collema tenax*（Sw.）Ach.
   亚黑胶衣 *Collema subnigrescens* Degel.
   厚猫儿衣 *Leptogium hildenbrandii* Nyl.
5. 鳞叶衣科 Pannariaceae
   褐红鳞叶衣 *Pannaria rubiginosa*（Thung.）Del.
6. 肺衣科 Lobariaceae
   底黑肺衣 *Lobaria fuscotomentosa* Yoshim.
   卷曲肺衣 *Lobaria isidiophora* Yoshim.
   裂芽肺衣 *Lobaria isidiosa*（Mull. Arg.）Vain.
   光肺衣（老龙皮）*Lobaria kurokawae* Yoshim.
   云南肺衣 *Lobaria yunnanensis* Yoshim.
   羽裂肺衣 *Lobaria pindarensis* Ras.
   网肺衣 *Lobaria retigera* Trev.
   平滑牛皮叶 *Sticta nylanderiana* Zahlbr.
   黑牛皮叶 *Sticta fuliginosa*（Dicks.）Ach.
7. 地卷科 Peltigeraceae
   地卷 *Peltigera rufescens*（Weiss）Humb.
   绿皮地卷 *Peltigera aphthosa*（Linn.）Willd.
   黑瘰地卷 *Peltigera nigripunctata* Bitter
   小地卷 *Peltigera venosa*（Linn.）Hoffm.
   盾地卷 *Peltigera collina*（Ach.）Schrad.
   分指地卷 *Peltigera didactyla*（With.）Laundon
   光滑地卷 *Peltigera neckeri* Müll. Arg.
   多指地卷 *Peltigera polydactyla*（Neck.）Hoffm.
   缝芽地卷 *Peltigera praetextata*（Flörke ex

Sommerf.）Zopf
   地卷 *Peltigera rufescens*（Weiss）Humb.
   平铺地卷 *Peltigera rufescens*（Weiss）Humb. var.
   　　incusa Körb
   犬地卷 *Peltigera canina*（Linn.）Willd.
   类软地卷 *Peltigera mauritzii* Gyeln.
   粒芽地卷 *Peltigera evansiana* Gyeln.
   八孢散盘衣 *Solorina octospora*（Arnold）Arnold
   凹散盘衣 *Solorina saccata*（Linn.）Ach.
   绵散盘衣 *Solorina spongiosa*（Ach.）Anzi
8. 网衣科 Lecideaceae
   软网衣 *Lecidea mollis*（Wahlbg）Nyl.
   红鳞网衣 *Lecidea decipiens*（Ehrh.）Ach.
9. 石蕊科 Cladoniaceae
   喇叭石蕊 *Cladonia pyxidata*（Linn.）Hoffm.
   麸皮石蕊 *Cladonia ramulosa*（With.）J. R.
   　　Laundon
   喇叭粉石蕊 *Cladonia chlorophaea*（Flk.）Spreng.
   鳞片石蕊 *Cladonia squamosa*（Scop.）Hoffm.
   黑穗石蕊 *Cladonia amaurocraea*（Florke）Schaer.
   细枝石蕊 *Cladonia corymbescens*（Nyl.）Nyl.
   分枝石蕊 *Cladonia furcata*（Huds.）Schrad.
   裂杯石蕊 *Cladonia rei* Schaer.
   红石蕊 *Cladonia coccifera*（Linn.）Willd.
   粉杯红石蕊 *Cladonia pleurota*（Flörke）Schaer.
   枪石蕊 *Cladonia coniocraea*（Flk.）Spreng.
   粉杆石蕊 *Cladonia bacillaris*（Ach.）Nyl.
10. 石耳科 Umbilicariaceae
    红腹石耳 *Umbilicaria hypococcinea*（Jatta）Llano
    绒毛石耳 *Umbilicaria vellea*（Linn.）Ach.
    美丽石耳 *Umbilicaria formosana* Frey
11. 鸡皮衣科 Pertusariaceae
    苦味鸡皮衣 *Pertusaria amara*（Ach.）Nyl.
    斑点鸡皮衣 *Pertusaria multipuncta*（Turner.）Nyl.
    黑口鸡皮衣 *Pertusaria sommerfeltii*（Flörke ex
    　　Sommerf.）Fr.
    包被鸡皮衣 *Pertusaria velata*（Turner）Nyl.
12. 茶渍科 Lecanoraceae
    灰茶渍 *Lecanora cinerea*（Linn.）Röhl.
    墙鳞茶渍 *Lecanora muralis*（Schreb.）Rabh. Syn.
    金黄茶渍 *Candelariella aurella*（Hoffm.）A. Z.
    　　Syn.
13. 梅衣科 Parmeliaceae

石梅衣 *Parmelia saxatilis*（Linn.）Ach.

条纹梅衣 *Parmelia marmariza* Nyl.

栎黄髓梅 *Parmelina quercina*（Willd.）Hale

金叶黄髓梅 *Parmelina aurulenta*（Tuck.）Hale

皱梅衣 *Flavoparmelia caperata*（Linn.）Hale

淡腹黄梅 *Xanthoparmelia mexicana*（Gyeln.）Hale

冰岛衣 *Cetraria islandica*（Linn.）Ach.

黄条岛衣 *Cetraria ambigua* Bab.

14. 树发科 Alectoriaceae

树发 *Alectoria jubata*（Linn.）Ach.

亚洲树发 *Alectoria asiatica*（Du Rietz）Brodo et D. Hawksw.

广开小孢发 *Bryoria divergescens*（Nyl.）Brodo & Hawksw.

15. 松萝科 Usneaceae

扁枝衣 *Evernia mesomorpha* Nyl.

金丝刷 *Lethariella cladonioides*（Nyl.）Krog em. J. C. Wei

桦树松萝 *Usnea betulina* Mot.

粗毛松萝 *Usnea dasypoga*（Ach.）Rohl. em. Mot.

长松萝 *Usnea longissima* Ach.

光滑松萝 *Usnea glabrescens*（Nyl.）Vain. Syn.

16. 树花科 Ramalinaceae

粉树花 *Ramalina farinacea*（L.）Ach.

中国树花 *Ramalina sinensis* Jatta Syn.

粉粒树花 *Ramalina pollinaria*（Westr.）Ach.

丛生树花 *Ramalina fastigiata* Ach.

石生树花 *Ramalina eckolonii*（Spreng.）Mey. et Flot.

日本杯树花 *Ramalina calicaris* Roehl. var. *japonica* Hue

肉刺树花 *Ramalina roesleri*（Hochst. ex Schaer.）Hue

17. 黄枝衣科 Teloschistaceae

蜡黄橙衣 *Caloplaca cerina*（Ehrh. ex Hedwig.）Th. Fr.

黄绿橙衣 *Caloplaca flavorubescens*（Huds.）Laundon

拟石黄衣 *Xanthoria fallax*（Hepp）Arnold

石黄衣 *Xanthoria parietina*（Linn.）Th. Fr.

18. 蜈蚣衣科 Physciaceae

刺黑蜈蚣衣 *Phaeophyscia confusa* Moberg

白刺毛黑蜈蚣衣 *Phaeophyscia hirtuosa*（Kremp.）Essl.

毛边黑蜈蚣衣 *Phaeophyscia hispidula*（Ach.）Moberg

粉缘黑蜈蚣衣 *Phaeophyscia limbata*（Poelt）Kashw.

变黑蜈蚣衣 *Phaeophyscia denigrata*（Hue）Moberg

灰色大孢蜈蚣衣 *Physconia grisea*（Lam.）Poelt

伴藓大孢蜈蚣衣 *Physconia muscigena*（Ach.）Poelt

哑铃孢 *Heterodermia speciosa*（Wulf.）Trevisan

19. 不完全衣纲（Deuterolichens）

地茶 *Thamnolia vermicularis*（Sw.）Ach. ex Schaer.

雪地茶 *Thamnolia subuliformis*（Ehrh.）W. L. Culb.

附录 8　实习地常见苔藓植物名录

苔纲 Hepaticae

1. 毛叶苔科 Ptilidiaceae

小毛叶苔 *Ptilidium pulcherrimum*（Web.）Hampe

2. 指叶苔科 Lepidoziaceae

羽枝指叶苔 *Lepidozia pinnata*（Hook.）Dum.

3. 裂叶苔科 Lophoziaceae

小无褶苔 *Leiocolea collaris*（Nees）Joerg.

4. 叶苔科 Jungermanniaceae

圆叶苔 *Jamesoniella autumnalis*（Dc.）Steph.

5. 齿萼苔科 Lophocoleaceae

异叶齿萼苔 *Lophocolea heterophylla*（Schrad.）Dumort.

裂萼苔 *Chiloscyphus polyanthus*（Linn.）Cord

6. 羽苔科 Plagiochilaceae

羽苔 *Plagiochila asplenioides*（Linn.）Dum.

秦岭羽苔 *Plagiochila biondiana* Mass.

7. 扁萼苔科 Radulaceae

扁萼苔 *Radula complanata*（Linn.）Dum.

8. 光萼苔科 Porellaceae

齿叶光萼苔 *Porella ciliato-dentata* Chen et Wu

光萼苔 *Porella platyphylla*（Linn.）Lindb.

细光萼苔 *Porella gracillima* Mitt.

9. 耳叶苔科 Frullaniaceae

列胞耳叶苔 *Frullania moniliata*（Reiwarddt,

Blume et Nees）Mont.

陕西耳叶苔 *Frullania schensiana* Mass.

10. 叉苔科 Metzgeriaceae

叉苔 *Metzgeria furcata*（Linn.）Dumort.

11. 瘤冠苔科 Grimaldiaceae

石地钱 *Reboulia hemisphaerica*（L.）Raddi

大孢紫背苔 *Plagiochasma macrosporum* Steph.

12. 蛇苔科 Conocephalaceae

蛇苔 *Conocephalus conicus*（Linn.）Dum.

13. 地钱科 Marchantiaceae

风兜地钱 *Marchantia diptera* Mont.

地钱 *Marchantia polymorpha* L.

藓纲 Musci

1. 泥炭藓科 Sphagnaceae

细叶泥炭藓 *Sphagnum teres*（Schimp.）Angstr.

2. 黑藓科 Andreaeaceae

疣黑藓 *Andreaea mamillosula* Chen

3. 牛毛藓科 Ditrichaceae

细牛毛藓 *Ditrichum flexicaule*（Schwaegr.）Hampe

4. 曲尾藓科 Dicranaceae

拟白发藓 *Paraleucobryum enerve*（Thed.）Loesk

山毛藓 *Oreas martiana*（Hopp. et Hornsch.）Brid.

曲背藓 *Oncophorus wahlenbergii* Brid.

5. 凤尾藓科 Fissidentaceae

小凤尾藓 *Fissidens bryoides* Hedw.

卷叶凤尾藓 *Fissidens cristatus* Wils ex Mitt.

6. 丛藓科 Pottiaceae

阔叶丛本藓 *Anoectangium clarum* Mitt.

高山毛叶藓 *Molendoa sendtneriana*（B. S. G.）Limpr.

小石藓 *Weisia controversa* Hedw.

土生扭口藓 *Barbula vinealis* Brid.

墙藓 *Tortula muralis* Hedw.

7. 缩叶藓科 Ptychomitriaceae

狭叶缩叶藓 *Ptychomitrium linearifolium* Reim. et Sak.

齿边缩叶藓 *Ptychomitrium dentatum*（Mitt.）Jaeg.

8. 紫萼藓科 Grimmiaceae

砂藓 *Racomitrium canescens*（Hedw.）Brid.

9. 葫芦藓科 Funariaceae

球蒴立碗藓 *Physcomitrium sphaericum*（Hedw.）Furnr.

葫芦藓 *Funaria hygrometrica* Hedw.

10. 真藓科 Bryaceae

细叶真藓 *Bryum capillare* Hedw.

大叶藓 *Rhodobryum roseum*（Hedw.）Limpr.

11. 提灯藓科 Mniaceae

异叶提灯藓 *Mnium heterophyllum*（Hook.）Schwaegr.

大叶提灯藓 *Mnium succulentum* Mitt.

12. 珠藓科 Bartramiaceae

亮叶珠藓 *Bartramia halleriana* Hedw.

泽藓 *Philonotis fontana*（Hedw.）Brid.

13. 木灵藓科 Orthotrichaceae

木灵藓 *Orthotrichum anomalum* Hedw.

14. 虎尾藓科 Hedwigiaceae

虎尾藓 *Hedwigia ciliata*（Hedw.）Eheh. ex P. Beauv

15. 白齿藓科 Leucodontaceae

陕西白齿藓 *Leucodon exaltatus* C. Müll.

16. 蔓藓科 Meteoriaceae

多疣悬藓 *Barbella pendula*（Sull.）Fleisch

垂藓 *Chrysocladium retrorsum*（Mitt.）Fleisch.

17. 平藓科 Neckeraceae

羽平藓 *Neckera pennata* Hedw.

扁枝藓 *Homalia trichomanoides*（Hedw.）B. S. G.

18. 万年藓科 Climaciaceae

万年藓 *Climacium dendroides*（Hedw.）Web. et Mohr.

东亚万年藓 *Climacium americanum* Brid. subsp. *japonicum*（Lindb.）Press.

19. 孔雀藓科 Hypopterygiaceae

东亚孔雀藓 *Hypopterygium japonicum* Mitt.

20. 鳞藓科 Theliaceae

刺叶小鼠尾藓 *Myurella sibirica*（C. Müll.）Reim.

21. 碎米藓科 Fabroniaceae

陕西碎米藓 *Fabronia schensiana* C. Müll.

22. 羽藓科 Thuidiaceae

细枝羽藓 *Thuidium delicatulum*（Hedw.）Mitt

大羽藓 *Thuidium cymbifolium*（Doz. et Molk.）Doz. et Molk.

23. 柳叶藓科 Amblystegiaceae

细湿藓 *Campylium hispidulum*（Brid.）Mitt.

24. 青藓科 Brachytheciaceae

青藓 *Brachythecium populeum*（Hedw.）B. S. G.

25. 绢藓科 Entodontaceae

陕西绢藓 *Entodon schensianus* C. Müll.

26. 锦藓科 Sematophyllaceae
东亚小锦藓 *Brotherella fauriei*（Card.）Broth.
27. 灰藓科 Hypnaceae
灰藓 *Hypnum cupressiforme* Linn. ex Hedw.
大灰藓 *Hypnum plumaeforeme* Wils.
28. 垂枝藓科 Rhytidiaceae
垂枝藓 *Rhytidium rugosum*（Hedw.）Kindb.

平叶粗枝藓 *Gollania neckerella*（C. Müll.）Broth.
29. 塔藓科 Hylocomiaceae
塔藓 *Hylocomium splendens*（Hedw.）B. S. G.
30. 金发藓科 Polytrichaceae
疣金发藓 *Pogonatum urnigerum*（Hedw.）P. Beauv.

附录 9　实习地常见蕨类植物名录

1. 石松科 Lycopodiaceae
多穗石松 *Lycopodium annotinum* L.
小杉兰 *Huperzia selago*（L.）Bernh. ex Schrank et Mart.
蛇足石杉 *Huperzia serrata*（Thunb. ex Murray）Trev.
2. 卷柏科 Selaginellaceae
蔓出卷柏 *Selaginella davidii* Franch.
兖州卷柏 *Selaginella involvens*（Sw.）Spring
江南卷柏 *Selaginella moellendorffii* Hieron.
中华卷柏 *Selaginella sinensis*（Desv.）Spring
垫状卷柏 *Selaginella pulvinata*（Hook. et Grev.）Maxim.
细叶卷柏 *Selaginella labordei* Heron. ex Christ
翠云草 *Selaginella uncinata*（Desv.）Spring
伏地卷柏 *Selaginella nipponica* Franch. et Sav.
小卷柏 *Selaginella helvetica*（L.）Spring
3. 木贼科 Equisetaceae
问荆 *Equisetum arvense* L.
木贼 *Equisetum hyemale* L.
节节草 *Commelina diffusa* Burm. f.
4. 瓶尔小草科 Ophioglossaceae
瓶尔小草 *Ophioglossum vulgatum* L.
心脏叶瓶尔小草 *Ophioglossum reticulatum* L.
5. 阴地蕨科 Botrychiaceae
扇羽阴地蕨 *Botrychium lunaria*（L.）Sw.
蕨萁 *Botrychium virginianum*（L.）Sw.
6. 紫萁科 Osmundaceae
紫萁 *Osmunda japonica* Thunb.
7. 姬蕨科（碗蕨科）Dennstaedtiaceae
溪洞碗蕨 *Dennstaedtia wilfordii*（Moore）Christ
8. 蕨科 Pteridiaceae
蕨 *Pteridium aquilinum*（L.）Kuhn var. *latiusculum*（Desv.）Underw. ex Heller
9. 凤尾蕨科 Pteridaceae
井栏边草 *Pteris multifida* Poir.

狭叶凤尾蕨 *Pteris henryi* Christ
蜈蚣草 *Pteris vittata* L.
10. 中国蕨科 Sinopteridaceae
银粉背蕨 *Aleuritopteris argentea*（Gmel.）Fee
陕西粉背蕨 *Aleuritopteris shensiensis* Ching
毛轴碎米蕨 *Cheilosoria chusana*（Hook.）Ching et Shing
珠蕨 *Cryptogramma raddeana* Fomin
陕西珠蕨 *Cryptogramma shensiensis* Ching
稀叶珠蕨 *Cryptogramma stelleri*（Gmel.）Prantl.
11. 铁线蕨科 Adiantaceae
团羽铁线蕨 *Adiantum capillus-junonis* Rupr.
白背铁线蕨 *Adiantum davidii* Franch.
肾盖铁线蕨 *Adiantum erythrochlamys* Diels
掌叶铁线蕨 *Adiantum pedatum* L.
长盖铁线蕨 *Adiantum fimbriatum* Christ
铁线蕨 *Adiantum capillus-veneris* L.
12. 裸子蕨科 Gymnogrammaceae
尖齿凤丫蕨 *Coniogramme affinis* Hieron.
普通凤丫蕨 *Coniogramme intermedia* Hieron
疏网凤丫蕨 *Coniogramme wilsonii* Ching et Shing
上毛凤丫蕨 *Coniogramme suprapilosa* Ching
川西金毛裸蕨 *Gymnopteris bipinnata* Christ
睫毛蕨 *Pleurosoriopsis makinoi*（Maxim. ex Makino）Formin
13. 蹄盖蕨科 Athyriaceae
黑鳞短肠蕨 *Allantodia crenata*（Sommerf.）Ching
鳞柄短肠蕨 *Allantodia squamigera*（Mett.）Ching
日本蹄盖蕨 *Athyrium niponicum*（Mett.）Hance
峨眉蹄盖蕨 *Athyrium omeiense* Ching
尖头蹄盖蕨 *Athyrium vidalii*（Franch. et Sav.）Nakai
冷蕨 *Cystopteris fragilis*（L.）Bernh.
高山冷蕨 *Cystopteris montana*（Lam.）Bernh. ex Desv.
膜叶冷蕨 *Cystopteris pellucida*（Franch.）Ching ex C. Chr.

陕甘介蕨 *Dryoathyrium confusum* Ching et Hsu
鄂西介蕨 *Dryoathyrium henryi*（Bak.）Ching
羽节蕨 *Gymnocarpium jessoense*（Koidz.）Koidz.
东亚羽节蕨 *Gymnocarpium oyamense*（Bak.）Ching
陕西峨眉蕨 *Lunathyrium giraldii*（Christ）Ching
大叶假冷蕨 *Pseudocystopteris atkinsonii*（Bedd.）Ching
假冷蕨 *Pseudocystopteris spinulosa*（Maxim.）Ching
三角叶假冷蕨 *Pseudocystopteris subtriangularis*
（Hook.）Ching

14. 铁角蕨科 Aspleniaceae
过山蕨 *Camptosorus sibiricus* Rupr.
钝齿铁角蕨 *Asplenium subvarians* Ching ex C. Chr.
北京铁角蕨 *Asplenium pekinense* Hance
铁角蕨 *Asplenium trichomanes* L.
西南铁角蕨 *Asplenium praemorsum* Sw.

15. 金星蕨科 Thelypteridaceae
延羽卵果蕨 *Phegopteris decursive-pinnata*（van
Hall）Fée
卵果蕨 *Phegopteris connectilis*（Michx.）Watt
中日金星蕨 *Parathelypteris nipponica*（Franch. et
Sav.）Ching
渐尖毛蕨 *Cyclosorus acuminatus*（Houtt.）Nakai

16. 球子蕨科 Onocleaceae
中华荚果蕨 *Matteuccia intermedia* C. Chr.
东方荚果蕨 *Matteuccia orientalis*（Hook.）Trev.
荚果蕨 *Matteuccia struthiopteris*（L.）Todaro

17. 岩蕨科 Woodsiaceae
栗柄岩蕨 *Woodsia cycloloba* Hand.-Mazz.
耳羽岩蕨 *Woodsia polystichoides* Eaton
密毛岩蕨 *Woodsia rosthorniana* Diels
陕西岩蕨 *Woodsia shensiensis* Ching

18. 鳞毛蕨科 Dryopteridaceae
贯众 *Cyrtomium fortunei* J. Sm.
鳞毛贯众 *Cyrtomium retrosopaleaceum* Ching et Shing
阔羽贯众 *Cyrtomium yamamotoi* Tagawa
宜昌鳞毛蕨 *Dryopteris enneaphylla*（Bak.）C. Chr.
华北鳞毛蕨 *Dryopteris goeringiana*（Kunze）Koidz.

羽裂鳞毛蕨 *Dryopteris integriloba* C. Chr.
半岛鳞毛蕨 *Dryopteris peninsulae* Kitag.
豫陕鳞毛蕨 *Dryopteris pulcherrima* Ching
稀羽鳞毛蕨 *Dryopteris sparsa*（Buch.-Ham. ex D.
Don）O. Ktze.
小羽耳蕨 *Polystichum parvifoliolatum* W. M. Chu
中华耳蕨 *Polystichum sinense* Christ
鞭叶耳蕨 *Polystichum craspedosorum*（Maxim.）Diels
陕西耳蕨 *Polystichum shensiense* Christ
密鳞耳蕨 *Polystichum squarrosum*（Don）Fee
秦岭耳蕨 *Polystichum submite*（Christ）Diels
革叶耳蕨 *Polystichum neolobatum* Nakai
对生耳蕨 *Polystichum deltodon*（Bak.）Diels

19. 水龙骨科 Polypodiaceae
网眼瓦韦 *Lepisorus clathratus*（C. B. Clarke）Ching
扭瓦韦 *Lepisorus contortus*（Christ）Ching
高山瓦韦 *Lepisorus eilophyllus*（Diels）Ching
有边瓦韦 *Lepisorus marginatus* Ching
二色瓦韦 *Lepisorus bicolor* Ching
鳞瓦韦 *Lepisorus oligolepidus*（Baker）Ching
乌苏里瓦韦 *Lepisorus ussuriensis*（Regel et Maack）
Ching
秦岭槲蕨 *Drynaria sinica* Diels
中华水龙骨 *Polypodiodes chinensis*（Christ）S. G. Lu
华北石韦 *Pyrrosia davidii*（Baker）Ching
毡毛石韦 *Pyrrosia drakeana*（Franch.）Ching
有柄石韦 *Pyrrosia petiolosa*（Christ）Ching
石蕨 *Saxiglossum angustissimum*（Gies.）Ching
抱石莲 *Lepidogrammitis drymoglossoides*（Baker）
Ching
中间骨牌蕨 *Lepidogrammitis intermidia* Ching

20. 剑蕨科 Loxogrammaceae
匙叶剑蕨 *Loxogramme grammitoides*（Baker）C. Chr.

21. 苹科 Marsileaceae
苹 *Marsilea quadrifolia* L.

22. 槐叶苹科 Salviniaceae
槐叶苹 *Salvinia natans*（L.）All.

附录 10 实习地常见裸子植物名录

（学名后带＊者，表示该植物为栽培种）

1. 银杏科 Ginkgoaceae
银杏 *Ginkgo biloba* L.＊

2. 松科 Pinaceae

巴山冷杉 *Abies fargesii* Franch.＊
雪松 *Cedrus deodara*（Roxb.）G. Don
日本落叶松 *Larix kaempferi*（Lamb.）Carr.＊

华北落叶松 *Larix principis-rupprechtii* Mayr*
云杉 *Picea asperata* Mast.
华山松 *Pinus armandii* Franch.
白皮松 *Pinus bungeana* Zucc. ex Endl.
马尾松 *Pinus massoniana* Lamb.
油松 *Pinus tabuliformis* Carr.
铁杉 *Tsuga chinensis*（Franch.）Pritz.
3. 柏科 Cupressaceae
柏木 *Cupressus funebris* Endl.
侧柏 *Platycladus orientalis*（L.）Franco*

圆柏 *Sabina chinensis*（L.）Ant.*
4. 杉科 Taxodiaceae
杉木 *Cunninghamia lanceolata*（Lamb.）Hook.
水杉 *Metasequoia glyptostroboides* Hu et Cheng*
5. 三尖杉科 Cephalotaxaceae
三尖杉 *Cephalotaxus fortunei* Hook. f.
粗榧（中国粗榧）*Cephalotaxus sinensis*（Rehd. et Wils.）Li
6. 红豆杉科 Taxaceae
红豆杉 *Taxus chinensis*（Pilger）Rehd.

附录 11　实习地常见被子植物名录

（学名后带 * 者，表示该植物为栽培种）

双子叶植物 Dicotyledoneae
1. 八角科 Illiciaceae
红茴香 *Illicium henryi* Diels
2. 五味子科 Schisandraceae
华中五味子 *Schisandra sphenanthera* Rehd. et Wils.
3. 马兜铃科 Aristolochiaceae
异叶马兜铃 *Aristolochia kaempferi* Willd. f. *heterophylla*（Hemsl.）S. M. Hwang
单叶细辛（毛细辛）*Asarum himalaicum* Hook. f. et Thomson ex Klotzsch.
马蹄香 *Saruma henryi* Oliv.
4. 金粟兰科 Chloranthaceae
银线草 *Chloranthus japonicus* Sieb.
多穗金粟兰 *Chloranthus multistachys* Pei
5. 木兰科 Magnoliaceae
望春玉兰 *Magnolia biondii* Pampan.
玉兰 *Magnolia denudata* Desr.*
荷花玉兰（广玉兰）*Magnolia grandiflora* L.*
厚朴 *Magnolia officinalis* Rehd. et Wils.
北美鹅掌楸 *Liriodendron tulipifera* Linn.*
6. 樟科 Lauraceae
樟 *Cinnamomum camphora*（L.）Presl*
三桠乌药 *Lindera obtusiloba* Bl. Mus. Bot.
四川木姜子 *Litsea moupinensis* Lec. var. *szechuanica*（Allen）Yang et P. H. Huang
木姜子 *Litsea pungens* Hemsl.
秦岭木姜子 *Litsea tsinlingensis* Yang et P. H. Huang
7. 三白草科 Saururaceae

蕺菜（鱼腥草）*Houttuynia cordata* Thunb.
8. 毛茛科 Ranunculaceae
瓜叶乌头 *Aconitum hemsleyanum* Pritz.
花葶乌头（葶乌头）*Aconitum scaposum* Franch.
松潘乌头 *Aconitum sungpanense* Hand.-Mazz.
类叶升麻 *Actaea asiatica* Hara
阿尔泰银莲花 *Anemone altaica* Fisch.
小花草玉梅 *Anemone rivularis* Buch.-Ham. var. *flore-minore* Maxim.
大火草 *Anemone tomentosa*（Maxim.）Pei
野棉花 *Anemone vitifolia* Buch.-Ham.
秦岭耧斗菜 *Aquilegia incurvata* Hsiao
华北耧斗菜 *Aquilegia yabeana* Kitag.
驴蹄草 *Caltha palustris* L.
小升麻（金龟草）*Cimicifuga acerina*（Sieb. et Zucc.）Tanaka
升麻 *Cimicifuga foetida* L.
单穗升麻 *Cimicifuga simplex* Wormsk.
大叶铁线莲 *Clematis heracleifolia* DC.
黄花铁线莲 *Clematis intricata* Bunge
绣球藤 *Clematis montana* Buch.-Ham. ex DC.
纵肋人字果 *Dichocarpum fargesii*（Franch.）W. T. Wang et Hsiao
白头翁 *Pulsatilla chinensis*（Bunge）Regel
茴茴蒜 *Ranunculus chinensis* Bunge
石龙芮 *Ranunculus sceleratus* L.
贝加尔唐松草 *Thalictrum baicalense* Turcz.
西南唐松草（城口唐松草）*Thalictrum fargesii* Franch. ex Finet et Gagn.
钩柱唐松草 *Thalictrum uncatum* Maxim.

川陕金莲花 *Trollius buddae* Schipcz.

9. 小檗科 Berberidaceae

黄芦木（小檗）*Berberis amurensis* Rupr.

鲜黄小檗（黄花刺、三颗针）*Berberis diaphana* Maxin.

假豪猪刺（假蚝猪刺）*Berberis soulieana* Schneid.

日本小檗 *Berberis thunbergii* DC.*

红毛七 *Caulophyllum robustum* Maxim.

淫羊藿（短角淫羊藿）*Epimedium brevicornu* Maxim.

柔毛淫羊藿 *Epimedium pubescens* Maxim.

阔叶十大功劳 *Mahonia bealei*（Fort.）Carr.

10. 木通科 Lardizabalaceae

三叶木通 *Akebia trifoliata*（Thunb.）Koidz.

猫儿屎 *Decaisnea insignis*（Griff.）Hook. f. et Thoms.（猫屎瓜 *Decaisnea fargesii* Franch.《秦岭植物志》）

牛姆瓜（大花牛姆瓜）*Holboellia grandiflora* Reaub.

大血藤 *Sargentodoxa cuneata*（Oliv.）Rehd. et Wils.

串果藤 *Sinofranchetia chinensis*（Franch.）Hemsl.

11. 罂粟科 Papaveraceae

白屈菜 *Chelidonium majus* L.

川东紫堇（尖瓣紫堇）*Corydalis acuminata* Franch.

紫堇 *Corydalis edulis* Maxim.

蛇果黄堇（蛇果紫堇）*Corydalis ophiocarpa* Hook. f. et Thoms.

陕西紫堇 *Corydalis shensiana* Liden

秃疮花 *Dicranostigma leptopodum*（Maxim.）Fedde

荷青花 *Hylomecon japonica*（Thunb.）Prantl

柱果绿绒蒿 *Meconopsis oliverana* Franch et Prain.

四川金罂粟 *Stylophorum sutchuense*（Franch.）Fedde

12. 领春木科 Eupteleaceae

领春木 *Euptelea pleiospermum* Hook. f. et Thoms.

13. 清风藤科 Sabiaceae

泡花树 *Meliosma cuneifolia* Franch.

暖木 *Meliosma veitchiorum* Hemsl.

鄂西清风藤 *Sabia campanulata* Wall. ex Roxb. subsp. *ritchieae*（Rehd. et Wils.）Y. F. Wu

（陕西清风藤 *Sabia shensiensis* L. Chen《秦岭植物志》）

14. 水青树科 Tetracentraceae

水青树 *Tetracentron sinense* Oliv.

15. 连香树科 Cercidiphyllaceae

连香树 *Cercidiphyllum japonicum* Sieb. et Zucc.

16. 金缕梅科 Hamamelidaceae

山白树 *Sinowilsonia henryi* Henryi

17. 杜仲科 Eucommiaceae

杜仲 *Eucommia ulmoides* Oliver*

18. 榆科 Ulmaceae

青檀 *Pteroceltis tatarinowii* Maxim.

榆树 *Ulmus pumila* L.

19. 桑科 Moraceae

构树 *Broussonetia papyrifera*（Linn.）L'Hér. ex Vent.

柘树 *Cudrania tricuspidata*（Carr.）Bur. ex Lavallee

异叶榕（异叶天仙果）*Ficus heteromorpha* Hemsl.

葎草 *Humulus scandens*（Lour.）Merr.

桑 *Morus alba* L.*

鸡桑 *Morus australis* Poir.

20. 荨麻科 Urticaceae

赤麻 *Boehmeria silvestrii*（Pamp.）W. T. Wang

楼梯草 *Elatostema involucratum* Franch. et Sav.（大楼梯草 *Elatostema umbellatum* BL. var. *majus* Maxim.《秦岭植物志》）

珠芽艾麻 *Laportea bulbifera*（Sieb. et Zucc.）Wedd.（顶花螫麻 *Laportea terminalis* C. H. Wright《秦岭植物志》）

冷水花 *Pilea notata* C. H. Wright

透茎冷水花 *Pilea pumila*（L.）A. Gray

21. 胡桃科 Juglandaceae

野核桃 *Juglans cathayensis* Dode

胡桃 *Juglans regia* L.*

化香树 *Platycarya strobilacea* Sieb. et Zucc.

湖北枫杨 *Pterocarya hupehensis* Skan

枫杨 *Pterocarya stenoptera* C. DC.

22. 壳斗科 Fagaceae

栗（板栗）*Castanea mollissima* Bl.

青冈 *Cyclobalanopsis glauca*（Thunb.）Oerst.

锐齿槲栎（锐齿栎）*Quercus aliena* Bl. var. *acuteserrata* Maxim. ex Wenz.

短柄枹栎 *Quercus serrata* Thunb. var. *brevipetiola-*

ta（A. DC.）Nakai［小橡子树 *Quercus glandulifera* Bl.var. *brevipetiolata*（DC.）Nakai《秦岭植物志》］

刺叶高山栎（铁橡树）*Quercus spinosa* David ex Franch.

23. 桦木科 Betulaceae

红桦 *Betula albosinensis* Burk.

亮叶桦 *Betula luminifera* H. Winkl.

糙皮桦 *Betula utilis* D. Don

千金榆 *Carpinus cordata* Bl.

鹅耳枥 *Carpinus turczaninowii* Hance

华榛 *Corylus chinensis* Franch.

藏刺榛 *Corylus ferox* Wall. var. *thibetica*（Batal.）Franch.（刺榛 *Corylus thibetica* Batal.《秦岭植物志》）

榛 *Corylus heterophylla* Fisch.

川榛 *Corylus heterophylla* Fisch. var. *sutchuenensis* Franch.

24. 杨柳科 Salicaceae

山杨 *Populus davidiana* Dode

冬瓜杨（太白杨）*Populus purdomii* Rehd.

垂柳 *Salix babylonica* L.*

黄花柳 *Salix caprea* L.

腺柳 *Salix chaenomeloides* Kimura

川鄂柳（巫山柳）*Salix fargesii* Burk.

旱柳 *Salix matsudana* Koidz.*

25. 蓼科 Polygonaceae

短毛金线草 *Antenoron filiforme*（Thunb.）Rob. et Vaut. var. *neofiliforme*（Nakai）A. J. Li

荞麦 *Fagopyrum esculentum* Moench*

毛脉蓼 *Fallopia multiflora*（Thunb.）Harald. var. *cillinerve*（Nakai）A. J. Li［朱砂七 *Polygonum cillinerve*（Nakai）Ohwi《秦岭植物志》］

中华抱茎蓼 *Polygonum amplexicaule* D. Don var. *sinense* Forb. et Hemsl. ex Stew.

萹蓄 *Polygonum aviculare* L.

水蓼 *Polygonum hydropiper* L.

长鬃蓼 *Polygonum longisetum* De Br.

尼泊尔蓼 *Polygonum nepalense* Meisn.（头状蓼 *Polygonum alatum* Buch.-Ham. ex D. Don《秦岭植物志》）

杠板归 *Polygonum perfoliatum* L.

赤胫散 *Polygonum runcinatum* Buch.-Ham. ex D. Don var. *sinense* Hemsl.

戟叶蓼 *Polygonum thunbergii* Sieb. et Zucc.

珠芽蓼 *Polygonum viviparum* L.

翼蓼 *Pteroxygonum giraldii* Damm. et Diels

虎杖 *Reynoutria japonica* Houtt.

药用大黄（大黄）*Rheum officinale* Baill.*

皱叶酸模 *Rumex crispus* L.

齿果酸模 *Rumex dentatus* L.

尼泊尔酸模 *Rumex nepalensis* Spreng.

26. 商陆科 Phytolaccaceae

商陆 *Phytolacca acinosa* Roxb.

27. 石竹科 Caryophyllaceae

鄂西卷耳 *Cerastium wilsonii* Takeda

狗筋蔓 *Cucubalus baccifer* L.

瞿麦 *Dianthus superbus* L.

剪红纱花（剪秋罗）*Lychnis senno* Sieb. et Zucc.

漆姑草 *Sagina japonica*（Sw.）Ohwi

女娄菜 *Silene aprica* Turcz. ex Fisch. et Mey.

鹤草 *Silene fortunei* Vis.

石生蝇子草（紫萼女娄菜）*Silene tatarinowii* Regel

繁缕 *Stellaria media*（L.）Cyr.

箐姑草 *Stellaria vestita* Kurz

28. 藜科 Chenopodiaceae

千针苋 *Acroglochin persicarioides*（Poir.）Moq.

藜 *Chenopodium album* L.

灰绿藜 *Chenopodium glaucum* L.

29. 苋科 Amaranthaceae

牛膝 *Achyranthes bidentata* Blume

尾穗苋 *Amaranthus caudatus* L.*

凹头苋 *Amaranthus lividus* L.（野苋 *Amaranthus ascendens* Loisel.《秦岭植物志》）

苋 *Amaranthus tricolor* L.

30. 猕猴桃科 Actinidiaceae

中华猕猴桃 *Actinidia chinensis* Planch.

狗枣猕猴桃 *Actinidia kolomikta*（Maxim. & Rupr.）Maxim.

葛枣猕猴桃 *Actinidia polygama*（Sieb. et Zucc.）Maxim.

猕猴桃藤山柳 *Clematoclethra actinidioides* Maxim.

繁花藤山柳 *Clematoclethra hemsleyi* Baill.

31. 杜鹃花科 Ericaceae

秀雅杜鹃 *Rhododendron concinnum* Hemsl.

照山白 *Rhododendron micranthum* Turcz.

无梗越桔（橘）*Vaccinium henryi* Hemsl.

32. 鹿蹄草科 Pyrolaceae

喜冬草 *Chimaphila japonica* Miq.

毛花松下兰 *Monotropa hypopitys* Linn. var. *hirsuta* Roth

水晶兰 *Monotropa uniflora* Linn.

鹿蹄草 *Pyrola calliantha* H. Andr.

33. 山矾科 Symplocaceae

白檀 *Symplocos paniculata*（Thunb.）Miq.

34. 椴树科 Tiliaceae

扁担杆 *Grewia biloba* G. Don

华椴 *Tilia chinensis* Maxim.

粉椴 *Tilia oliveri* Szyszyl.

少脉椴 *Tilia paucicostata* Maxim.

35. 锦葵科 Malvaceae

苘麻 *Abutilon theophrasti* Medicus

蜀葵 *Althaea rosea*（Linn.）Cavan.*

锦葵 *Malva sinensis* Cavan.

36. 大风子科 Flacourtiaceae

毛叶山桐子 *Idesia polycarpa* Maxim. var. *vestita* Diels

37. 旌节花科 Stachyuraceae

中国旌节花 *Stachyurus chinensis* Franch.

38. 堇菜科 Violaceae

鸡腿堇菜 *Viola acuminata* Ledeb.

紫花地丁 *Viola philippica* Cav. Icons et Descr.

39. 葫芦科 Cucurbitaceae

黄瓜 *Cucumis sativus* L.*

绞股蓝 *Gynostemma pentaphyllum*（Thunb.）Makino

赤瓟 *Thladiantha dubia* Bunge

南赤瓟 *Thladiantha nudiflora* Hemsl. ex Forbes et Hemsl.

栝楼 *Trichosanthes kirilowii* Maxim.

40. 秋海棠科 Begoniaceae

中华秋海棠 *Begonia grandis* Dry subsp. *sinensis*（A. DC.）Irmsch.

41. 十字花科 Brassicaceae（Cruciferae）

硬毛南芥（毛南芥）*Arabis hirsuta*（L.）Scop.

垂果南芥 *Arabis pendula* L.

芸薹（油菜）*Brassica campestris* L.*

荠 *Capsella bursa-pastoris*（Linn.）Medic.

碎米荠 *Cardamine hirsuta* L.

大叶碎米荠 *Cardamine macrophylla* Willd.

葶苈 *Draba nemorosa* L.

腺茎独行菜 *Lepidium apetalum* Willd.

诸葛菜 *Orychophragmus violaceus*（L.）O. E. Schulz

萝卜 *Raphanus sativus* L.*

42. 海桐科 Pittosporaceae

崖花子（崖花海桐）*Pittosporum truncatum* Pritz.

43. 景天科 Crassulaceae

菱叶红景天（白三七）*Rhodiola henryi*（Diels）S. H. Fu

费菜 *Phedimus aizoon*（L.）'t Hart（*Sedum aizoon* L.）

大苞景天 *Sedum amplibracteatum* K. T. Fu

细叶景天（疣果景天）*Sedum elatinoides* Franch.

佛甲草 *Sedum lineare* Thunb.

44. 虎耳草科 Saxifragaceae

多花落新妇 *Astilbe rivularis* Buch.-Ham. ex D. Don var. *Myriantha*（多花红升麻 *Astilbe myriantha* Diels.《秦岭植物志》）

秦岭金腰（秦岭金腰子）*Chrysosplenium biondianum* Engl.

大叶金腰 *Chrysosplenium macrophyllum* Oliv.

粉背溲疏 *Deutzia hypoglauca* Rehd.

东陵绣球（东陵八仙花）*Hydrangea bretschneideri* Dipp.

纯兰绣球（长柄八仙花）*Hydrangea longipes* Franch.

鸡［月君］梅花草（苍耳七）*Parnassia wightiana* Wall. ex Wight & Arn.

山梅花（白毛山梅）*Philadelphus incanus* Koehne

七叶鬼灯檠（索骨丹）*Rodgersia aesculifolia* Batalin

球茎虎耳草（楔基虎耳草）*Saxifraga sibirica* L.

虎耳草 *Saxifraga stolonifera* Curt.

黄水枝 *Tiarella polyphylla* D. Don

45. 蔷薇科 Rosaceae

龙芽草（龙牙草）*Agrimonia pilosa* Ldb.

山桃 *Amygdalus davidiana*（Carrière）de Vos ex Henry

樱桃 *Cerasus pseudocerasus*（Lindl.）G. Don*

毛樱桃 *Cerasus tomentosa*（Thunb.）Wall.

甘肃山楂 *Crataegus kansuensis* Wils.

蛇莓 *Duchesnea indica*（Andr.）Focke

枇杷 *Eriobotrya japonica*（Thunb.）Lindl.*

草莓 *Fragaria × ananassa* Duch.*

东方草莓 *Fragaria orientalis* Lozinsk.（伞房草莓 *Fragaria corymbosa* A. Los.《秦岭植物志》）

路边青（水杨梅）*Geum aleppicum* Jacq.

柔毛路边青（柔毛水杨梅）*Geum japonicum* Thunb. var. *chinense* F. Bolle

棣棠花 *Kerria japonica*（L.）DC.

山荆子 *Malus baccata*（L.）Borkh.

海棠花 *Malus spectabilis*（Ait.）Borkh.

中华绣线梅（绣线梅）*Neillia sinensis* Oliv.

稠李 *Padus racemosa*（Lam.）Gilib.

蛇莓委陵菜 *Potentilla centigrana* Maxim.

委陵菜 *Potentilla chinensis* Ser.

白毛银露梅 *Potentilla glabra* Lodd. var. *mandshurica*（Maxim.）Hand.-Mazz.［华西银腊梅 *Potentilla arbuscula* var. *veitchii*（Wils.）T. N. Liou《秦岭植物志》］

蛇含委陵菜（蛇含）*Potentilla kleiniana* Wight et Arn.

李 *Prunus salicina* Lindl.*

火棘 *Pyracantha fortuneana*（Maxim.）Li

复伞房蔷薇 *Rosa brunonii* Lindl.

山刺玫 *Rosa davurica* Pall.

软条七蔷薇（湖北蔷薇）*Rosa henryi* Bouleng.

峨眉蔷薇 *Rosa omeiensis* Rolfe

绵果悬钩子 *Rubus lasiostylus* Focke

喜阴悬钩子 *Rubus mesogaeus* Focke

茅莓 *Rubus parvifolius* L.

地榆 *Sanguisorba officinalis* L.

高丛珍珠梅光叶变种（光叶珍珠梅）*Sorbaria arborea* Schneid. var. *glabrata* Rehd.

陕甘花楸 *Sorbus koehneana* Schneid.

华北绣线菊 *Spiraea fritschiana* Schneid.

粉花绣线菊渐尖叶变种（尖叶绣线菊）*Spiraea japonica* Linn. f. var. *acuminata* Franch.

南川绣线菊 *Spiraea rosthornii* Pritz.

46. 豆科 Fabaceae（Leguminosae）

山槐（山合欢）*Albizia kalkora*（Roxb.）Prain

合欢 *Albizia julibrissin* Durazz.

两型豆 *Amphicarpaea edgeworthii* Benth.［三籽两型豆 *Amphicarpaea trisperma*（Miq.）Baker ex Kitag. Lineam. Fl.《秦岭植物志》］

紫云英 *Astragalus sinicus* L.*

云实 *Caesalpinia decapetala*（Roth）Alston

杭子梢 *Campylotropis macrocarpa*（Bge.）Rehd.

紫荆 *Cercis chinensis* Bunge

大金刚藤（大金刚藤黄檀）*Dalbergia dyeriana* Prain ex Harms

圆锥山蚂蝗（总状花序山蚂蝗）*Desmodium elegans* DC.

野大豆 *Glycine soja* Sieb. et Zucc.

多花木蓝 *Indigofera amblyantha* Craib

马棘 *Indigofera pseudotinctoria* Matsum.

胡枝子 *Lespedeza bicolor* Turcz.

绿叶胡枝子 *Lespedeza buergeri* Miq.

截叶铁扫帚 *Lespedeza cuneata* G. Don

多花胡枝子 *Lespedeza floribunda* Bunge

天蓝苜蓿 *Medicago lupulina* L.

紫苜蓿（苜蓿）*Medicago sativa* L.

草木樨（黄香草木樨）*Melilotus officinalis*（L.）Pall.

长柄山蚂蝗（圆菱叶山蚂蝗）*Podocarpium podocarpum*（DC.）Yang et Huang

四川长柄山蚂蝗（四川山蚂蝗）*Podocarpium podocarpum*（DC.）Yang et Huang var. *szechuenense*（Craib）Yang et Huang

葛（野葛）*Pueraria lobata*（Willd.）Ohwi

刺槐 *Robinia pseudoacacia* Linn.*

白刺花（狼牙刺）*Sophora davidii*（Franch.）Skeels

野豌豆 *Vicia sepium* L.

紫藤 *Wisteria sinensis*（Sims）Sweet*

47. 牻牛儿苗科 Geraniaceae

湖北老鹳草（血见愁老鹳草）*Geranium rosthornii* R. Knuth

鼠掌老鹳草 *Geranium sibiricum* L.

老鹳草 *Geranium wilfordii* Maxim.

48. 旱金莲科 Tropaeolaceae

旱金莲 *Tropaeolum majus* L.*

49. 冬青科 Aquifoliaceae

猫儿刺 *Ilex pernyi* Franch.

50. 卫矛科 Celastraceae

苦皮藤 *Celastrus angulatus* Maxim.

短梗南蛇藤 *Celastrus rosthornianus* Loes.

卫矛 *Euonymus alatus*（Thunb.）Sieb.

角翅卫矛 *Euonymus cornutus* Hemsl.

栓翅卫矛 *Euonymus phellomanus* Loes.

51. 檀香科 Santalaceae

米面蓊 *Buckleya lanceolate*（Sieb. et Zucc.）Miq.

52. 桑寄生科 Loranthaceae

毛叶钝果寄生 *Taxillus nigrans*（Hance）Danser［毛叶桑寄生 *Taxillus yadoriki*（Sieb. ex Maxim.）Dans《秦岭植物志》］

53. 蛇菰科 Balanophoraceae

筒鞘蛇菰（鞘苞蛇菰）*Balanophora involu-crata* Hook. f.

54. 酢浆草科 Oxalidaceae

山酢浆草 *Oxalis acetosella* L. subsp. *griffithii*（Edgew. et Hook. f.）Hara

酢浆草 *Oxalis corniculata* L.

55. 大戟科 Euphorbiaceae

铁苋菜 *Acalypha australis* L.

湖北大戟 *Euphorbia hylonoma* Hand.-Mazz.

雀儿舌头 *Leptopus chinensis*（Bunge）Pojark.

蓖麻 *Ricinus communis* L.*

油桐 *Vernicia fordii*（Hemsl.）Airy Shaw

56. 鼠李科 Rhamnaceae

黄背勾儿茶（牛儿藤）*Berchemia flavescens*（Wall.）Brongn.

勾儿茶 *Berchemia sinica* Schneid.

圆叶鼠李 *Rhamnus globosa* Bunge

57. 葡萄科 Vitaceae

乌蔹莓 *Cayratia japonica*（Thunb.）Gagnep.

五叶地锦 *Parthenocissus quinquefolia*（L.）Planch.

地锦（爬山虎）*Parthenocissus tricuspidata*（S. et Z.）Planch.

秋葡萄 *Vitis romanetii* Roman. du Caill. ex Planch.

58. 胡颓子科 Elaeagnaceae

胡颓子 *Elaeagnus pungens* Thunb.

牛奶子 *Elaeagnus umbellata* Thunb.

59. 凤仙花科 Balsaminaceae

凤仙花 *Impatiens balsamina* L.*

裂距凤仙花 *Impatiens fissicornis* Maxim.

水金凤 *Impatiens noli-tangere* Linn.

西固凤仙花 *Impatiens notolophora* Maxim.

窄萼凤仙花 *Impatiens stenosepala* Pritz. ex Diels

60. 芍药科 Paeoniaceae

牡丹 *Paeonia suffruticosa* Andr.*

川赤芍 *Paeonia veitchii* Lynch

61. 山茶科 Theaceae

陕西紫茎 *Stewartia shensiensis* Chang

62. 藤黄科 Clusiaceae（Guttiferae）

黄海棠 *Hypericum ascyron* L.

贯叶连翘 *Hypericum perforatum* L.

63. 瑞香科 Thymelaeaceae

黄瑞香 *Daphne giraldii* Nitsche

凹叶瑞香 *Daphne retusa* Hemsl.

唐古特瑞香（甘肃瑞香）*Daphne tangutica* Maxim.

64. 柳叶菜科 Onagraceae

高山露珠草 *Circaea alpina* L.

露珠草（牛泷草）*Circaea cordata* Royle

秃梗露珠草 *Circaea glabrescens*（Pamp.）Hand.-Mazz.

光滑柳叶菜 *Epilobium amurense* Hauss

kn subsp. *cephalostigma*（Hauss。kn.）C. J. Chen

柳兰 *Epilobium angustifolium* L.

柳叶菜 *Epilobium hirsutum* L.

倒挂金钟 *Fuchsia hybrida* Hort. ex Sieb. et Voss.*

待宵草（月见草、夜来香）*Oenothera stricta* Ledeb. et Link

65. 苦木科 Simaroubaceae

臭椿 *Ailanthus altissima*（Mill.）Swingle

苦树（苦木）*Picrasma quassioides*（D. Don）Benn.

66. 楝科 Meliaceae

香椿 *Toona sinensis*（A. Juss.）Roem.

67. 漆树科 Anacardiaceae

毛黄栌 *Cotinus coggygria* Scop. var. *pubescens* Engl.

黄连木 *Pistacia chinensis* Bunge

盐肤木 *Rhus chinensis* Mill.

青麸杨 *Rhus potaninii* Maxim.

红麸杨 *Rhus punjabensis* Stewart var. *sinica*（Diels）Rehd. et Wils.

漆（漆树）*Toxicodendron vernicifluum*（Stokes）F. A. Barkl.

68. 马桑科 Coriariaceae

马桑 *Coriaria nepalensis* Wall.

69. 省沽油科 Staphyleaceae

膀胱果 *Staphylea holocarpa* Hemsl.

70. 无患子科 Sapindaceae

全缘叶栾树 *Koelreuteria bipinnata* Franch. var. *integrifoliola*（Merr.）T. Chen

栾树 *Koelreuteria paniculata* Laxm.

71. 槭树科 Aceraceae

青榨槭 *Acer davidii* Franch.

建始槭 *Acer henryi* Pax

色木槭（五角槭）（原变种）*Acer mono* Maxim. var. *mono*

鸡爪槭（原变种）*Acer palmatum* Thunb. var. *palmatum*

杈叶槭 *Acer robustum* Pax

金钱槭 *Dipteronia sinensis* Oliv.

72. 七叶树科 Hippocastanaceae
　　七叶树 *Aesculus chinensis* Bunge
73. 芸香科 Rutaceae
　　柚 *Citrus maxima*（Burm.）Merr.*
　　柑橘 *Citrus reticulata* Blanco*
　　臭檀吴萸（臭檀）*Evodia daniellii*（Benn.）Hemsl.
　　竹叶花椒 *Zanthoxylum armatum* DC.
　　花椒 *Zanthoxylum bungeanum* Maxim.
74. 五加科 Araliaceae
　　蜀五加 *Acanthopanax setchuenensis* Harms ex Diels
　　楤木（刺龙袍）*Aralia chinensis* L.
　　常春藤 *Hedera nepalensis* var. *sinensis*（Tobl.）Rehd.
　　刺楸 *Kalopanax septemlobus*（Thunb.）Koidz.
　　大叶三七 *Panax pseudoginseng* Wall. var. *japonicus*（C. A. Mey.）Hoo et Tseng
　　通脱木 *Tetrapanax papyrifer*（Hook.）K. Koch
75. 伞形科 Apiaceae（Umbelliferae）
　　当归 *Angelica sinensis*（Oliv.）Diels*
　　北柴胡 *Bupleurum chinense* DC.
　　紫花大叶柴胡 *Bupleurum longiradiatum* Turcz. var. *porphyranthum* Shan et Y. Li
　　芫荽 *Coriandrum sativum* L.*
　　鸭儿芹 *Cryptotaenia japonica* Hassk.
　　胡萝卜 *Daucus carota* L. var. *sativa* Hoffm.*
　　锐叶茴芹 *Pimpinella arguta* Diels
　　异叶茴芹 *Pimpinella diversifolia* DC.
　　菱叶茴芹 *Pimpinella rhomboidea* Diels
　　变豆菜 *Sanicula chinensis* Bunge
　　窃衣 *Torilis scabra*（Thunb.）DC.
76. 八角枫科 Alangiaceae
　　八角枫 *Alangium chinense*（Lour.）Harms
　　瓜木 *Alangium platanifolium*（Sieb. et Zucc.）Harms
77. 山茱萸科 / 四照花科 Cornaceae
　　灯台树 *Bothrocaryum controversum*（Hemsl.）Pojark.
　　山茱萸 *Cornus officinalis* Sieb. et Zucc.
　　四照花 *Dendrobenthamia japonica*（DC.）Fang var. *chinensis*（Osborn.）Fang
　　青荚叶 *Helwingia japonica*（Thunb.）Dietr.
　　红椋子 *Swida hemsleyi*（Schneid. et Wanger.）Sojak
　　梾木 *Swida macrophylla*（Wall.）Soják
78. 报春花科 Primulaceae

虎尾草（狼尾花）*Lysimachia barystachys* Bunge
　　过路黄 *Lysimachia christinae* Hance
　　矮桃（珍珠菜）*Lysimachia clethroides* Duby
　　腺药珍珠菜 *Lysimachia stenosepala* Hemsl.
　　阔萼粉报春 *Primula knuthiana* Pax
79. 龙胆科 Gentianaceae
　　湿生扁蕾 *Gentianopsis paludosa*（Hook. f.）Ma
　　卵叶扁蕾（糙边扁蕾）*Gentianopsis paludosa*（Hook. f.）Ma var. *ovato-deltoidea*（Burk.）Ma ex T. N. Ho
　　椭圆叶花锚 *Halenia elliptica* D. Don
　　双蝴蝶 *Tripterospermum chinense*（Migo）H. Smith
80. 萝藦科 Asclepiadaceae
　　竹灵消 *Cynanchum inamoenum*（Maxim.）Loes.
　　萝藦 *Metaplexis japonica*（Thunb.）Makino
　　杠柳 *Periploca sepium* Bunge
81. 旋花科 Convolvulaceae
　　打碗花 *Calystegia hederacea* Wall. ex. Roxb.
　　旋花（篱打碗花）*Calystegia sepium*（L.）R. Br.
　　菟丝子 *Cuscuta chinensis* Lam.
　　金灯藤（日本菟丝子）*Cuscuta japonica* Choisy
　　番薯（红薯）*Ipomoea batatas*（L.）Lam.*
　　牵牛 *Pharbitis nil*（Linn.）Choisy*
82. 花荵科 Polemoniaceae
　　中华花荵 *Polemonium coeruleum* L. var. *chinense* Brand
83. 紫草科 Boraginaceae
　　多苞斑种草 *Bothriospermum secundum* Maxim.
　　倒提壶 *Cynoglossum amabile* Stapf et Drumm.
　　附地菜 *Trigonotis peduncularis*（Trev.）Benth. ex Baker et Moore
84. 马鞭草科 Verbenaceae
　　窄叶紫珠 *Callicarpa japonica* Thunb. var. *angustata* Rehd.
　　莸（叉枝莸）*Caryopteris divaricata*（Sieb. et Z.）Maxim.
　　三花莸 *Caryopteris terniflora* Maxim.
　　臭牡丹 *Clerodendrum bungei* Steud.
　　海州常山 *Clerodendrum trichotomum* Thunb.
85. 木樨科 Oleaceae
　　秦连翘 *Forsythia giraldiana* Lingelsh.
　　连翘 *Forsythia suspensa*（Thunb.）Vahl
　　水曲柳 *Fraxinus mandschurica* Rupr.
　　宜昌女贞 *Ligustrum strongylophyllum* Hemsl.

木樨（桂花）*Osmanthus fragrans*（Thunb.）Lour.*
紫丁香 *Syringa oblata* Lindl.*
辽东丁香 *Syringa wolfii* Schneid.

86. 唇形科 Lamiaceae（Labiatae）
藿香 *Agastache rugosa*（Fisch. et Mey.）O. Ktze.*
筋骨草 *Ajuga ciliata* Bunge
灯笼草 *Clinopodium polycephalum*（Vaniot）
  C.Y. Wu et Hsuan
香薷 *Elsholtzia ciliata*（Thunb.）Hyland.
鸡骨柴 *Elsholtzia fruticosa*（D. Don）Rehd.
白透骨消 *Glechoma biondiana*（Diels）C.Y. Wu
  et C. Chen
连钱草 *Glechoma longituba*（Nakai）Kupr
动蕊花 *Kinostemon ornatum*（Hemsl.）Kudo
益母草 *Leonurus artemisia*（Laur.）S. Y. Hu
斜萼草 *Loxocalyx urticifolius* Hemsl.
薄荷 *Mentha haplocalyx* Briq.
牛至 *Origanum vulgare* L.
紫苏 *Perilla frutescens*（L.）Britt.
糙苏 *Phlomis umbrosa* Turcz.
夏枯草 *Prunella vulgaris* L.
鄂西香茶菜 *Rabdosia henryi*（Hemsl.）Hara
溪黄草 *Rabdosia serra*（Maxim.）Hara
鄂西鼠尾草 *Salvia maximowicziana* Hemsl.
丹参 *Salvia miltiorrhiza* Bunge
甘露子 *Stachys sieboldii* Miq.
血见愁（微毛变种）*Teucrium viscidum* Bl. var.
  nepetoides（Levl.）C. Y. Wu et S. Chow

87. 透骨草科 Phrymaceae
透骨草 *Phryma leptostachya* L. subsp. *asiatica*
  （Hara）Kitamura

88. 玄参科 Scrophulariaceae
短腺小米草 *Euphrasia regelii* Wettst.
通泉草 *Mazus japonicus*（Thunb.）O. Kuntze
弹刀子菜 *Mazus stachydifolius*（Turcz.）Maxim.
四川沟酸浆 *Mimulus szechuanensis* Pai
毛泡桐 *Paulownia tomentosa*（Thunb.）Steud.
大卫氏马先蒿（扭盔马先蒿）*Pedicularis da-*
  vidii Franch.
美观马先蒿 *Pedicularis decora* Franch.
藓生马先蒿 *Pedicularis muscicola* Maxim.
返顾马先蒿 *Pedicularis resupinata* Linn.
轮叶马先蒿 *Pedicularis verticillata* L.
轮叶马先蒿（轮叶亚种）*Pedicularis verti-*
  cillata Linn. subsp. *verticillata*
松蒿 *Phtheirospermum japonicum*（Thunb.）Kanitz

婆婆纳 *Veronica didyma* Tenore
疏花婆婆纳 *Veronica laxa* Benth.
四川婆婆纳 *Veronica Szechuanica* Batal
草本威灵仙 *Veronicastrum sibiricum*（L.）Pennell

89. 苦苣苔科 Gesneriaceae
旋蒴苣苔（猫耳朵）*Boea hygrometrica*（Bun-
  ge）R. Br.

90. 车前科 Plantaginaceae
车前 *Plantago asiatica* L.
平车前 *Plantago depressa* Willd.
大车前 *Plantago major* L.

91. 狸藻科 Lentibulariaceae
高山捕虫堇 *Pinguicula alpina* L.

92. 茄科 Solanaceae
辣椒 *Capsicum annuum* L.*
曼陀罗 *Datura stramonium* Linn.
酸浆 *Physalis alkekengi* L.
挂金灯 *Physalis alkekengi* L. var. *franchetii*
  （Mast.）Makino
龙葵 *Solanum nigrum* L.
阳芋 *Solanum tuberosum* L.*

93. 马钱科 Loganiaceae
巴东醉鱼草 *Buddleja albiflora* Hemsl.

94. 茜草科 Rubiaceae
栀子 *Gardenia jasminoides* Ellis*
鸡矢藤 *Paederia scandens*（Lour.）Merr.
金剑草 *Rubia alata* Roxb.（披针叶茜草 *Rubia*
  lanceolata Hayata《秦岭植物志》）
茜草 *Rubia cordifolia* L.
金线草（膜叶茜草）*Rubia membranacea* Diels
卵叶茜草 *Rubia ovatifolia* Z. Y. Zhang

95. 忍冬科 Caprifoliaceae
南方六道木（太白六道木）*Abelia dielsii*（Grae-
  bn.）Rehd.
短枝六道木 *Abelia engleriana*（Graebn.）Rehd.
苦糖果 *Lonicera fragrantissima* Lindl. et Paxt.
  subsp. *standishii*（Carr.）Hsu et H. J.
  Wang
蕊被忍冬 *Lonicera gynochlamydea* Hemsl.
刚毛忍冬 *Lonicera hispida* Pall. ex Roem. et Schult.
忍冬 *Lonicera japonica* Thunb.
盘叶忍冬 *Lonicera tragophylla* Hemsl.
接骨木 *Sambucus williamsii* Hance
莛子藨（羽裂叶莛子藨）*Triosteum pinnati-*
  fidum Maxim.
桦叶荚蒾 *Viburnum betulifolium* Batal.

红荚蒾（细梗红荚蒾）*Viburnum erubescens* Wall. var. *gracilipes* Rehd.

聚花荚蒾 *Viburnum glomeratum* Maxim.

96. 败酱科 Valerianaceae

墓头回（异叶败酱）*Patrinia heterophylla* Bunge

缬草 *Valeriana officinalis* L.

97. 川续断科 Dipsacaceae

日本续断（续断）*Dipsacus japonicus* Miq.

98. 桔梗科 Campanulaceae

丝裂沙参 *Adenophora capillaris* Hemsl.

石沙参 *Adenophora polyantha* Nakai

紫斑风铃草 *Campanula puncatata* Lam.

党参 *Codonopsis pilosula*（Franch.）Nannf.

99. 菊科 Asteraceae（Compositae）

齿叶蓍 *Achillea acuminata*（Ledeb.）Sch.-Bip.

珠光香青 *Anaphalis margaritacea*（L.）Benth. et Hook. f.

牛蒡 *Arctium lappa* L.

茵陈蒿 *Artemisia capillaris* Thunb.

臭蒿 *Artemisia hedinii* Ostenf. et Pauls.

牡蒿 *Artemisia japonica* Thunb.

野艾蒿 *Artemisia lavandulaefolia* DC.

紫菀 *Aster tataricus* L. f.

鬼针草 *Bidens pilosa* L.

丝毛飞廉 *Carduus crispus* L.

天名精 *Carpesium abrotanoides* L.

大花金挖耳 *Carpesium macrocephalum* Franch. et Sav.

小花金挖耳 *Carpesium minum* Hemsl.

灰蓟 *Cirsium griseum* Levl.（总状蓟 *Cirsium botryodes* Petrak ex Hand.-Mat.《秦岭植物志》）

魁蓟 *Cirsium leo* Nakai et Kitag.

马刺蓟 *Cirsium monocephalum*（Vant.）Levl.

刺儿菜 *Cirsium setosum*（Willd.）MB.

大波斯菊（秋英）*Cosmos bipinnata* Cav.*

大丽花（红薯花）*Dahlia pinnata* Cav.*

白头婆（泽兰）*Eupatorium japonicum* Thunb.

粗毛牛膝菊 *Galinsoga quadriradiata* Ruiz et Pav.

菊芋（洋羌）*Helianthus tuberosus* L.*

狗娃花（狗哇花）*Heteropappus hispidus*（Thunb.）Less.

旋覆花 *Inula japonica* Thunb.

中华小苦荬（山苦荬）*Ixeridium chinense*（Thunb.）Tzvel.

马兰 *Kalimeris indica*（L.）Sch.-Bip.

火绒草 *Leontopodium leontopodioides*（Willd.）Beauv.

太白山橐吾 *Ligularia dolichobotrys* Diels

掌叶橐吾 *Ligularia przewalskii*（Maxim.）Diels

毛连菜 *Picris hieracioides* L. subsp. *hieracioides*

福王草（盘果菊）*Prenanthes tatarinowii* Maxim.

杨叶风毛菊 *Saussurea populifolia* Hemsl.

缺裂千里光（羽裂千里光）*Senecio scandens* var. *incisus* Franch.

腺梗豨莶 *Siegesbeckia pubescens* Makino

华蟹甲（羽裂华蟹甲草）*Sinacalia tangutica*（Maxim.）B. Nord.

蒲儿根 *Sinosenecio oldhamianus*（Maxim.）B. Nord.

苦苣菜 *Sonchus oleraceus* L.

兔儿伞 *Syneilesis aconitifolia*（Bge.）Maxim.

蒲公英 *Taraxacum mongolicum* Hand.-Mazz.

黄鹌菜 *Youngia japonica*（L.）DC.

单子叶植物 Monocotyledoneae

1. 泽泻科 Alismataceae

东方泽泻 *Alisma orientale*（Samuel.）Juz.

慈姑 *Sagittaria trifolia* L. var. *sinensis*（Sims.）Makino

2. 眼子菜科 Potamogetonaceae

菹草 *Potamogeton crispus* L.

眼子菜 *Potamogeton distinctus* A. Benn.

3. 棕榈科 Arecaceae（Palmae）

棕榈 *Trachycarpus fortunei*（Hook. f.）H. Wendl.

4. 香蒲科 Typhaceae

宽叶香蒲 *Typha latifolia* Linn.

5. 禾本科 Poaceae（Gramineae）

巨序剪股颖 *Agrostis gigantea* Roth

野燕麦 *Avena fatua* L.

薏苡 *Coix lacryma-jobi* L.

鸭茅 *Dactylis glomerata* L.

油芒 *Eccoilopus cotulifer*（Thunb.）A. Camus

稗 *Echinochloa crusgalli*（L.）Beauv.

披碱草 *Elymus dahuricus* Turcz.

肥披碱草 *Elymus excelsus* Turcz.

知风草 *Eragrostis ferruginea*（Thunb.）Beauv.

秦岭箭竹 *Fargesia qinlingensis* Yi et J. X. Shao（*Fargesia spathacea* Franch.）

芒 *Miscanthus sinensis* Anderss.

求米草 *Oplismenus undulatifolius*（Arduino）Beauv.

芦苇 *Phragmites australis*（Cav.）Trin. ex Steud.

早熟禾 *Poa annua* L.

狗尾草 *Setaria viridis*（L.）Beauv.

6. 莎草科 Cyperaceae

团穗薹草 *Carex agglomerata* C. B. Clarke

城口薹草 *Carex luctuosa* Franch.

翼果薹草（脉果薹草）*Carex neurocarpa* Maxim.

香附子（莎草）*Cyperus rotundus* L.

红鳞扁莎 *Pycreus sanguinolentus*（Vahl）Nees

7. 天南星科 Araceae

菖蒲 *Acorus calamus* L.

魔芋 *Amorphophallus rivieri* Durieu*

象南星（象天南星）*Arisaema elephas* Buchet

天南星 *Arisaema heterophyllum* Blume

花南星 *Arisaema lobatum* Engl.（偏叶天南星 *Arisaema lobatum* var. *rosthornianum* Engl.）

芋 *Colocasia esculenta*（L.）Schott*

半夏 *Pinellia ternata*（Thunb.）Breit.

独角莲 *Typhonium giganteum* Engl.

8. 鸭跖草科 Commelinaceae

鸭跖草 *Commelina communis* Linn.

竹叶子 *Streptolirion volubile* Edgew.

紫露草 *Tradescantia reflexa* Raf.*

9. 灯心草科 Juncaceae

葱状灯心草 *Juncus allioides* Franch.

小灯心草 *Juncus bufonius* L.

散序地杨梅 *Luzula effusa* Buchen.

10. 百合科 Liliaceae

卵叶韭 *Allium ovalifolium* Hand.-Mzt.

茖葱（茖韭）*Allium victorialis* L.

羊齿天门冬（蕨叶天门冬）*Asparagus filicinus* D. Don

大百合 *Cardiocrinum giganteum*（Wall.）Makino

七筋姑 *Clintonia udensis* Trautv. et Mey.

万寿竹（山竹花）*Disporum cantoniense*（Lour.）Merr.

黄花菜（金针菜）*Hemerocallis citrina* Baroni*

萱草 *Hemerocallis fulva*（L.）L.

玉簪 *Hosta plantaginea*（Lam.）Aschers.*

百合 *Lilium brownii* var. *viridulum* Baker

绿花百合 *Lilium fargesii* Franch.

卷丹 *Lilium lancifolium* Thunb.*

山丹 *Lilium pumilum* DC.（细叶百合 *L. tenuifolium* Fisch.）

山麦冬（土麦冬）*Liriope spicata*（Thunb.）Lour.

七叶一枝花（重楼）*Paris polyphylla* Sm.

北重楼 *Paris verticillata* M.-Rieb.

卷叶黄精 *Polygonatum cirrhifolium*（Wall.）Royle

玉竹 *Polygonatum odoratum*（Mill.）Druce

黄精 *Polygonatum sibiricum* Delar. ex Redoute

管花鹿药（少穗花）*Smilacina henryi*（Baker）Wang et Tang

鹿药 *Smilacina japonica* A. Gray

托柄菝葜 *Smilax discotis* Warb.

短梗菝葜（黑刺菝葜）*Smilax scobinicaulis* C. H. Wright

鞘柄菝葜 *Smilax stans* Maxim.

扭柄花（曲梗算盘七）*Streptopus obtusatus* Fassett

宽叶油点草 *Tricyrtis latifolia* Maxim.

黄花油点草 *Tricyrtis maculata*（D. Don）Machride

开口箭 *Tupistra chinensis* Baker

藜芦 *Veratrum nigrum* L.

11. 薯蓣科 Dioscoreaceae

穿龙薯蓣 *Dioscorea nipponica* Makino

薯蓣 *Dioscorea opposita* Thunb.

12. 鸢尾科 Iridaceae

射干 *Belamcanda chinensis*（L.）DC.

鸢尾 *Iris tectorum* Maxim.

黄花鸢尾 *Iris wilsonii* C. H.Wright

13. 美人蕉科 Cannaceae

美人蕉 *Canna indica* L.*

14. 芭蕉科 Musaceae

芭蕉 *Musa basjoo* Sieb. & Zucc.*

15. 姜科 Zingiberaceae

襄荷（蘘荷）*Zingiber mioga*（Thunb.）Bosc.*

16. 兰科 Orchidaceae

流苏虾脊兰 *Calanthe alpina* Hook. f. ex Lindl.

银兰 *Cephalanthera erecta*（Thunb. ex A. Murray）Bl.

杜鹃兰 *Cremastra appendiculata*（D. Don）Makino

扇脉杓兰 *Cypripedium japonicum* Thunb.

大叶火烧兰（火烧兰）*Epipactis mairei* Schltr.

毛萼山珊瑚 *Galeola lindleyana*（Hook. f. et Thoms.）Reichb. f.

天麻 *Gastrodia elata* Bl.

羊耳蒜 *Liparis japonica*（Miq.）Maxim.

广布红门兰 *Orchis chusua* D. Don

绶草 *Spiranthes sinensis*（Pers.）Ames